本课题受教育部社科研究基金资助，项目编号 05JAZH018

中国近、现代建筑历史整合研究论纲

邓庆坦 著

中国建筑工业出版社

图书在版编目（CIP）数据

中国近、现代建筑历史整合研究论纲/邓庆坦著. —北京：中国建筑工业出版社，2008
ISBN 978-7-112-10049-1

Ⅰ. 中… Ⅱ. 邓… Ⅲ. ①建筑史-研究-中国-近代 ②建筑史-研究-中国-现代 Ⅳ. TU-09

中国版本图书馆CIP数据核字（2008）第055409号

既有的中国近、现代建筑历史分期，存在着以政治变革阶段性分割建筑历史内在整体性的状况。有鉴于此，本书从20世纪中国建筑不可分割的历史连续性出发，尝试打破建筑历史分期中的人为分隔，建立中国近、现代建筑历史的整合观。中国近、现代建筑历史的整合，并非仅仅是把现行的中国近代、现代建筑历史进行简单叠加，而是把二者作为一个有着历史延续性和内在规律性的完整历史过程，对其历史演变线索进行重新审视和梳理，进而建立新的研究体系与框架。本书主要以20世纪上半叶中国现代建筑历史作为中国近、现代建筑历史整合研究的切入点和侧重点，通过揭示中国现代建筑从发轫、兴起乃至高潮的历史过程，追溯和探寻了1949年之后中国现代建筑自发延续和发展的历史源头。

* * *

责任编辑：黄 翊 李迪悃
责任设计：董建平
责任校对：安 东 梁珊珊

中国近、现代建筑历史整合研究论纲
邓庆坦 著

*

中国建筑工业出版社出版、发行（北京西郊百万庄）
各地新华书店、建筑书店经销
北京嘉泰利德公司制版
北京云浩印刷有限责任公司印刷

*

开本：787×1092毫米 1/16 印张：18½ 字数：360千字
2008年7月第一版 2008年7月第一次印刷
印数：1—2500册 定价：**48.00**元
ISBN 978-7-112-10049-1
(16852)

序

连接起被切成两截的中国近、现代建筑史

邹德侬

从中国近代建筑史中寻求现代建筑因素，或者说寻求现代性，把被1949年切成“近代”和“现代”两截子的中国现代建筑史重新整合、复位，是我早在1980年代初的一个“假设”和“理想”。我高兴地看到，邓庆坦所作的研究作为阶段性成果，不但把这两截子历史成功地整合为中国现代建筑史(或称中国近代建筑史)，而且把起始期设在1900年代。

1982年，在建设部时任设计局局长、设计大师龚德顺先生的主持下，我和窦以德先生开始了为《中国大百科全书》大型条目“中国现代建筑史”所作的研究。在调研中我们惊奇地发现，共和国刚刚成立时的建筑设计没有官方或行会的引领，竟然也大量出现了很地道的现代建筑。在部队、机关、学校、医院等建筑类型中，甚至在住宅区规划里，都有优秀创作实例。我知道，那是一直受到严厉批判的帝国主义“方盒子”或“花园城市”建筑。许多较为年长的受访者告诉我们，解放前他们设计的基本上都是以平屋顶为特征的现代建筑，并且曾经设计过大屋顶建筑的一些著名建筑师，当年也都是设计现代建筑的。这是一个多么引人入胜的话题：早在1949年之前的某个时期，中国便已经有了成熟的现代建筑实例和思想，是1949年这个社会政治巨变的年头，把本是连续的中国现代建筑史一刀两断，是“一边倒”的政治原因，把“方盒子”建筑变成了建筑中的“阶级敌人”，并被一笔抹掉。

当时，我们决心积极肯定这批“方盒子”建筑和它们的设计思想，这大概是学术界的第一次，而那时，是要冒一定政治风险的。一向出言谨慎的时任设计局长龚德顺先生说，解放初要求建设速度快，设计还没有出来，工地上先按6m×6m打桩，做出承台准备着，这是现代建筑的做法。后来我看到，他设计的援助蒙古人民共和国项目图片，是清一色的“方盒子”，还有些很摩登的细部处理，那是在批判帝国主义“方盒子”之后的事儿呢。

自“中国现代建筑史”条目完成之后，我就想把切成两段的中国现代建筑史连接起来。1995年，我和曾坚在《建筑学报》第7期发表了“论中国现代建筑起始期的确定”一文，把中国现代建筑史的起始期确定在1920年代之末，1950年代至1970年代是“社会主义民族风格和新风格的探求期”，而1920年代至1940年代是中国现代建筑的起始期。这显然是留有余地的保

守论点，时间本可以再提前，因为1920年代之前许多建筑的现代因素就已经很明显了；但这也是一个主要从实例出发的概略论证，对“五四”以来中国社会滚滚思潮的文化背景并未及展开。从一些资料看，如果把这个起始期假设为1900年代，也是可以求证的。遗憾的是，这事儿一时顾不过来。

1998年，山东建筑工程学院青年教师邓庆坦来天津大学攻读博士学位，我与他商定的课题是《中国近、现代建筑史整合的可行性研究》，这是一个学界很少触及的课题，差不多得“摸着石头过河”。收集资料工作进展得并不快，不但匮乏而且零散，他经历了博士生在学期间收集资料的所有艰难。论文也不是一帆风顺，文稿“大难”三次：一次推倒，两次大动。应当说，邓庆坦面对这个难题，他坐住了，进去了，而且也出来了。他得出的结论是：中国近、现代建筑史可以整合为一体，起始期是1900年代。博士生在学时间有限，论文尚有大量改进之处，但他的结论令我兴奋。对于这个课题的评议，我特意请了几位此领域饱学的专家，他们给了很多鼓励，基本肯定了这一成果。邓庆坦离校之前，我曾鼓励他就此课题写出几篇论文，在全国范围进一步征求意见并扩大影响。2006年，他送来论文的一个修订稿，这让我很有些宽慰，毕业之后的许多年，还紧盯修改自己的论文，这在已经“入世”的博士中并不多见。当我阅读这个稿子时，感到面前的文字焕然一新，比以往的文本充实、丰富得多。看得出，邓庆坦在这些年中又做了大量的补充和修改。

在这篇论文里，有许多让我感兴趣的看点，也是近、现代建筑史整合可行性研究中的论证要点，限于篇幅，这里只能点到为止。

● 中国近现代通史等研究的相关学术动向

应当说，中国近、现代建筑史是中国近现代通史的“子项”，建筑史和通史之间有着密切的关系。同时，建筑史和思想史、文化史、文学史乃至美术史等等学科之间，也有着深刻的渊源。因此，了解相关课题在各学科的研究动态和近期成果，就成为开展中国近、现代建筑史断代研究的必要前提。特别是，中国近、现代建筑史以1949年断代，其直接依据来自通史。论文很关注上述相关学科的学术动向，在大量阅读的前提下，作了必要的综述，使得课题的研究背景相当丰富，成为作者研究工作的有力铺垫。

● 20世纪初社会背景中的建筑现代性发掘

用1900年代作中国现代建筑史的起始期，是这篇论文的核心议题。需要着力论证的是，起始期既不是此前的1840年，也不是此后的1920年代，为什么恰恰是1900年代。因此，全面展开1900年代前后的复杂社会背景，并让这个背景在建筑创作环境之中具体化，这就十分重要了。文章抓住了这一核心论证要点，广泛地展开了1900年代前后中国社会由王朝的自我改良到武装辛亥革命的动荡，以及此后伟大壮阔的“五四运动”思想革命。作者追寻这些宏大的社会和思想变革之中的现代性因素，并且着力落实在现代文化、艺术、美术和建筑领域中。同时作者占有较为充分的资料，有些资料平时很少见到，这就更加强了论证的力度和可信度。

● 常常被忽视的建筑商业因素促动现代性

在过往的建筑史研究中，商业因素对促成建筑的现代性的作用，涉及甚少，而建筑的商品化、市场化等商业经济因素，恰恰是建筑现代性的有力实证。作者从建筑商业化和商业建筑兴起的角度，论证了标志着建筑现代性的四个体系的变化。建筑的商品化及商业化，是现代资本主义市场建筑活动的主要运作模式，这种模式综合地反映了现代建筑制度体系的变迁；作者指出，建筑商业化思想，促成了建筑师对新时尚的追逐，客观上使得建筑思想朝向现代建筑思想体系翻新；与此同时，现代商业和娱乐建筑的兴起，大大地改善了社会的消费方式和娱乐方式，在一定程度上改进了现代建筑的功能体系；大城市地价的高涨，促进了建筑的高层化，高层建筑需要更加充分的技术体系的支持，而制度体系、思想体系、功能体系和技术体系的现代变迁，正是建筑现代性的体现和基本特征。尽管商业因素不是促进建筑现代性的全部，但它的作用显而易见。

● 从中国式、中国固有之形式到现代建筑

进入20世纪之后的中国建筑，有一个主流性的推动力量，那就是在设计中推动对中国古代建筑传统的继承和发扬。在饱受宰割的贫弱中国，这一主流思想，还肩负着振兴中华的强烈使命。然而，现实的情况是，这一思想经常以现代建筑对立面的状态出现，此种现象起码持续到改革开放的1980年代。西方现代建筑史中对折中主义的批判，曾经催生了现代建筑，因为这种批判奠定了多元建筑共存的局面，而不是一花独放。国民政府倡导的“中国固有之形式”和此前外国人搞的“中国式”，也引起了类似的争论，这个争论，也是现代建筑出头的机会，写的有些声色。实践表明，在现代功能、现代技术的条件下，给建筑套上古代形式是多么不合时宜。其结果是：有人翻然远离传统全盘西化，当然也有人坚持传统，更有人立基传统探寻中国现代建筑之路，尽管路走得艰苦，但毕竟出现了“中国式”的现代建筑。

● 抗战时期的建筑萧条与现代思想的热潮

作者对于抗战时期建筑状况的描写，读来饶有兴味。研究者大都认为这是一个建筑萧条时期，八年离乱，哪有什么建筑可言。作者在建筑实践萧条的背景前，展示了现代建筑思想活跃的场景，并且紧紧地与战时大后方文艺思想的论争结合在一起。对“中国固有之形式”的批判，对国际现代建筑运动理论的响应，对现代建筑教育思想的奠基，对建筑师社会责任的增进等等，都有力地印证了，共和国初期现代建筑的自发延续，是多么自然，多么可信。说当时建筑实践萧条，那只是民用建筑工程项目较少罢了。作者从兵工厂、防空设施、地下工厂、堡垒工事等建筑中，以现代技术的角度发掘了建筑的现代性问题。许多前辈建筑师都在这一领域有过卓著的工作，这是现代建筑历史中不可或缺的组成部分。

当然，我这里所提的看点，是非常个人的。同行可以用解构主义的眼光，从这个文本的阅读中得出个人的判断，这也是阅读的趣味所在。和所有学术著作一样，论文的结构和细部并非无懈可击，个别的错漏更需同行的指正，相信作者会从中得到教益。瑕不掩瑜，作为一个阶段性成果，已经十分可喜了，祝贺邓庆坦的博士论文出版！

2007-09-23于“有无书斋”

目　录

第一章 绪论

第一节　中国近、现代建筑历史整合的可行性研究

一、从既有研究看中国近、现代建筑历史整合的必然趋势

现行的中国建筑历史的分期模式是典型的三段式：鸦片战争之前为古代史，鸦片战争至1949年新中国成立为近代史，新中国成立后为现代史。这一三段式分期模式缘起于1950年代的“三史”编写：1958年在北京召开的“全国建筑历史学术讨论会”，决定编写《建国十年来的建筑成就》、《中国近代建筑史》和《简明中国建筑通史》，三部史书分别对应社会主义、半封建半殖民地和封建社会的建筑历史。[1] 改革开放新时期以来，中断了20余年的中国近、现代建筑历史研究再度兴起，它们几乎同时起步并形成各自的研究体系。但是，这种三段式的分期模式却延续下来，并通过一系列学术成果的问世和学术体制的形成而固定下来。

1982年由已故清华大学汪坦先生发起的“中国近代建筑史研究座谈会”，到2006年为止已经召开10次全国性的“中国近代建筑史研究讨论会”，并以中日合作的方式完成了16分册的《中国近代建筑总览》。1985年，由龚德顺先生、邹德侬先生和窦以德先生共同担纲，开始了1949年以降的中国现代建筑历史研究，并于1989年出版了《中国现代建筑史纲》，成为1980年代这一领域的标志性成果。这两个项目同属建设部的一个科研计划的同一课题。[2]

如果把以张复合先生为代表的中国近代建筑历史研究和以邹德侬先生为代表的中国现代建筑历史研究加以比较，可以发现，两者的研究思路是大相径庭的：前者偏重于微观的散点式个案研究，后者更关注宏观的整体性研究；前者通过全国范围的学术会议和建筑调查，形成了有广泛社会影响和一定规模的团体性学术活动，而后者从史料的搜集、整理到历史文本的写作基本上是由一位学者主持的一个科研梯队独立完成的；前者通过有组织的史料发掘、严谨的考据工作形成了完整的基础性研究体系，而后者虽然也注重史料的收集和史实的考证，但是与前者相比更注重史实与史识相结合、历史与现实相沟通以及对历史研究现实意义的阐发。

这两个旨趣和风格迥然相异的研究体系的形成，固然与它们所研究的历史范畴的特点有关，但更主要反映了史学研究中长期存在的两种基本范式的差异，即“重实证、重考据、重史实”和“重阐释、重义理、重史识”的两种研究价值取向。前者上承中国传统史学的乾嘉考据学派，下循1920~1930年代以傅斯年为代表的史料考订派的学统；而后者则反映了以法国年鉴学派为代表的西方新史学的注重宏观历史建构和阐释的总体史观的影响，同时又体现了中国传统史学注重社会功能的“经世致用”传统。这两个研究体系“相反相成”、相得益彰，共同拓展了中国近、现代建筑历史的学术空间，为后来的研究开辟了广阔的天地。

近、现代建筑历史作为人为划分的在时间上前后相继的两个研究领域，其学术边界本身即带有模糊性和不确定性。《中国现代建筑史纲》虽然把中国现代建筑史的起点定位在1949年的中华人民共和国成立，但是该书仍然把1949年之前的建筑活动作为历史背景进行了系统全面的追溯。赵国文先生在论文“中国近代史的分期问题”中也指出，把1949年作为现代史的起点，“似有许多问题无法交代，回溯过多”，因此主张“取消现代史，把近代史的终点推至1977年……简明地把历史分为古代、近代（或称现代亦可）、当代三部分。”[3] 这也许是最早的关于整合中国近、现代建筑历史的主张。

既有的20世纪上半叶的中国现代建筑的研究成果也反映了中国近、现代建筑历史这两个研究领域互相渗透和融合的态势。在近代建筑史框架内赵国文、赖德霖、伍江等学者的中国现代建筑研究都在客观上起到了“模糊”现行的近、现代历史界限的作用。随着中国近、现代建筑历史研究的深入，新的中国现代建筑历史分期方案开始不断越过1949年这个传统的分界线向前推进。1989年，陈纲伦先生在“从‘殖民输入’到‘古典复兴’——中国近代建筑的历史分期与设计思想”一文中，提出了中国现代建筑史的起始年代为中国现代建筑兴起的1934年的观点。[4] 在1995年邹德侬先生发表于《建筑学报》的“论中国现代建筑起始期的确定”一文中，明确把1949年定位为“中国现代建筑史的一个新阶段的开始，而不是中国近、现代建筑历史的分界线”。该文以西方现代建筑运动为参照，以1949年前的建筑史实为依据，把中国现代建筑的起始年代向前推进到“第一次世界大战结束之后，西方现代建筑运动主流确立并传入我国的1920年代”。该文还明确了现代建筑在20世纪中国建筑演变过程中的主导地位，并以中国现代建筑的形成发展为主线对20世纪中国建筑的历史脉络进行了勾勒和梳理，认为“中国现代建筑经过了初始期以后，现代工业化设计思想是该时期中国现代建筑活动的主流，其他的非工业化设计思想为基础的乃至复古的建筑，是它的支流，两者并存构成了完整意义的现代建筑。”[5]

二、作为中国近、现代建筑历史分期参照系的相关学术动向

进入1980年代，中国史学领域通过拨乱反正、解放思想，开始清除“极左”思潮对史学的干扰，史学界开始对新中国成立后占统治地位的以阶级斗争为轴心的史学观念进行反思和更新。历史学家冯契指出：“在中国近代史这一研究领域，多年来确实存在着一些蒙蔽眼睛、束缚思想的东西，所以急需做‘解弊’的工作。自1950年代开始，从事近代史研究的学者形成了一个以阶级斗争为轴心，以太平天国、义和团、辛亥革命三次革命高潮的递进为主线的构架……积久不变，便成了束缚人的框框。”[6] 著名历史学家北京大学罗荣渠教授也指出，中国史学研究中存在着一些积弊，如“近现代史的研究被革命史化、党史化，甚至思想史的研究也被政治化，用划阶级成分和做政治鉴定来代替对历史进程的客观的科学探讨，选择的视角千篇一律。”[7]

改革开放新时期，中国史学界开始了从意识形态话语到学术话语的话语系统的根本性转换，提出了“把历史的内容还给历史，让史学回到自身”的呼声，主张“历史就是历史，历史的价值就是历史本身，它不应直接面对任何外在的东西。”[8] 这一呼声反映了史学界对新中国成立后一段时期史学成为政治的附庸乃至工具的深刻反思。

意大利哲学家克罗齐认为，一切历史都是当代史，一切对过去历史的探究无不指向当下现实的存在。改革开放以来，中国进入了一个以实现社会主义现代化为中心的新的发展轨道上，现实的需要使现代化和现代化史研究成为中国史学界的研究热点。代表性的成果有，罗荣渠主持、列入中国社会科学基金“七五”重点项目的“世界现代化进程研究丛书”，虞和平主编、列入中国社会科学院“九五”基础研究课题的《中国现代化历程》等。这些成果的共同特征是，突破了以往以阶级斗争为轴心、以革命史为主线的研究范式，以中国迈向现代化的历程作为1840年鸦片战争以来中国近、现代历史发展演变的主线，并以此对中国近、现代历史进行重新整合。罗荣渠指出：“1840年第一次鸦片战争不同于中国历史上的外族入侵，而是现代资本主义的世界扩张运动。由于这一全新的外部因素介入，中国被卷入世界发展的大潮之中。”[9] 正是基于现代化史观，《中国现代化历程》一书在时间跨度上涵盖了中国近、现代史和中华人民共和国史，著者在序言中指出，这种对通史分期的突破和重新整合是基于以“现代化作为一种对中国近代以来历史的解释系统”的历史观念。该书认为：“对近、现代的中国历史，史学界提出过多种发展线索论，但从近代以来中国人所一直追求的目标和中国社会的发展趋向来看，现代化无疑是一条贯穿始终的线索，而且可能比其他线索的涵盖面更宽。”[10] 从新的视角对中国近、现代历史进行重新审视，必然导致对既有通史分期的反思。历史学家高瑞泉认为，“如果从社会史或者文化史的角度去

看历史，特别是从现代化运动的角度看，那么从19世纪60年代中国现代化开始起步，直到本世纪晚期，都可以称为‘现代’。”[11]罗荣渠则主张取消近代史、近代化的概念，以现代史、现代化概念取而代之。[12]

诚然，由于通史分期问题的政治敏感度比较大，在一个时期内传统的历史分期很难得到根本性转变，但是史学界的历史分期多元化的探索和整合态势值得我们关注。同时，由于现行的近、现代建筑历史分期在很大程度上受到社会发展史分期的影响，因此史学界的最新动向无疑可以为中国近、现代建筑分期研究提供新的参照系。

进入改革开放新时期以来，随着学术界对政治话语的“祛魅”，现代思想史、现代文学史乃至现代美术史等一向带有浓厚的意识形态影响的学术领域，也纷纷出现了回归历史本体、对历史分期进行重新界定的趋势。

早在1980年代，一些学者就提出中国现代文学史的书写应当突破传统的现代文学史的分期上限，把现代形态的中国文学的产生从1915年的新文化运动向前追溯到20世纪初。文学泰斗茅盾先生曾指出：“解放后写的现代文学史很少对‘五四’前夜的文学历史潮流给予充分论述，私心常以为憾……我认为我们论述‘五四’新文学运动的时候，应该立专章论述清末的风气变化和一些起过重要间接作用的前驱者。”[13]1980年代中期以来，一些学者针对中国现代文学领域长期存在的以革命或政治的阶段性来分割中国现代文学的内在整体性的状况，进一步提出了“20世纪中国文学”和“中国新文学的整体观”的概念，“试图打破文学史研究中的人为分隔，把文学视为一个整体来给予重新估定”。[14]上述论者之一复旦大学教授陈思和曾指出，“20世纪以来，中国文学在时间上、空间上都构成了一个开放型的整体。唯其是一个有机整体，它所发展的各个时期的现象，都在前一阶段的文学中存在着因，又为后一个阶段的文学孕育了果。”[15]美术史学家陈池瑜则进一步提出，“从思想文化史或文学艺术史的角度来看，从五四新文化运动的思想文化源头和承传来探讨，应该将‘现代’的概念，上限到20世纪初。”他认为，“‘现代’在中国应指19世纪末和20世纪初的世纪之交，或者说从1898年的戊戌变法维新运动失败后，寻找新的政治制度、文化思想开始；其下限，从广义来讲可以延伸到当前，现代可以包括现在，中国的‘现代’从时间上讲已有百年，或者说中国的‘现代’包括整个20世纪。”据此，陈池瑜明确指出：“20世纪最初十几年中，具有现代性质的新的政治、社会、文化、艺术思潮和观念亦在形成过程中，因此我们有理由认为，中国现代文化思想史、文学艺术史，包括中国现代美术史应该从20世纪初年开始写起。”[16]

与建筑历史研究领域相比，新中国成立后的一个历史时期的政治话语，给中国史学界和思想文化界打下的意识形态印记更为深刻，历史包袱更为沉重。因此它们在新时期以来的活跃的学术动态也更值得我们借鉴。

三、中国近、现代建筑历史研究的整合态势和最新成果

鉴于中国近、现代建筑历史研究领域中长期存在的以革命史或社会变革的阶段性来分割建筑历史内在整体性的状况，打破历史分期中的人为分隔，并把20世纪以来的中国建筑历史作为一个整体予以重新审视，成为近年来中国近、现代建筑历史研究的一个重要动向，并已经取得一系列标志性成果。如杨永生、顾孟潮两位学者担纲、全国各地百余名专家共同撰写的《20世纪中国建筑》和邹德侬的《中国现代建筑史》。《20世纪中国建筑》的两位主编在序言中明确提出摆脱政治话语影响，从建筑本体出发，“把20世纪这100年来中国建筑创作的自身规律和特点作为历史分期的基本依据”。该书把中国现代建筑历史的起点定位在20世纪初。[17]而《中国现代建筑史》则跨越了政治话语造成的历史分隔，把中国近、现代建筑历史作为一个完整的历史过程进行研究。正如该书序言中所指出的，“斗胆模糊了中国近代和现代建筑史的界限，试图冲破现行近代和现代建筑史以1949年明显划界的教学体系。”[18]在比较了该书与1980年代的《中国现代建筑史纲》的差异与进展之后，作者写道：“本书继承了《史纲》的成果，又有新的思考和完善。”“在《史纲》中，1949年以前的情况是作为现代建筑的背景来回顾的，在本书中，这个回顾正式列为现代建筑的起源。”[19]

如果说前述几部著作是建筑学家对中国近、现代建筑历史进行整体性审视的总体性历史研究成果，那么1990年代以来发表或出版的一系列专题性论文、论著则是以20世纪中国近、现代建筑历史的整体性和连续性为前提，在一个完整的历史空间中，从不同视角、不同侧面梳理了中国近、现代建筑历史的主要历史脉络。如彭一刚教授指导的天津大学硕士研究生李国庆先生的论文“从三次‘古典复兴’看中国建筑传统的继承”，回顾了20世纪中国近、现代建筑历史中出现的三次传统建筑文化复兴现象，对三次“古典复兴”运动中的复古主义，尤其是改革开放新时期“夺回古都风貌”旗帜下的大屋顶复活进行了批判。曾坚先生的“传统观念和文化趋同的对策”[20]一文，回顾了20世纪中国三代建筑师立基传统的建筑创作所走过的追寻、探索与拓展历程，针对当前的建筑文化的热点问题——文化全球化和文化趋同问题，以史为鉴，提出在“国际性”与“国家性”双重框架下发展中国当代建筑文化的主张，改变中国建筑界长期存在的偏重民族性和“国家性”的主流建筑创作导向，争取创造出对世界有普遍意义的“国际性”建筑。

上述的专题性论文全部采取了“比较史学”的研究方法，即对不同时间、不同空间下的各种历史现象进行纵向或横向的比较，从而探索历史发展的内在规律性。在近年来中国近、现代建筑历史的研究中，运用历史比较方

法的较为成功的范例是台湾傅朝卿博士的《中国古典式样新建筑——20世纪中国新建筑官制化的历史研究》。该书突破了中、外现代建筑历史的藩篱，通过对“中国固有形式”建筑与同一时期德国、日本和前苏联等国的传统复兴运动进行横向比较，揭示了其国际、国内的政治背景以及相似的民族主义意识形态基础和学院派建筑思想。

总之，这些跨越“传统”的近、现代建筑历史分界线的总体性或专题性成果，有力地支持了中国近、现代建筑历史整合研究和整合观念的建立。

四、中国近、现代建筑历史整合研究的理论框架

中国现代建筑史与中国近代建筑的整合，并非仅仅是把目前通行的中国近代建筑史和现代建筑历史进行简单叠加，而是把中国近、现代建筑历史作为一个有着历史延续性和内在规律性的完整历史过程，对历史演变的线索重新进行审视和梳理，进而建立新的研究框架。

1. 中国近、现代建筑历史整合的起点：1900年代

19世纪与20世纪之交是中国社会急剧变动的时期，相继发生了甲午战争爆发、马关条约签订、百日戊戌变法、义和团庚子之役等一系列重大历史事件。如果说19世纪末清王朝对戊戌变法的镇压，是挽救中国延续千年的皇权专制政体的最后努力；那么20世纪初义和团运动的失败，则在很大程度上代表了孤立主义、排外主义最后的挣扎。20世纪初，伴随着清王朝所谓“新政”中展开的一系列自上而下的政治、经济和教育体制的变革，中国建筑的发展轨迹也发生了历史性转折：清末“新政”时期官方建筑的洋风和全盘西化，标志着以木构架为物质基础、礼制文化为思想核心的传统官式建筑体系的衰落；公共建筑中，西方砖木结构体系代替了传统木构架，并出现了向现代建筑技术体系过渡的趋势，如哈尔滨中东铁路局办公楼（1906年）、青岛德国总督府（1906年）采用了砖石钢骨混凝土混合结构，上海华洋德律风大楼（1908年）采用了钢筋混凝土框架结构。大跨度的工业建筑则更广泛地运用钢结构、钢筋混凝土等现代建筑技术，出现了哈尔滨中东铁路总工厂、青岛四方机车修理厂等钢结构建筑。

20世纪初，中国建筑领域发生了许多具有开创意义的重要事件：如果说哈尔滨的新艺术运动风格建筑的出现带来了欧洲建筑探新运动的信息，那么，披上中国传统建筑外衣的北京南沟沿救主堂（1907年），则代表了建筑领域民族意识的觉醒。1902年清政府公布了中国教育史上第一个正式学制——壬寅学制，其中《钦定学堂章程》列入了建筑学科目，这是中国教育史上第一次现代高等建筑教育的创议，中国建筑教育在借鉴和摸索中起步。1910年前后，负笈出洋的学子中出现了第一批建筑学专业留学生，他们学成归国后成为中国第一代建筑师的中坚。1910年张锳绪撰著的中国第一部现代

建筑科学著作——《建筑新法》出版。

总之，与1840年第一次鸦片战争爆发相比，1900年代更符合整合后的中国（近）现代建筑历史的起始期的条件。

2. 20世纪中国建筑的主线：连绵不断的现代建筑

20世纪中国现代建筑走过了一条曲折的发展历程，构成了贯穿20世纪中国建筑历史的主要脉络，它经历了三个发展阶段。

第一阶段：1900～1949年，从萌芽到第一个高潮

以1900年代作为欧洲现代建筑运动前奏的新艺术运动在中国出现为原点，以工业建筑为先导，1920年代末到1937年形成了中国现代建筑的第一次高潮。在国际现代建筑运动的冲击下，中国建筑师对现代建筑的认识从时尚开始，在建筑实践中逐渐掌握了现代建筑的真谛。这一时期中国建筑界对于现代建筑的认识已经突破了文化民族主义的藩篱，对于其现代性、世界性本质有了深刻的理解。正如何立蒸所说，“吾人须知现今世界发达，文化传播至为迅速，各民族间之接触较昔日之机会为多，故国际间同一式样建筑之产生，实有其必然性在焉。且建筑式样之决定乃以其结构方式为主要，今曰之钢骨与混凝土结构，已普遍采用，则其结果更多相同之处矣。”[21]从抗日战争爆发到1949年中华人民共和国成立，虽然一直处于战争状态，建筑活动陷于停滞，但是战争的洗礼和对战前建筑活动的反思，使中国建筑师对现代建筑思想的认识得到深化，在战时和战后形成了现代建筑思想的高潮。

许多著名的中国第一代建筑师在西方受到了严格的学院派建筑教育，而在世界范围的现代建筑运动中，也都先后接受了现代建筑的设计原则和设计方法。童寯是中国现代建筑的先驱者之一，他一生坚持现代建筑的合理性原则；庄俊从早期的西洋古典转向了现代建筑，对于“能普及而又切实用如‘白话体’”的现代建筑尤为推崇；范文照从早期的“全然守古”的“宫殿式”“中国固有形式”转向后期的“全然推新”的现代建筑；杨廷宝则从折中主义的多元主义转向现代建筑，他于解放初期设计的北京和平宾馆成为中国现代建筑的经典之作。1930～1940年代，以华揽洪、林乐义、冯纪中、汪坦为代表的第二代建筑师在现代建筑运动和前辈建筑师的影响下，也确立了现代建筑的基本方向。第一、二代建筑师的现代建筑实践和思想奠定了新中国成立后现代建筑自发延续的基础。在新中国成立后步履艰难的创作环境中，他们的现代建筑探索始终没有中断。例如，广州是中国现代建筑思想的策源地之一，1936年创刊的由广东省立勷勤大学建筑系学生创办的《新建筑》是中国第一份宣传现代建筑的刊物，旗帜鲜明地提出“反抗现存因袭的建筑样式，创造适合于机能性、目的性的新建筑”的口号。1949年之后，以广州为中心的岭南建筑师对新中国现代建筑创作作出了重要贡献。林克明是著名的第一代建筑师，留学法国期间曾经与法国现代建筑师托尼·加涅尔

(Tony Garnier) 一起工作[22]，1929 年归国后，担任广州中山纪念堂建设工程顾问，并设计了大屋顶的"中国固有形式"的广州市府合署（1930～1932 年）。1930 年代后期，他接受并积极倡导现代建筑思想，曾担任《新建筑》杂志的顾问，批评"中国固有形式"建筑"稍加思度已知其无一合理者，且离开社会计划与经济计划甚远，适足以做成'时代之落伍者'而已。"在新中国成立后的长期建筑生涯中，林克明先后主持了华南土特产展览馆、广州华侨大厦、广州友谊剧院、广州宾馆、广交会工程等现代建筑作品。夏昌世，留学于现代建筑运动发源地的德国，1928 年毕业于卡尔斯普厄工业大学建筑系，1932 年于德国蒂宾根大学艺术史研究院获博士学位，是中国的早期现代主义者。1951 年他设计了华南土特产展览交流大会展馆以及许多具有强烈现代特征的校舍。第二代岭南建筑师的代表人物——1936 年毕业于广州中山大学的莫伯治和 1941 年毕业于交通大学唐山工学院的佘畯南，也以他们脍炙人口的现代建筑作品成为中国第二代建筑师的杰出人物。

经过萌芽和初始期之后，现代建筑及其思想在 1930～1940 年代兴起并达到了高潮，如果没有来自意识形态的外力，1949 年之后的建筑活动会沿着现代建筑运动的方向继续发展。

第二阶段：1950～1976 年，意识形态主观干扰与现代建筑的自发发展

1949 年新中国成立标志着中国建筑历史进入了一个新的历史阶段，但是，政权的更替并没有割断现代建筑的延续与发展。新中国成立后，国家一穷二白的现实，和医治战争创伤、恢复生产的需要，决定了现代建筑符合中国国情，具有强大的生命力。即使在 1950 年代初经济十分困难的条件下，仍然有一批优秀的现代建筑作品问世，如杨廷宝的北京和平宾馆、黄毓麟的上海同济大学文远楼和华揽洪的北京儿童医院等。虽然在后来反常的政治气候下，经典现代建筑思想被妖魔化为帝国主义文化侵略的阴谋而长期受到批判，但是中国建筑界的现代建筑实践和思想始终并没有中断和泯灭。

1955 年掀起的"反浪费"运动批判了复古主义，中国的国情和建筑中的经济要素给中国社会和建筑师上了生动的一课，也推动了政府当局"适用、经济，在可能的条件下注意美观"的建筑方针的出台，该方针表明了国家政策层面对建筑的功能、经济理性原则的认同。正如萧默先生后来所指出的："是一个充满着工业美、机器美或技术美意识的口号。"[23]在 1956～1957 年的短暂的"大鸣大放"中，建筑界旗帜鲜明地发出了倡导现代建筑的声音。这一时期，在中国现代建筑故乡的上海，建筑师们"坚持从实际出发，精打细算、不求气派，讲究实惠与形式自由、敢于创新、潇洒开朗、朴实无华的作风"。[24]而莫伯治、佘畯南等岭南建筑师，在极左思潮盛行的"文革"时期推出了矿泉客舍（1972 年）、白云宾馆（1973 年）等一批岭南现代建筑作品，它们采用吻合功能的平面、简洁明快的立面形式并结合南方气候、室内外空间自由流动的庭院布局。这一时期的现代建筑实践，一方面承接了1920 ~1930 年代的中国现代建筑传统，同时也为新时期现代建筑的探索奠定了基础。

第三阶段：1977 ~，经典现代建筑的回归与继承、超越与发展

改革开放之后，中国当代建筑创作进入了一个空前繁荣的多元化时期。作为对前一时期现代建筑思想受到压制的反弹，1980 年代初中国建筑界出现了一个大力倡导现代建筑思想的高潮，一些建筑学家甚至提出了给中国建筑“补上现代建筑运动这一课”的激进主张，并引发了关于建筑现代化与民族化的激烈论争。与此同时，后现代主义也来到与国际现代建筑运动隔绝近30年的中国，并宣称现代建筑已经寿终正寝。

在复杂的建筑文化背景下，一些建筑学家从国情出发，清醒地指出现代建筑在中国仍然有其“严肃的历史使命”。[25]同时也认识到，新的历史条件对中国现代建筑的发展提出了新的要求，“中国现代主义肩负着满足社会大众需求的重任，以现代功能为出发点，运用新技术、新材料表现时代精神，有时也反映后现代主义的某些影响。”[26]

关于中国当代建筑实践的风格倾向，许多专家学者给予了概括总结，尽管结论不尽相同，但是，现代建筑始终被归纳为一个重要的设计方向。如张钦楠先生在总结 1980 年代中国建筑创作时，把因循现代建筑运动宗旨的功能——结构派作为当代建筑的三种主要倾向之一。[27]如果说 1980 年代以广州白天鹅宾馆、北京四中、北京国际展览中心等为代表的现代建筑作品，更多体现了经典现代建筑的功能理性精神；那么，1990 年代以来的许多优秀现代建筑作品，如北京奥林匹克中心、甲午海战纪念馆、北京外研社等，在时代技术美的追踪、隐喻与象征的表达、文化内涵与场所精神的塑造等方面都超越了经典现代建筑的单调化、中性化、机械化的局限，体现了充实、提高现代建筑的进步趋势。

这三个阶段可以看出，现代建筑是贯穿 20 世纪中国建筑的主要历史脉络。

3. 整合的线索之二：对传统建筑文化的追寻、探索与拓展

自 20 世纪初以来，立基中国传统文化的建筑创作经历了四个时期，形成了三次传统建筑文化复兴浪潮，构成了贯穿 20 世纪中国近、现代建筑历史的重要脉络。

（1）初始期：1900 ~1920 年代初

20 世纪初，在民族主义潮流的冲击下，伴随着在华教会的宗教本土化运动，形成了欧美建筑师主导下的中国传统建筑文化复兴初潮，西方建筑师越俎代庖的“中国式”建筑是在新的功能、技术条件下体现中国传统建筑文化的尝试。以加拿大建筑师何士和美国建筑师墨菲为代表的西方正规建筑师对中国传统建筑尤其是北方官式建筑进行了研究，除了在建筑形式上力求体现中国传统建筑特征，还进行了在总体布局上结合传统院落和园林空间的积极尝试。虽然教会的宗教动机为国人所怀疑，其建筑外观和细部也不合传统建筑法式，但是客观地讲，他们的成果为后起的中国建筑师所吸收和继承，对其后的“中国固有形式”建筑产生了深远影响，成为中国民族形式建筑的先声。

（2）“中国固有形式”时期：1920年代后期~1937年

在南京国民政府官方的大力倡导下，以第一代中国建筑师为创作主体，以南京中山陵设计竞赛和建设为开端，形成了传统建筑文化复兴浪潮。其开创的多种经典模式，如以“宫殿式”大屋顶来表现民族风格和局部略施传统构件和纹样装饰的“现代化的中国建筑”，为新中国成立后的“民族形式”建筑所继承。

（3）“民族形式”时期：1950~1976

新中国成立后，中国加入了以前苏联为首的社会主义阵营，“一边倒”地接收了前苏联“社会主义内容、民族形式”的建筑思想，在1950年代初期和1950年代末“十大建筑”的建设项目中，再度形成了传统建筑文化复兴浪潮。同时，这一时期也出现了离开北方官式大屋顶和新古典主义的“民族形式”模式，从丰富多彩的传统地域性文化中吸收营养进行进步性的探索，如陈植设计的上海鲁迅纪念馆，著名华侨领袖陈嘉庚主持兴建的厦门大学和集美学校建筑群，以及新疆等地表达少数民族特征的“民族式”建筑。

新中国成立前后的两次传统建筑文化复兴——“中国固有形式”和“民族形式”背后的意识形态主观干预和政治化倾向是相似的。1920~1930年代南京国民政府倡导的“中国固有形式”建筑中，建筑的政治化现象已初露端倪。南京国民政府奉行民族本位主义文化政策，一方面扮演传统文化保护人的角色，以树立自己的正统形象；另一方面强调“固有文化”和“本位文化”，以“中国国情”为借口打击鼓吹西方式自由民主的思潮和以共产党为代表的社会左翼力量所倡导的马克思主义。“中国固有形式”建筑是国民政府文化政策的衍生物和逻辑发展，带有强烈的政治色彩。

新中国成立后，中国加入了以前苏联为首的社会主义阵营，与以美国为首的资本主义阵营形成了对峙。建筑形式直接与政治发生了联系并被上升为政治立场问题。现代建筑由于其发源地而被作为“世界主义”和“结构主义”受到批判，传统建筑文化的复兴以“社会主义内容、民族形式”为口号再度兴起。这种建筑的政治化在很大程度上延误了中国建筑现代化的时间表，使我们失去了创造中国自己的现代建筑的大好时机，同时传统建筑与政治相缠绕，使传统与现代、继承与创新成为困扰中国建筑界的一个挥之不去的理论难题。

（4）多元探索时期：1977～今

十一届三中全会召开，拉开了改革开放新时期的历史帷幕。政治环境宽松，思想束缚解脱，经济高速增长，立基中国传统的建筑创作进入了多元化时期，并在1980～1990年代形成了第三次传统建筑文化复兴浪潮。与前两次浪潮相比，最大的变化莫过于建筑创作中政治影响的淡化，传统复兴的内在动力也发生了根本转变：从为意识形态斗争服务到满足旅游观光产业需要，从反对列强的文化侵略到对传统历史文脉的保护。1980～1990年代，形成了以南京夫子庙、武汉黄鹤楼、天津古文化街等复原性建筑为代表的古风主义，以曲阜阙里宾舍、西安三唐工程为代表的古典主义，和以武夷山庄、上海方塔园、敦煌机场航站楼、北京丰泽园饭庄为代表的地域主义等多元实践与探索。如果说，20世纪中国立基传统文化的建筑创作，从1920～1930年代的"中国固有形式"到1950年代的"社会主义内容、民族主义形式"，再到1990年代的"夺回古都风貌"，这些创作实践更多地属于北方清代官式建筑风格或皇家建筑风格的"仿古式"复兴；那么随着长期制约建筑创作的政治、经济和文化环境的改善和异域建筑思潮的不断输入，立基传统文化的建筑创作思想将变得更为开放，创作手法更为多元；建筑师对传统建筑文化的理解，也开始超越形式表象，走向深层文化内涵；建筑师开始走出弘扬民族文化的宏伟叙事，走向场所精神的微观表达；对传统建筑文化的阐释与演绎更具有现代性和时代精神。

4. 在国际性框架下：20世纪中国建筑的世界性

当中国以现代化为目标时，中国就融入了世界。20世纪的中国建筑历史既是中国建筑走向现代化的历史，也是中国建筑走向世界的历程。

进入20世纪，随着中国传统木构建筑体系的逐渐解体和西方建筑体系的全面移植，中国进入了与世界建筑潮流息息相通的新的历史阶段。中国近、现代建筑历史的世界性，是中国近、现代建筑历史整合的基本线索。首先，20世纪中国建筑经历了三次国际化浪潮的冲击。第一次浪潮发生在1900～1920年代初，作为前现代时期"国际式"风格——西方古典主义的冲击。1900年代初，以清末"新政"建筑如资政院、地方谘议局等官方建筑的全盘西化为开端，西方古典主义在官厅、金融和教育建筑中大行其道。同时，在列强的租界和租借地，早期的"殖民地式"建筑也被正统的西方古典主义所取代。负笈出洋的中国第一代建筑学子接受了正统的学院派教育，归国后也以纯正的西方古典主义开始其职业生涯。第二次浪潮是以1928年上海沙逊大厦的兴建为标志的1920～1930年代的第一次现代建筑高潮。通过西方在华建筑师和中国建筑师的实践、大众传媒的传播和专业性刊物的介绍，西方现代建筑运动的实践及其理论成果广泛传播，这一时期的中国现代建筑也可以看作国际性现代建筑运动的有机组成部分。第三次浪潮则是改革开放打开国门之后，随着中国加入世界贸易组织和经济全球化进程的加快，中国建筑进入了一个空前全球化的时期。一方面，以1980年代初“詹克斯式”后现代主义的输入为开端，国外多元化的建筑思潮流派不断输入，给中国建筑界带来启迪的同时也带来了困惑。国际先锋建筑大师在国家级工程项目的设计竞赛中频频获胜，更是引起了“中国正在成为西方先锋建筑师的实验场”的一片惊呼。另一方面，建筑设计市场日益开放，中国建筑师的创作环境也空前国际化：他们与国外建筑师在设计中合作、在设计市场上竞争。其设计理念、技术手段和设计方法都给中国建筑师带来了巨大的冲击。

其次，全球化与本土化、现代性与传统性之间的矛盾与冲突，是全球化和现代化进程中不可避免的产物。20世纪的中国传统建筑文化复兴现象和长期占据建筑界话语中心的“民族形式”问题，如果从全球化的角度加以重新审视，可以视之为全球一体化带来的文化趋同的逆反应。因为在作为早期全球化进程的资本主义全球性扩张之前，处于封闭单一的自然、社会和经济条件下，不同的国家、民族和地域的建筑各具特色，并不存在建筑的民族形式问题和地域性与国际性之间对立。随着资本主义工业化的蓬勃兴起并向全球扩张，才出现了全球一体化和建筑文化趋同现象，作为对建筑文化全球化的反抗，才导致了形形色色的传统建筑复兴运动。作为全球化产物的民族形式问题并非中国独有，而是具有全球性、世界性的问题。早在19世纪中叶，英国这个最早实现工业化的资本主义国家就产生成为当时“国际式”风格的西洋古典主义与作为“民族形式”的哥特式建筑的对立，并形成了著名的“风格之争”。在日本明治维新之后也有“洋风”与“和风”的“式样论争”。而中国20世纪初出现的西方教会和西方建筑师越俎代庖的“中国式”建筑，尽管是教会的一种文化策略，也可以说是中国最早打响的反对文化趋同的前哨战。

另外，政治因素和文化民族主义、国粹主义等保守的意识形态对现代建筑发展的压抑和阻抗，并非仅仅出现在20世纪的中国，而是现代建筑历史上多次出现的一种建筑文化现象。如1920～1930年代法西斯德国倡导古典复兴，迫害包豪斯和现代建筑运动、前苏联斯大林时代对构成派的排斥和“社会主义内容、民族主义形式”建筑以及日本军国主义时期的“帝冠式”和所谓的“兴亚式”建筑等等。

总之，以往的中国近、现代建筑历史研究存在着片面强调中国与世界的差异性，忽视中国建筑作为世界建筑组成部分的整一性的缺憾。有些建筑学家提出中国现代建筑历史与国际现代建筑历史的并轨问题，是一种颇有见地的主张。

五、中国近、现代建筑历史整合研究的学术意义

1. 对泛政治化的历史分期方法的反思

20世纪上半叶尤其是“五四”运动到新中国成立之前，中国史学界通

行的历史分期架构是“古”、“近”（“现”）代的两分法。“近代”与“现代”这两个词乃至“近代化”、“现代化”，在书刊中常常混用，并没有确切界定。在清末民初翻译西方著作时，“modern history”一般译为“近代史”，1840年第一次鸦片战争以降的历史也被称为“近代史”，如著名历史学家蒋廷黻1937年出版的《中国近代史》。1930年代《建筑月刊》编辑杜彦耿编写的第一部《英华合解建筑辞典》中，首次把“现代建筑”一词翻译为“modern architecture”；而梁思成则认为应译为“contemporary architecture”，即当代建筑的意思，他主张“modern architecture”应译为“近代建筑”。这说明，1930年代的中国建筑界，“现代建筑”与“近代建筑”两个词也是混用的。

新中国成立后，中国史学界普遍接受了前苏联史学的分期法，把1917年十月革命作为一个划时代的历史标志。“十月革命”以前的资本主义时期称为“近代”，“十月革命”以后称为“现代”，这也成为我国史学界通行的世界历史分期法。与之紧密相联系，中国通史则以中国共产党登上历史舞台的“五四”运动为分水岭，把鸦片战争以来的历史划分为近代和现代。[28]受到通史三段式分期模式的影响，目前通行的建筑历史分期把鸦片战争之前作为古代建筑史，鸦片战争至1949年新中国成立作为近代建筑史，新中国成立后作为现代建筑史，分别作为和封建时期、半封建半殖民地时期、社会主义时期相对应的建筑历史。由此可以看出近代、现代虽然是表述时间的阶段性，但却暗含着特定的政治色彩，尤其是用1949年中华人民共和国成立作为中国近代建筑史与中国现代建筑史的分界线，乃是用社会政治变革来划分建筑历史过程。

20世纪中国建筑是一个完整的历史过程，以1949年中华人民共和国成立为分界的前后两个历史单元之间有着不可分割的连续性和逻辑性。20世纪上半叶是中国现代建筑事业的开创时期，无论是中国建筑师的现代建筑实践，还是“中国固有形式”建筑的探索；无论是建筑教育事业还是建筑学术活动，都为20世纪下一个50年的发展奠定了基础。

美学家李泽厚认为，1925年开始到抗日战争爆发前夕崛起的一代中国知识分子是在具体专业领域有开拓性贡献的一代。他说：“无论在哪个方面，中国现代各个领域的处女地首先是由他们在其中自由驰骋而开拓的……科技事业中的李四光、竺可桢、梁思成、陈省身……史学领域的郭沫若、陈寅恪、李济、钱穆……正是他们开创和奠定了中国现代许多专业领域内的各种模式。”[29]1920年代登上历史舞台的中国第一代建筑师和建筑学家是中国现代建筑事业的开拓者，他们创办了中国第一个建筑社团——中国建筑师学会，第一份学术刊物——《中国建筑》，开拓了中国古代建筑历史研究。新中国成立后著名的建筑史学家如刘致平、陈明达、莫宗江、罗哲文、陈从周等的学术渊源可以追溯到1930~1940年代的中国营造学社。1920年代，中国第一代建筑师开创了中国现代建筑教育事业。除了正规建筑教育，建筑设计机构中第一代、第二代建筑师之间的师承关系也构成了中国建筑事业薪火相传的重要渠道，培养了戴念慈、林乐义、张镈、徐中、陈登鳌、龚德顺、莫伯治等为代表的第二代中国建筑师。

1978年改革开放以来，政治因素的淡化，国际学术交流的开展，使得中国近代建筑历史研究逐渐摆脱了政治话语的束缚，呈现出蓬勃发展的态势。但是回顾1980年代以来的建筑历史分期研究，虽然也取得很大进展，但是不尽如人意的是，目前的建筑分期尚遗留着过去意识形态影响的痕迹。同时，由于现行的占主流地位的近、现代历史分期的政治色彩影响，致使从学界到一般建筑工作者普遍存在着把对20世纪上半叶中国建筑的评价与对旧中国的社会制度的评价联系起来的倾向，让人误以为与古典主义相颉颃的现代建筑直到解放以后才开始出现，这就无形中贬低了这一时期中国建筑的成就和中国第一代建筑师的贡献。

按照目前通行的中国建筑历史分期，把1949年中华人民共和国成立作为中国近代建筑史与中国现代建筑史的分界线，用不同的社会制度来分隔20世纪中国建筑历史，无疑会把一个完整的历史过程腰斩，打成互不相干的两部分，在一定程度上妨碍了研究视野的展开并对中国现代建筑历史研究产生了负面影响。总之，整合20世纪的中国建筑历史，取消1949年这一带有政治话语意味的近、现代分界线，是使建筑历史研究摆脱对政治尺度的依附、回归建筑本体、重建历史真貌的需要。

2. 近、现代建筑历史研究视野的拓宽

现行的建筑历史分期，拆散了许多本来相互关联的历史现象，使得历史演变的基本线索模糊不清。把中国现代建筑史与中国近代建筑史作为一个有机的历史过程进行整合是拓展中国近、现代建筑历史研究的视野，充分体现历史轨迹连续性的需要。

法国年鉴学派历史学家从其总体史观念出发，主张研究大时空尺度的历史现象，研究历史的深层结构，认为只有如此才能对历史做出合理可信的解释。马克·布洛赫宣称："历史不容画地为牢"，"唯有总体的历史才是真历史"。布隆代尔继承和发展了年鉴学派创始人费弗尔和布洛赫的理论，他对西方史学最大的贡献是提出了长时段观点，从而引起了西方历史学研究范式的革命："把处于传统史学中心的政治事件作为短时段事件而逐出了历史的中心"。他认为"由于缺少长时段的观点，上一个世纪的人们也无法避免将眼光集中在那些短时段内发生的、戏剧性的大事件上，将历史写成政治史。"他指出："对历史学家来说，接受长时段意味着改变作风、立场和思想方法，用新的观点去认识社会。"[30]他认为，只有长时段现象而不是短时段的政治事件才构成了历史的深层结构，只有借助长时段观点研究长时段历史现象，才能从根本上把握历史。

法国年鉴学派倡导的“长时段史观”、“大历史”研究模式，对于中国近、现代建筑历史的整合有重要的借鉴意义，有助于我们在较大的时空范围之内梳理历史发展的脉络，揭示历史表象下内在的、深层次的运动。

以往的近代建筑历史研究，存在着重视短时段影响，忽视长时段因素的作用的不足。造成这个问题的主要原因是，建筑活动往往与错综复杂的政治、经济、文化背景相交织，在一个较短时段内的建筑活动容易被短时段因素尤其是政治因素所扰动，只有从较长的时段中加以考察才能发现建筑本体的规律性和必然性。

如果借助长时段理论观察建筑现象，可以发现政治事件只能暂时改变建筑原有的轨迹，在一个较长的时间内又会自动回归建筑本体。如1927年南京国民政府成立，在官方的大力扶植与倡导下，在文化民族主义的浪潮下，强调体现中国传统建筑风格的“中国固有形式”在一定程度上占据了原则和道义上的优势，形成了很大的声势，但是面对时代性、经济性的要求和国际性现代建筑运动的挑战，“中国固有形式”不断收缩防线，从“宫殿式”演变为大部为平顶、局部采用大屋顶的“现代建筑与中国建筑的混合式样”，最终蜕变为“现代化的中国建筑”。如果从一个较长时段考察“中国固有形式”的完整过程，可以发现从“宫殿式”到“现代化的中国式”的演变是中国建筑师探索有中国特征现代建筑的历程。这说明，只有从一个长时段历史过程出发才能对一个完整的历史过程进行全面考察，否则我们容易被纷繁复杂的政治事件所迷惑，从而得出片面的结论。

如果进一步从长时段出发，我们就会发现新中国成立前后，现代建筑思想和实践的延续性是本质的，非延续性是表象的，把现代建筑的发展人为拆成似乎互不相干的两部分，是由于在历史研究中过于注重政治事件的影响和忽视长时段历史造成的。虽然新中国成立之后直到1970年代后期，现代建筑理论和思想长期受到国内政治环境的压制，但是1950年代初的现代建筑自发延续，“反浪费运动”中对1950年代初的大屋顶风的批判和建筑方针的出台，标志着对现代建筑基本原则的回归趋势。一系列历史事实，构成了中国现代建筑连绵不断的发展轨迹。

以往的研究中，存在着过分强调非本体因素的影响，忽视建筑本体的内在逻辑性的缺憾。只有整合中国近、现代历史，在长时段历史中才能凸显建筑本体的内在规律性与必然性。总之，近、现代建筑历史的整合，既体现了近、现代建筑历史的内在规律性，也是进一步深化近、现代建筑研究的必要前提。

3. 解决近、现代建筑史分期问题的途径

科学的断限与分期是历史研究的基本前提。长期以来中国近、现代建筑史学界始终没有就历史分期和断限达成共识。首先在确定近、现代分期标准的问题上，史学界一直存在着“社会背景论”与“建筑本位论”的分歧。前者认为应把“近代建筑史置于近代中国剧烈变化的政治、经济背景之中，把中国近代建筑的产生与发展作为近代中国政治、经济背景发展变化的结果来考察。”[31] 后者则认为，“考察中国近代建筑史，不必以政治事件为界，只有建筑、建筑事件及其发展才是建筑史学的研究对象。”[32] 不同的分期标准和视角导致了近代史的不同分期方案，形成了 1840 年到 1949 年，1840 年到 1977 年，以及 1840 年到 1933 年现代建筑兴起等几种不同的“近代”定义方式。与之相应的中国现代建筑史的起始日期也有 1949 年、1934 年、1920 年代等方案。历史分期的分歧与争论预示着传统的中国近、现代建筑历史的研究“疆域”面临着分化和重组。

历史分期包括外延和内涵两部分，外延是指从时间上看这一历史时期的起讫时间；内涵则指这一历史时期与其他历史时期本质上的区别和差异。从历史分期的内涵来看，历史的分期工作绝不是简单的切分年代，而是对历史认识不断深化的过程。把中国近、现代建筑历史的进行整合，使这两个研究领域殊途同归，共同构筑一个涵盖中国近、现代建筑历史的总体历史，是解决长期困扰史学界的近、现代建筑历史分期问题的切实可行的途径。

六、中国近、现代建筑历史整合研究的现实意义

述往事、思来者、鉴往而知来，历史是一个人们获取理性力量的巨大认识对象。

年鉴学派主张在历史研究中要坚持历史与现实的统一，认为“要研究历史，就不能人为地分割过去和现在，而必然将两者紧紧地联系起来，因为现在是历史的必然延伸。”历史学家吕振羽也曾指出：“现阶段不是能和过去历史的诸阶段相对立，而能把它截断下来的。”“历史并不是一种学究的工作，而是和实践不能分离的理论的探究。为着解决现实，不能不彻底地正确无误地把握现实，所以我们应该从历史的追究上来把握现阶段。”打破人为的藩篱，建立中国近、现代建筑历史的整合观，构筑一部忠实记录昨天的历史、通向今天的现实，并向未来延伸的活的历史，既是深化近、现代历史研究的需要，也是现实的需要。它对于我们找到历史与现实之间的连续性，进而总结历史经验教训，探索未来的发展道路有重要意义。改革开放以来，中国的现代建筑事业以日新月异的步伐向前迈进，传统与现代性、地方性与世界性等矛盾也更加突出，加上五彩纷呈的众多国外建筑思潮流派的引介，造成了中国建筑师更大的迷惘与困惑。理清 20 世纪中国社会急剧变革背景下中国建筑发展演变的脉络和轨迹，完整展现中国建筑师的不懈探索、追求的历程，总结其建筑创作的成败得失，对于当代中国建筑事业的健康发展必将会

有启迪作用。

只有对人类有意义的存在物才可能引起人们的注意。千百年来，人们不懈地研究历史，其目的就在于从中获取现实的意义。历史不是作为一种封闭、静止的过去而存在，一切历史研究都立足于社会未来的发展。

美国学者艾恺（Guy Alitto）认为："宏观历史理论往往产生于大变动之中或之后，大变动令人有兴趣了解历史发展的趋势。通过对历史趋势的了解，人们可以知道自己在历史洪流中所处的地位，进而推演到将来的变化。"[33]20世纪与21世纪之交如同现代建筑运动前夜的19世纪与20世纪之交一样，处于建筑变革的临界点，新技术、新的生产力、新的社会思潮和观念正在酝酿新的建筑革命。今天，中国现代建筑在山重水复中走过了一个世纪的历程，又在迈向新的世纪，回首已逝的往事，一定会让我们获得重新审视自我和我们所处时代的珍贵文化资源和精神财富。

七、中国近、现代建筑历史整合研究的前景展望

20世纪中国建筑历史包括以1949为界的前后两个各为50年的历史单元。20世纪上半叶的中国建筑历史跨越了晚清、北洋政府、南京国民政府、抗日战争等风云变幻的历史时期，对于这一段建筑历史的研究与评价，必须建立在对这一时期中国的政治、经济、思想和文化的客观研究与评价基础之上。1980年代以来，在中国改革开放的大气候下，学术气氛日益活跃，中国史学界逐步摆脱了以往政治话语对20世纪上半叶中国历史研究的垄断，突破了许多以往的学术禁区。例如对清王朝最后十年所进行的"新政"的研究，成为新时期中国史学界的一个热点。史学家通过反思以往"阶级斗争为纲"时期"强调自下而上的暴力革命，低估自上而下的和平改革；夸大下层群众的作用，贬抑国家管理者的社会功能"[34]的积弊，开始以客观的、历史的态度来评价清王朝、北洋政府和南京国民政府等统治集团在中国现代化进程中的地位和作用。总之，学术氛围的自由开放和史学界的新的成果为这一时期中国建筑研究的展开与深化提供了良好的契机，无疑也提出了更高的要求。

新中国成立后的中国现代建筑历史经历了三年国民经济恢复时期现代建筑的自发延续，第一个五年计划期间的"社会主义内容、民族主义形式"浪潮，大跃进时期的首都"十大建筑"的兴建，1970年代末至1980年代的拨乱反正，改革开放以及1990年代的建筑设计从计划经济向市场转型等与政治、经济、文化风云紧密关联的建筑事件。与1950年代编写的《建筑十年》和1980年代的《中国现代建筑史纲》相比，已经形成了更大的历史规模和更加丰富的历史内容。改革开放以来，在中国现代建筑历史这一学术园地，建筑学家们一方面不断突破以往政治和学术的禁区、禁忌，忠实客观地描述1949年后特定政治气候下的中国建筑历史，另一方面通过展示改革开放以来

中国建筑日新月异的发展动态和建筑师的异彩纷呈的实践与探索来不断赋予它新的历史内容。总之，整合后的20世纪中国建筑历史将是一部忠实记录昨天，生动地展示今天，并不断向21世纪明天延伸的活的历史。

第二节　20世纪上半叶中国现代建筑历史再认识

20世纪上半叶是中国现代建筑从发轫到兴起的时期。在1920～1930年代形成了中国第一次现代建筑高潮，现代建筑在中国经历了从被动引进到主动追求的历程，中国建筑师对现代建筑的认识也经历了从对摩登时尚的迎合模仿到对现代建筑思想本质的体认把握的完整过程。这一时期汹涌澎湃的新文化、新思潮，构成了建筑思想演变的错综复杂的背景；对西方现代建筑思想的引进、消化、吸收和对传统建筑思想的反思、改造、更新，构成了这一时期建筑思想演变的基本线索。其中，建筑思想的主流是进步和求新的，它显示了中国第一代建筑师和中国社会由旧时代走向新时代，由历史走向未来的决心和勇气。

长期以来中国建筑界对于20世纪上半叶中国现代建筑的评价一直笼罩着一种悲观的情绪：现代建筑一直没有占统治地位，1920～1930年代国内政局不稳、战乱不断，原南京国民政府大力提倡“中国固有形式”，接着是抗日战争，建筑活动基本停滞。到了20世纪下半叶共和国成立后，才开始大规模建设，但是又来了照搬前苏联的“社会主义内容、民族形式”，复活了大屋顶，至今阴魂不散。甚至还有人悲观地认为：中国还需要来个现代建筑革命，中国还需要补现代建筑这一课。同时还认为，第一代建筑师在国外接受的是学院派教育，回国后，搞的是折中主义，把现代建筑仅仅作为一种时髦的风格，并没有真正掌握现代建筑的本质。[35]

造成对20世纪上半叶中国现代建筑历史的这种误读的原因主要是：其一，由于受到革命史、政治史的影响，把1949年之前中国建筑历史作为半封建、半殖民地时期的历史来研究，无形中造成了对这一时期建筑历史缺乏整体研究和对该时期建筑活动总体评价偏低的问题；其二，一个时期建筑评论中流行的中国需要补上现代建筑运动这一课的“补课说”，在很大程度上影响了对中国20世纪上半叶中国现代建筑的评价。

改革开放之后的拨乱反正中，一些富有责任感的现代建筑理论家和建筑师，基于建国后建筑界与国际现代建筑运动长期隔绝的现实，针对中国建筑界兴起的新一轮中国传统建筑复兴浪潮以及与之相耦合的詹克斯式“后现代主义”的输入，针锋相对地提出了中国应当补上现代建筑运动这一课的主张。这一主张最早提出是在1980年代初《建筑师》杂志署名窦武的文章中，该文写道：“我们有些留恋封建‘传统’的人，却连忙把约翰逊的‘历史主义'当作同盟军，虽然连一幢真正的现代建筑都没有见到过，却惊呼起它的'千篇一律'来了。"[36] "今天，我们建筑界提倡创新，就是把20世纪头几十年世界范围的建筑革命引进来，补上这被我们耽误了30年的一课。" 作为建筑评论，这一匡正时弊、矫枉过正的主张的出发点是正确的，但在很大程度上加深了"现代主义没有来到中国"的印象。《华中建筑》上一位博士生的文章的观点颇有代表性，他说："我国并没有先天的现代主义的根基，亦没有很好的'移花接木'的环境。'现代主义'的精髓甚至未能真正来到中国。"[37]这一说法有其特殊的文脉和语境（context），但是如果不加分析、大而化之地把它作为20世纪上半叶中国建筑思想的总结与概括，则不免会影响学术的客观性与中立性，无形中低估了这一时期在中国建筑历史中的地位，也贬低了中国第一代建筑师开创中国现代建筑事业的卓越贡献。

一、既有中国近代建筑历史研究中关于现代建筑评价的主要误区

误区之一

一些近代建筑史学者认为：20世纪上半叶中国社会文化领域被保守主义所笼罩，从洋务运动的"中体西用"到20世纪初的"国粹主义"，复古思潮十分强大；同时，这一时期中国始终面临着险恶的国际斗争环境，国难当头，民族的生存高于一切，在民族主义思潮影响下，对建筑民族性的追求成为社会和建筑师的重要价值取向。这两方面因素造成现代建筑缺少有利的生长土壤的先天不足，"现代主义思想最终在中国没有成为一种革命性的建筑运动。以民族主义为旗号的折中主义、复古主义依然很强大。"[38]

这种悲观的说法，源于对民族主义的不同理解。不可否认，民族主义是中国20世纪上半叶重要的社会思潮之一，它的目标是救亡图存。但是，在挽救民族危机的手段上存在根本分歧。一部分民族主义者主张通过发扬民族传统来强化民族意识、激发民族热情，他们把传统文化的兴衰与民族的兴衰直接联系起来，这种文化民族主义就是当时被称为"国粹主义"的思潮。但是我们不能忽视另一部分民族主义者主张全面以西方为参照实现现代化，主张与传统文化彻底决裂。1910年代的新文化运动就是这样一个激进的反传统的运动，代表人物陈独秀、胡适、鲁迅既是民族主义者也是激进的反传统主义者。把民族主义与文化民族主义混同起来，或对于民族主义者的反传统主义视而不见，容易陷入过分夸大"中国固有形式"的社会基础的误区。

中国第一代建筑师正是在救亡和战争的动荡环境中接受了现代建筑思想，并把它作为符合中国国情的建筑道路的惟一选择。正如哲学家王元化所指出：忧患意识长期以来促成了中国知识分子的思想升华。醉心于传统文化的"性灵文学"倡导者林语堂，在抗日战争爆发后深刻地指出"只有现代化才能救中国"。他说，"现在面临的问题，不是我们能否拯救旧文化，而是旧

文化能否拯救我们。我们在遭受侵略时只有保存自身，才谈得上保存自己的文化。”[39]童寯则在“我国公共建筑外观的检讨”一文中指出，“在不铺张粉饰的原则下，只要经济耐久，合理适用，则其供献，较任何富含国粹的雕刻装潢为更有意义。”[40]这说明，救亡不仅没有压倒现代建筑思想的启蒙，相反却使中国第一代建筑师更加认识到现代建筑是合乎中国国情的惟一选择。

误区之二

比较流行的观点认为，20世纪上半叶中国第一代接受正规建筑教育的建筑师的传统文化底蕴和西方学院派教育，限制了他们对现代建筑思想的理解和接受。

20世纪上半叶，“要救国，只有维新，要维新，只有学外国”[41]是中国知识分子中普遍存在的一种文化心理，这种心理导致了新文化运动中的激进的反传统倾向，在1920年代形成了全盘西化的主张。

中国第一代建筑师也像中国先进知识分子一样，抱着向西方寻求真理的心态，始终保持对世界建筑潮流的敏感，并且以一种开放的心态接受了西方现代建筑思想的洗礼。学院派的背景并没有成为第一代中国建筑师接受现代建筑思想的障碍，正如中国新文化运动的主将鲁迅、钱玄同等人深厚的国学功底，并没有成为他们激烈地反传统的障碍。以童寯为例，他早年毕业于美国学院派教育的大本营宾夕法尼亚大学建筑系，1930年离开美国赴欧洲考察期间，目睹了欧洲的新建筑运动，回国后成为中国最早接受现代主义的建筑师和激进的现代主义者。梁思成也曾在欧美考察，接触过现代建筑大师，担任过设计联合国总部大厦这个标准现代建筑的设计委员会成员，对于现代建筑有着真正的理解乃至向往。中国第一代建筑师处于1920～1930年代对西方高度开放和文化相对多元化的中国社会中，置身于一浪高过一浪的现代化潮流中，他们的思想不可能脱离时代，他们思想的转变是不可避免的。同时，中国第一代建筑师的学院派背景养成了他们严谨扎实的设计作风，在他们的作品上表现了注重细部设计、注重室内设计、注重施工质量的特点，这种设计作风正是当前中国建筑界所缺乏的经典意识和精品意识。

西方现代建筑思想的形成经历了从帕克斯顿、莫里斯、凡·德·费尔德到包豪斯的过程。而中国1910年代才出现接受正规西方建筑教育的第一代建筑师，并且担负起消化吸收西方先进的建筑文化和科学地整理传统遗产的双重使命，他们是探索的一代、开拓的一代。在他们一代人身上经历了从学院派到现代主义的巨大转变，在转变过程中不可避免地带着折中的痕迹。的确，中国第一代建筑师中没有出现勒·柯布西耶式的狂飙突进式的现代主义者，但这也是中国社会发展的结果，中国也没有出现当年像德国通用电器公司这样的企业。说前辈建筑师主流是折中主义，不免有些过于苛责前人。

误区之三

比较流行的观点认为：20 世纪上半叶中国不具备发展现代建筑的物质基础，现代建材如水泥、钢材产量很低，极大地制约了现代建筑实践。

1920 年代，中国钢结构、钢筋混凝土结构的设计、施工已经成熟，并且已经广泛运用到高层建筑、公共建筑、公寓住宅和工业建筑上，电梯、暖气等现代化建筑设备也已经开始应用。现代结构、材料和设备已经为 1920～1930 年代的第一次现代建筑高潮奠定了技术和物质基础。同时，1920 年代末开始的席卷欧美和日本的经济危机和大萧条，使得大量滞销的建筑材料包括钢材、水泥源源不断地向中国市场廉价倾销，在一定程度上刺激了建筑业的繁荣并为现代建筑实践创造了有利的物质条件。经济史料记载，这一时期"各种金属的进口量，特别是建筑用结构钢、钢筋、钢条和软钢条的进口量有显著的增加。这类金属都由各建筑公司进口，它们在最近几年中，业务经营相当活跃。"[42]更有甚者，日本为了摆脱经济危机，不惜采用了走私等手段向中国出口水泥，其价格为国产价格的 3/4。为了保护民族产业，国民政府采取了提高关税的贸易保护政策，但是直到 1930 年代中期，建筑材料的价格仍然维持了低廉的水平。茅以升关于 1935 年钱塘江大桥兴造过程的回忆录可以作为一个佐证。他回忆说："大桥全部造价 540 万元，这个数字比较小，除了设计时力求节省外，还因为那时正值资本主义世界的经济不景气，物价非常便宜，而同时进口材料的外汇比率也是有利的，例如合金钢梁，只合 320 元/t，钢筋每吨 108 元/t，国产水泥每桶（171kg）2 元 8 角。"[43]

另外，还应当辩证地看待发展现代建筑的物质基础。诚然，现代建筑材料如水泥、钢材产量很低，在一定程度上限制了中国现代建筑的大规模实践，但并没有限制中国现代建筑发展的总体水准。数量或规模不大，这是现实，但在社会发展极不平衡的 20 世纪上半叶的中国，并没有从根本上影响现代建筑的成长。我们同时还应当看到，现代建筑不仅仅是新形式和新技术，还包括一个建筑思想体系，首先是一种新的审美观念、新的设计理念和新的价值观念，是一种新的时代精神。1920 年代构成主义在欧洲工业化水平最低的前苏联兴起，它的影响遍及当时的欧洲，称为现代建筑运动的先锋。芬兰、印度等国的现代建筑实践也证明，不依赖高技术，依靠低技术、传统材料也可以创造出地道的现代建筑。正如吴良镛先生所指出："一般常用的、简朴的、传统的建筑材料，如果运用独特的设计构思、高明的设计技巧、精湛的工艺技术，也可以表现出另一种新的形式美，也同样可以赋予新的时代气息。"[44]

误区之四

对 20 世纪上半叶现代建筑在中国的发展程度估计不足。

如果以全面和发展的眼光观察，在抗日战争期间和战后，现代建筑实践和现代建筑思想已经占据了统治地位。

经过1920~1930年代的现代建筑实践，中国建筑师的现代建筑思想框架基本建立。抗战爆发后，虽处战争环境，但建筑思想体系仍然处在作为盟国的欧美体系之中，否则不会在解放之初进行如此规模的“思想改造”。在国际现代建筑运动影响下，战时大后方的建筑界形成了现代建筑思想的高潮，包括梁思成、林徽因、卢毓骏等著名建筑师在内，普遍接受了现代建筑思想中为大多数人服务的人道主义思想，投身到战后重建和平民住宅的规划。如果没有内战的爆发和新中国成立后意识形态的断裂，其后的建筑活动必将沿着现代建筑运动的方向发展。

建筑的商业化和商品化，在现代建筑的形成与传播中扮演了重要角色，20世纪上半叶中国现代建筑的发展历程虽然并非一帆风顺，也面临着官方意识形态的制约，但是建筑的商业化和商品化为建筑文化的多元化提供了一定保障，使得中国现代建筑实践和思想传播没有遭受与斯大林时代的前苏联和纳粹德国时期相类似的重大挫折，相反现代建筑以其功能、经济的合理性和形式的新颖时尚而受到市场的欢迎。上海的大众传媒与建筑专业刊物并驾齐驱，成为传播现代建筑思想的重要渠道，标志着现代建筑取得了市场的胜利，并成为一种商业性和大众性的建筑文化。建筑的商业化、商品化导向下的建筑摩登化、高层化，房地产市场化所推动的商品住宅的现代化，共同促进了现代建筑的发展。

20世纪上半叶中国普遍存在着崇尚西洋的社会心理，20世纪初从官方、民间建筑的“仿洋风”，到1920~1930年代的“摩登建筑”，都是这种心态的在建筑文化上的反映。现代建筑成为摩登时尚固然有市民文化、大众文化的肤浅，但是它为现代建筑在中国的传播提供了广阔的市场和广泛的社会基础。

原国民政府的文化立场并没有完全统一于“中国文化本位”，国民党要员中不乏鼓吹“全盘西化”者。国民政府在建筑的“中国固有形式”问题上，采取了机会主义的立场，在官方建筑采用大屋顶的同时，达官贵人的私宅却采用最新潮的现代建筑式样。

二、对20世纪上半叶中国现代建筑的再评价

1. 相对适宜的经济环境

进入20世纪，清王朝在其最后十年中进行了大幅度自上而下的改革即“清末新政”，1905年宣布废除科举制度，1906年派五大臣出洋考察宪政，1906年北京设立资政院、各省设立谘议局，公布宪法大纲，开始为西方式的君主立宪作准备。

伴随着政治体制的改变，中国的经济结构也发生了重大变化。在19世

纪与20世纪之交中国民族资本主义经济有了显著增长，1895~1898年间出现了第一个办厂的高潮，1904~1908年间又出现了一个更大的办厂高潮。

辛亥革命打破了中国两千年来的世袭王朝体系，政治权力从晚清王室转向以北洋军阀和北洋官僚为核心的共和体制的政权，在第一次世界大战结束前后，工业出现了新的经济增长。由于民国初期中央政府的弱势地位和地方政权的割据，经济权力一度脱离政治权力的束缚，资产阶级在民国的政治生活中扮演了重要角色，1927年的蒋介石就是在上海资产阶级的支持下才站稳了脚跟。有的国外学者认为，1915~1927年是中国资产阶级的鼎盛期，是"中国资本主义的黄金时代"。[45]

1927年蒋介石在南京建立国民政府，1928年张学良在东北"易帜"，宣告接受南京国民政府的领导，南京国民政府成为全国相对统一的中央政权。与20世纪的晚清、袁世凯政权、北洋政府相比，南京国民政府是一个强势政府。它在政治、经济、文化领域采取了一系列民族主义政策，继在北伐战争中收回汉口、九江等地的英租界之后，南京国民政府在废除不平等条约、收回租界、收回关税自主权和大幅度提高关税等方面取得了相当的进展和成果。

从1927年到1937年国民政府执政的十年间，中国国民经济呈持续较高水平发展。中国资本主义经济经过了从20世纪初开始的持续加速发展，到1937年抗日战争爆发前夕达到了鼎盛时期。相对适宜的政治、经济环境为第一次现代建筑的高潮提供了有利条件。

2. 相对宽松的文化环境

从晚清到北洋政府时期，中央政府权威失落、政治版图分裂，西方思潮不断涌入，造成了思想和意识形态上封建大一统的崩溃。新文化运动与五四运动时期是中国历史上自春秋战国以来又一个百家争鸣的思想多元化时期。思想文化的多元化为现代建筑思想的传播提供了一个相对宽松的社会、文化环境。

对于20世纪上半叶中国现代建筑的历史地位的评价，应当与中国文化思想领域的文化激进主义相联系，美籍学者余英时认为，"近百年中国思想发展史来看，就是一个不断趋于激进的过程。在民族危机的影响之下，从清末的谭嗣同到五四新文化运动的反传统主义，以及此后的新民主主义革命，社会思想不断趋于激进，而政治保守主义与文化保守主义的力量处于弱势。"[46]20世纪上半叶的中国是传统从受到广泛的挑战、普遍的怀疑到激进的亵渎的时代，是一个"反传统成为传统"的时代，新文化运动对科学理性的崇拜和对传统文化的激进的批判，为现代建筑的成长提供了有利的文化土壤。

20世纪上半叶，一系列社会巨变及其产生的新事物，引发了新思想、新情感和新的精神。1920年代文化思想界发生了东西方文化论战、科学与玄学的论战，美术界发生了现代派与学院派的论战。1929年3月，原国民政府举办"第一届全国美术展览会"，展出了一批现代主义绘画作品。1930 年代文化界又发生了西化派与中国本位文化派之间的本位文化论战。1932 年 10 月，《艺术旬刊》发表激进的现代画派决澜社的宣言。1920 年代，中国作家们开始现代派文学先锋性实验。新的精神要求有新的表现，传统的艺术形式和语言已经无力表达，要求艺术家（包括建筑师）创造出新的表达形式和语言，这就是 20 世纪上半叶中国现代建筑思想产生的社会文化背景。

虽然与文化领域其他文化品类的先锋思想相比，中国现代建筑思想的传播存在一个明显的时间差，出现了建筑实践先行、建筑思想和理论形成相对滞后的现象，形成了中国现代建筑从时尚起步，在商业建筑和房地产投资热潮中兴起的特点，但是，现代性精神向建筑领域渗透扩展的趋势是不可抗拒的。

3. 1920～1930 年代中国建筑历史研究的现代性意义

不应简单地把"中国固有形式"建筑作为现代建筑的对立面看待。在探索新的艺术形式和观念的现代潮流中，都有两种值得注意的流向：一是激进的反传统，对传统观念进行有力的反叛；二是立足现代对传统进行重新审视，寻求传统形式、传统观念与现代观念的某种契合，从而实现传统的现代化转化。实际上，中国建筑师的"中国固有形式"的探索也是中国现代建筑历史的有机组成部分。美国汉学家墨子刻认为，在中国现代思想史上，在对待传统与现代的关系上，事实上存在着两种不同的思想模式：激进与渐进。以往的研究往往只注意到了中国建筑师和建筑学家的"传统情结"，而忽略了其内含的深层次的现代性情结。中国第一代建筑师对民族性的追求在很大程度上包含了现代性因素——立足于创新和时代精神的表现，从对传统建筑大屋顶形象的简单模仿走向立足于现代功能和体量加上传统装饰的有中国特征的现代建筑，它代表了向现代建筑演变潮流中温和、渐进的趋势。

我们经常以批判的眼光看待"第一次传统建筑文化复兴"的"中国固有形式"，并把它与中国营造学社的中国建筑历史研究联系在一起，认为它的研究成果对于"中国固有形式"的创作提供了技术上的帮助，起了推波助澜的作用。[47]实际上，中国建筑历史研究兴起的动机为强烈的传统文化复兴意识，但是蕴涵了丰富的现代建筑思想和现代性精神内涵。正如意大利现代建筑史学家 L·本奈沃洛所指出："现代建筑运动是一场革命性的实验，它意味着对过去的文化遗产来一番全面的检验。"[48]以梁思成为代表的中国第一代建筑学家在构筑中国古代建筑历史的框架时，采用科学实证的方法来研究古代建筑，用现代建筑历史观来观察古代建筑的演变，在现代建筑观念的基础上重新审视历史，不自觉地"歪曲了过去的面目"。[49]1930 年代的中国古代建筑历史研究中所蕴涵的丰富的现代建筑思想和现代性精神内涵传递着一个明确的信息——现代建筑思想已经扎根在中国。

三、20 世纪上半叶中国现代建筑的发展历程

进入 20 世纪以后，中国建筑事业呈现出加速发展的态势，在许多方面缩小了与西方资本主义国家的差距。中国第一次现代建筑高潮，基本上紧跟西方现代建筑运动的步伐。中国建筑师自觉的现代建筑实践并不算晚，现代建筑凭借其风格的新颖时尚、功能和经济上的优越性受到社会的普遍欢迎，到 1930 年代抗日战争前夕已经占据主导地位，现代建筑思想已逐渐被建筑师所接受。抗日战争胜利后，现代建筑和现代建筑思想已经全面占据统治地位。现有的对这一时期中国现代建筑的评价过于悲观，而且有悖于历史事实。

20 世纪上半叶的中国现代建筑，不是从中国传统建筑的根基上生长出来的，而是一种异质文化，它从弱势起步，并逐渐成为一种强势建筑文化。在现代建筑实践的背后有建筑的商业化、商品化为后盾，在思想领域以进步主义、科学主义和新文化运动的激进的反传统主义等现代性精神为基础，因而具有广泛的社会基础和强大的生命力。20 世纪上半叶中国现代建筑的成长特点可以概括为：中国的现代建筑及其观念，以工业建筑为先导，以商业化和商业建筑为驱动，以适应社会新的物质和精神需求为目标，从被动到主动，由弱势到强势而最终建立。

1. 1900 ~ 1926：现代建筑发轫与萌芽

清末新政时期官方主导下的全盘西化，标志着传统建筑体系的断裂与西方建筑体系的全面移植。20 世纪初，哈尔滨、青岛、北京东交民巷等地出现了新艺术运动风格的建筑。新艺术运动是欧洲现代建筑运动的前奏，被称为是真正改变西方传统建筑形式的重要信号，这一事实表明中国建筑已经被卷入与遥远的欧洲同样的现代建筑历史进程中。在这一时期，工业建筑、商业建筑、官方行政办公建筑，由于不同价值尺度，因而在建筑现代化的历程中站在了不同的起跑线上。与欧美的现代建筑史一样，代表先进生产力的工业建筑站在了时代的最前沿，成为中国现代建筑起步的起点。

2. 1926 ~ 1937：现代建筑发展与高潮

1926 年是中国建筑史上重要的一年，这一年的 1 月，举世瞩目的南京中山陵第一期工程开工，同年 3 月举行了奠基礼；同年 4 月，沙逊家族的第四代继承人 V · 沙逊在上海南京路外滩转角，动工兴建了由公和洋行设计的具有早期现代建筑风格（装饰艺术派，Art deco）的沙逊大厦。这两座建筑是中国建筑史上开风气之先的里程碑式建筑。前者是 1920 ~ 1930 年代“中国固有形式”建筑的开山之作和最为成功的作品，后者则是中国建筑向现代建筑演变的重要转折点；前者代表了官方意识形态导向下探索民族性、国家性建筑的努力，后者则反映了以商业资本的跨国流动为纽带的现代建筑的传播。

建筑商业化和商品化要求建筑经济与功能合理、施工迅速、投资周期

短、形式新颖时尚，与现代建筑的经济、功能的理性精神和创新精神相契合，成为这一时期推动现代建筑实践和现代建筑思想传播的主要动力。沙逊大厦之后所形成了中国现代建筑的第一次高潮，标志着这一时期的中国建筑已经汇入了国际性现代建筑运动。

在抗战爆发前短短的不到10年时间，官方主导下的“中国固有形式”建筑在经济、功能的巨大压力下，从模仿大屋顶特征的“宫殿式”、局部采用大屋顶的“混合式”，演变为完全按照功能要求合理组织平面，现代建筑体量饰以传统建筑构件和纹样的“现代化的中国建筑”，而后者可以称为有中国特征的现代建筑。

3. 1937～1949：现代建筑思想活跃与高潮

抗日战争的爆发是改变现代中国命运的重大事件。抗战爆发后，建筑活动基本陷入停滞。然而战争并没有阻碍现代建筑思想的进一步传播，严酷的战争现实使得中国建筑界结束了战前在现代建筑思想与文化民族主义之间的徘徊游移，而现代建筑及其观念占据了建筑实践和建筑思想的统治地位。现代建筑思想中为大多数人服务的人道主义与中国建筑师的传统知识分子的社会关怀意识相结合，中国建筑师走出建筑艺术的象牙宝塔，积极投身民族解放战争，并且为战后的重建和大规模平民住宅建设做了大量理论准备。虽然国共内战的爆发没有实现，但是其对1949年以后的中国建筑产生了深远影响，为新中国成立后中断与西方和国际现代建筑运动联系的不利条件下现代建筑的自发延续奠定了基础。如果说1926～1937年是中国现代建筑实践的高潮时期，那么抗日战争爆发到新中国成立则是中国现代建筑思想最为活跃的时期。

第三节　中国近代、现代历史整合研究的宗旨和方法

一、中国近代、现代历史整合研究的宗旨

中国近、现代建筑历史整合研究的切入点和侧重点，是20世纪上半叶的中国现代建筑历史。整合的主旨是揭示20世纪上半叶中国现代建筑思想的发轫、形成乃至勃兴的历史过程，以便找出1949年之后中国现代建筑得以自发延续的历史源头。20世纪上半叶，既是中国现代建筑事业的开创时期，也是下一个50年发展的基础。过去关于这一时期的中国现代建筑的研究主要是在中国近代建筑史的框架下展开的研究，缺乏对20世纪上下两个50年的因果联系环节的揭示，因而分解了中国现代建筑的物质建设进程以及现代建筑思想发展进程的系统性和完整性，正是这类研究的“缺席”造成了中国建筑界的“现代建筑没有来到中国”的错觉。

对中国当代建筑现实问题的关心，也是引发对20世纪上半叶中国现代

建筑思想的历史回顾与反思的重要动机。受过正规西方建筑教育的第一代中国建筑师，自1910年代陆续回国后，他们的建筑创作和建筑思想都不同程度地受到了当时社会思潮、官方意识形态和商品经济大潮的影响，最终在国际现代建筑运动的影响下，在建筑实践中完成了对现代建筑思想的体认。总结评价其建筑创作的成败得失，整理分析其思想演变的轨迹，对于繁荣当代中国建筑创作将会有启迪作用。同时第一代中国建筑师开拓中国现代建筑事业的创新精神、敬业精神和高度的社会责任感，也是我们青年建筑师和学子的宝贵精神财富和学习的楷模。

二、中国近代、现代历史整合研究的视角

一位学者曾撰文指出了中国传统史学研究中存在的十大通病：①习惯于单方位研究，缺乏全方位立体思考；②强调单方向决定作用，忽视逆向反作用；③强调规律性，忽视随机性；④习惯于历时态研究，忽视共时态研究；⑤习惯于孤立分析，忽视研究对象与环境的关系；⑥强调线性因果关系，忽视一因多果和一果多因联系；⑦强调群体性格，忽视个性研究；⑧片面强调阶级间的对立与斗争，无视阶级间的统一与合作；⑨强调自下而上的暴力革命，低估自上而下的和平改革；⑩夸大下层群众的作用，贬抑国家管理者的社会功能。[50]在以往的中国近代建筑史研究中不同程度地存在着上述弊端，尤其是①、②、⑤、⑥、⑦、⑩六项尤为突出。例如，强调单方位研究，只注意到官方意识形态和部分社会舆论对“中国固有形式”的倡导，而对当时中国文化界对“中国固有形式”的冷漠、反感甚至抵制的反应缺乏考察。至于强调单方向的决定作用，最典型的实例是对于抗日战争时期中国建筑的研究，只看到战争对建筑活动的瓦解破坏，而忽视了战争期间和战后现代建筑思想的进一步传播。

本书力图通过对建筑变迁的社会背景的全方位、多视角的考察，寻找建筑演变轨迹与国际潮流和中国社会整体变迁的真正契合点，从而构建与中国现代政治、经济、思想文化历史相整合，与国际现代建筑运动相并轨的中国现代建筑历史。

1. 全球一体化与建筑文化的国际化

资本主义生产方式的确立开启了早期全球化进程，随着资本主义的扩张，中国逐步被纳入统一的世界大市场。全球一体化的文化整合作用具有文化全球化与本土运动的二重性，在建筑文化中表现为国际趋同与传统复兴的二重性。本书从全球化带来的文化一体化与多样化的辨证关系出发，在建筑文化的国际性和民族性框架下重新审视20世纪中国建筑的历程，把中国现代建筑从萌芽、发轫到高潮的历程放到全球化进程的“世界历史”的形成和发展中。同时把建筑文化民族性问题作为国际化的伴生物和逆反应，而不是

作为现代建筑的对立面进行考察。从而站在一个新的高度，一个完整的视野下对20世纪上半叶的中国现代建筑历史进行研究。

2. 打破政治话语语境，让历史研究回归历史

把20世纪上半叶中国现代建筑的研究置于对这一时期政治、经济、文化背景的客观认识的基础之上。走出政治话语的局限，在多维的社会背景下，揭示这一时期中国现代建筑从发轫、兴起到高潮的历史过程，其主要内容包括：①考察以晚清政治变革为契机的建筑体系整体变迁；②考察建筑的商业化、商品化对现代建筑的经济驱动作用；③考察现代性文化思潮对现代建筑的文化驱动作用；④考察抗战爆发后政治经济文化环境的变迁引发的现代建筑思潮。

3. 社会文化的横向比较与总体考察

英国历史学家科林伍德说过，“一切历史都是思想史”，建筑作为文化的载体，对建筑历史的研究也离不开对它所处时代的意识形态和社会心理的考察。本书尝试把20世纪上半叶中国现代建筑与20世纪上半叶的新文化运动及文学革命运动、现代派文学、现代派美术等现代文化思潮进行比较研究，从时代精神层面考察建筑文化与其他文化、艺术门类之间的横向关联，寻找其共同的现代性精神基础；另一方面，从更广泛的社会文化心理如崇西崇洋、趋奇尚新、工业化审美心理等大众文化心理入手，探寻中国现代建筑产生发展的社会文化基础。通过这两方面内容，构建20世纪上半叶中国现代建筑的总体文化背景。

三、中国近代、现代建筑历史整合研究的若干用语

1. 中国现代建筑史

全面考察西方现代建筑历史，可以发现从现代建筑运动之前的探新运动到现代建筑兴起，各种主张工业化、国际性的现代建筑主流，即正统、经典的现代主义与各种主张非工业化、地方性的支流相辅相成，共同形成完整意义的现代建筑历史。本书拟在这种语义环境里定义中国现代建筑史的概念，论述20世纪中国现代建筑的产生、构成及其发展。

20世纪上半叶，中国现代建筑经历了初始期之后，现代建筑思想成为该时期中国现代建筑活动的主流，其他的非工业化设计思想为基础的非“摩登”建筑乃至复古的建筑，是它的支流。后者的存在，并不能改变现代建筑阶段的总体性质。这是因为，某些非工业化、民族化的思潮，如中国传统建筑文化复兴运动，正是工业化、国际化冲击的产物。同时，不论是20世纪初教会主导的“中国式”还是国民政府官方主导的“中国固有形式”，虽然披着传统的外衣，但是已经广泛地分享了现代建筑技术成果，建筑功能、建筑设备都已经“现代化”，与古代建筑体系相比，发生了本质的变化。这些传

统复兴建筑，同工业化设计思想的现代建筑主流并存，形成了完整意义的中国现代建筑史。

2. 现代性（modernity）

现代性（modernity）一词，起源于“现代”（modern），modern 意为 of the present time，指“目前或最近一段时间”。现代性是作为“现代”（modern）一词意义的延伸，其内涵与“古代”、“传统”和“过去”截然对立，具有“新的”和“时代的”的含义。

在世界范围内，就整个建筑体系而言，现代性因素首先发源于欧洲的工业革命，生产力的发展和新的社会需要促进了新的建筑技术体系和新的功能类型的产生，并萌发了新的精神因素如新的历史观念、新的形式美和新的建筑思想，这些工具层面和价值层面的现代性因素是现代建筑及其思想产生的不可或缺的条件。现代性是一个具有相对性的概念，现代性并非正统现代建筑所独有，现代建筑运动之前具有探新性质和过渡性质的建筑，也具有不同程度的现代性。

就整个建筑体系而言，中国建筑的现代性因素产生于1900年代，主要表现为出现了区别于传统建筑体系的新的技术体系、新的功能类型，以及新的形式语言和新的文化观念。本书中的“现代性”一词，除了涉及到建筑体系的现代性，还与社会文化意义上的广义的现代性相关联。

广义的现代性是指从文艺复兴，特别是启蒙运动以来首先出现在西方文化中的一种时代精神（ethos）。它主要表现在两个方面：①在社会历史领域，相信人类历史的发展是合目的和进步的；②对于自然界，相信人类可以通过理性活动获得科学知识，并且以“合理性”、“可计算性”为标准达至对自然的控制，其口号是“知识就是力量”。[51]也就是说，广义的现代性的核心内涵是进步主义和以科学理性为核心的理性主义精神。西方社会文化中的现代性精神因素和建筑的现代性与现代建筑思想的形成有密切关系。

20世纪初进化论的广泛传播，以及1910年代的新文化运动的激进的反传统精神和对科学理性的倡导，一方面为中国社会文化的现代性奠定了基础，同时也为现代建筑及其思想的传播提供了文化土壤。在现代性的语境下对20世纪上半叶中国现代建筑进行考察，可以发现它并非昙花一现的时尚，而是有着深刻的社会文化基础。

四、相关史料的收集与考证

史料是认识历史和历史研究的前提，是历史研究的生命线。胡适说过，有一分证据说一分话，有十分证据说十分话。著名历史学家傅斯年先生在《历史语言研究所工作之旨趣》中也强调史料在历史研究中至关重要的作用，他说：①凡能直接研究材料，便进步……②凡一种学问能扩张他所研究的材料便进步，不能便退步。"[52]原始史料的收集与考证是本研究的重要组成部分，主要来源于下列两个方面：

（1）相关建筑学术刊物、论著和译著，相关城市建筑档案资料、房地产业档案资料。

（2）包含20世纪上半叶建筑文化信息的更大范围的史料，主要包括：

① 民国时期的大众传媒，如报纸中有关建筑的报道、广告等。全国主要城市的报纸，如上海的《申报》、《时事新报》，天津的《大公报》、《北洋画报》中许多关于商场开业、房地产销售的广告是研究当时社会建筑文化的重要资料。

② 20世纪上半叶美术史、文化史领域，尤其是西方美术史著述中对西方建筑的介绍，它们构成了现代建筑思想在中国传播的一个容易为人所忽视的重要渠道。

③ 这一时期在政治著作中如康有为的《大同书》、孙中山的《建国方略》等有关建筑的论述。

④ 散见于小说、散文、随笔等文学作品中有关建筑的评论。

20世纪上半叶中国建筑历史的原始史料的搜集考证工作，是一项沙里淘金、繁浩庞杂的工程，也是一项泽被中国现代建筑历史研究的基础工程。在社会急功近利的浮躁心态影响到学术界的今天，希望有更多的建筑历史研究者能够参与到这项有价值的工作中。

注释

1 邹德侬. 中国现代建筑史. 天津：天津科学技术出版社，2001：244.

2 参见建设部科技司下达的科研计划《建筑部七五计划重点科研项目："86－五－1"中国现代建筑理论》。

3 赵国文. 中国近代建筑史的分期问题. 中国近代建筑史研究讨论会论文专集. 华中建筑，1987（2）.

4 陈纲伦. 从"殖民输入"到"古典复兴"——中国近代建筑的历史分期与设计思想//汪坦. 第三次中国近代建筑史研究讨论会论文集. 北京：中国建筑工业出版社，1999.

5 邹德侬，曾坚. 论中国现代建筑起始期的确定. 建筑学报，1995（7）.

6 转引自：陈旭麓. 近代中国社会的新陈代谢. 上海人民出版社，1993：3.

7 罗荣渠. 现代化新论. 北京大学出版社，1993：343.

8 王学典. 20世纪中国史学评论. 山东人民出版社，2002：304.

9 罗荣渠. 现代化新论. 北京大学出版社，1993：240.

10 虞和平. 中国现代化历程. 南京：江苏人民出版社，1999：3.

11 高瑞泉. 中国现代精神传统. 上海：东方出版中心，1999：5.

12 罗荣渠. 现代化新论. 北京：北京大学出版社，1997：3～8.

13 茅盾. 中国现代文学史的另一种编写方法——致节公同志. 社会科学战线，1980（2）.

14 於可训．论当代文学的历史整合．学习与探索，1999（1）．
15 转引自．於可训．论当代文学的历史整合．学习与探索，1999（1）．
16 陈池瑜．中国现代美术学史．黑龙江美术出版社，2000：11～13．
17 杨永生等．20世纪中国建筑．天津：天津科学技术出版社，1999：序言．
18 邹德侬．中国现代建筑史．天津：天津科学技术出版社，2001：序言．
19 邹德侬．中国现代建筑史．天津：天津科学技术出版社，2001：11～12．
20 曾坚，邹德侬．传统观念和文化趋同的对策——中国现代建筑家研究之二．建筑师总第83期．
21 何立蒸．现代建筑概述．中国建筑，1934，2（8）．
22 ［美］彼得·罗．传承与交融——探讨中国近现代建筑的本质与形式．北京：中国建筑工业出版社，2004．
23 萧默．萧默建筑艺术论集．北京：机械工业出版社，2003：245．
24 罗小未．上海建筑风格与上海文化//上海建筑编辑委员会．上海建筑．深圳：世界建筑导报社，1990：10～15．
25 邹德侬．中国现代建筑的历史使命——关于后现代主义的引进//顾孟潮等．当代建筑文化与美学．天津科学技术出版社，1989：175～180．
26 张钦楠．八十年代中国建筑创作的回顾．世界建筑，1992（4）．
27 张钦楠．八十年代中国建筑创作的回顾．世界建筑，1992（4）．
28 中国社会科学院语言研究所词典编辑室．现代汉语词典．北京：商务印书馆，1996．
29 李泽厚．二十世纪中国文艺一瞥．李泽厚自选集．安徽文艺出版社，1987：211～263．
30 转引自：马敏．放宽中国近代史研究的视野．近代史研究，1998（2）．
31 杨秉德．中国近代建筑史分期问题研究//汪坦．第三次中国近代建筑史研究讨论会论文集（会议本），1990：621～626．
32 陈纲伦．从“殖民输入”到“古典复兴”——中国近代建筑的历史分期与设计思潮//汪坦．第三次中国近代建筑史研究讨论会论文集（会议本），1990：597～620．
33 Guy Alitto（艾恺）．二十一世纪的世界文化会演化至儒家化的文化吗?．读书，1996（1）．
34 转引自：顾孟潮．从十九世纪中叶世界切片上看中国．华中建筑，1988（3）．
35 转引自：英若聪．建筑艺术与经济条件//韩增禄等．建筑·文化·人生．北京：北京大学出版社，1997：166～167．
36 窦武．北窗杂记十一．建筑师总第6期．
37 白青．居所与牢房——有关家的断想．华中建筑，1996（2）．
38 赖德霖．“科学性”与“民族性”——近代中国的建筑价值观．建筑师总第62、63期．
39 林语堂．中国人．上海：学林出版社，1994：343．
40 童寯．我国公共建筑外观的检讨．童寯文集（第一卷）．中国建筑工业出版社，

2000：118.
41 转引自：安宇. 冲撞与融合——中国近代文化史论. 上海：学林出版社，2001：117.
42 转引自：伍江. 上海建筑百年. 同济大学出版社，1997：106.
43 茅以升. 钱塘江造桥回忆. 北京：文史资料出版社，1982：9.
44 吴良镛. 城市环境美的创造. 中国社会科学出版社，1989：17.
45 转引自：罗荣渠. 现代化新论. 北京：北京大学出版社，1997：298.
46 杨思信. 近代文化保守主义研究综述. 文史知识，1999（1）.
47 赖德霖. 现代主义建筑与近代中国//高亦兰. 建筑形态与文化研讨会论文集. 北京航空航天大学出版社，1993：87～92.
48 [意] L·本奈沃洛. 西方现代建筑史. 邹德侬等译. 天津：天津科学技术出版社，1996：前言2.
49 转引自：[美] 菲力普·巴格比：文化：历史的投影：上海：上海人民出版社，1987：50.
50 转引自：顾孟潮. 从十九世纪中叶世界切片上看中国. 华中建筑，1988（3）.
51 余碧平. 现代性的意义和局限. 上海三联书店，2000：1～2.
52 傅斯年. 历史语言研究所工作之旨趣. 傅斯年选集. 天津人民出版社，1996：178.

第二章

1900～1926：西方建筑体系的全面输入与传统复兴初潮

一个完整的建筑体系可以划分为三个层面：①工程技术层面，是指作为建筑体系物质基础的建筑技术、材料、设备及其物化形态的建筑功能、建筑类型等；②精神观念层面，是指作为建筑体系“上层建筑”的建筑风格、建筑理论、建筑思想以及社会性的建筑文化心理、建筑价值观念、审美趣味等；③管理制度层面，是指政府、业主、设计者和营造商之间的制度安排和契约关系，包括建筑管理制度、市政管理制度和建筑师、工程师制度等。确定中国现代建筑史的起始期，探寻中国建筑历史具有现代特征的重大转折点，需要从建筑体系三个层面的整体变迁出发进行全面的考察。

1900年代，中国建筑出现了一系列新的气象：清末“新政”时期官方建筑的全盘西化标志着以木构架为物质基础、礼制文化和典章制度为思想核心的传统建筑体系的衰落；公共建筑中，西方砖（石）木结构体系全面取代了传统梁架式结构，并出现了向钢结构、钢筋混凝土结构为代表的现代建筑技术体系过渡的趋势。随着科举制度的废除和兴办新式教育的浪潮，从土木工学开始，新式建筑教育逐渐取代传统建筑业匠师薪火相传的延续方式，揭开了中国现代建筑教育的序幕。这一时期出现了知识分子型建筑师，并开始进入一向为外国建筑师所垄断的建筑设计领域。清末城市自治运动中，现代市制开始萌生，现代城市管理体制具备雏形，其主导下的公共工程建设和城市改造具有城市早期现代化的特征。

进入20世纪后，与绵延数千年、演变缓慢迟滞的中国传统建筑体系相比，从新的建筑类型的出现到现代建筑材料、建筑结构和建筑设备的应用，都呈现出加速发展的态势；从西洋古典主义、新艺术运动、早期摩登建筑的“装饰艺术”风格到“国际式”的现代建筑风格，建筑风格的演替速度也大大加快。进入20世纪后，与中国传统建筑体系的相对封闭性、孤立性显著不同的是，中国建筑进入了与世界建筑潮流息息相通的新的历史阶段，带有了鲜明的开放性和国际性特征。具体表现为两个方面：其一，作为西方现代建筑运动前奏的新艺术运动风格开始出现，工业建筑开始孕育现代建筑的萌芽；其二，中国传统建筑文化引起了西方和日本汉学家、建筑史学家的关注，作为世纪初全盘西化建筑潮流的本土反应，西方建筑师的“中国式”建筑开启了民族形式探索的先声。

历史的断限与分期必须确定不同历史时期之间的本质区别和差异。现行的中国建筑历史分期把1840年第一次鸦片战争作为中国近代建筑历史的上限是值得商榷的。确定中国近代建筑史的上限首先应当确定近代建筑与古代建筑的不同之处，对此普遍认为是新结构、新材料、新类型和新形式的出现。这些新的特征确实是近代建筑有别于古代建筑之处，但是以此来定义“近代”则并不严谨，因为圆明园的西洋楼、澳门的大三巴教堂都不可谓不新。而有的学者则认为是外来建筑文化与中国传统建筑文化的碰撞与融合，但是中国古代建筑历史也并非一个绝对封闭孤立的过程，在中国古代建筑历史上也有多次外来建筑文化的影响，因此笼统地以外来建筑的影响来区分古代与近代也是不充分的。

如果从建筑体系的整体变迁来考察，中国传统建筑体系在1840年第一次鸦片战争之后的相当长时间内并没有发生根本性转变。这表现为：在1840到1900年间，西方建筑文化的渗透和输入多集中在列强在中国的租界和租借地；洋务运动主导下的中国早期工业化虽然产生了第一批工业建筑，但是西方建筑技术是作为形而下的“器”引进并仅仅局限于工业建筑，对于传统建筑体系的整体而言，无论是功能类型还是技术体系都没有受到冲击，与传统文化相联系的建筑思想观念和与封建专制制度相联系的建筑管理体制则丝毫没有受到触动。

另外，西方建筑文化向中国传播渗透的速度也是不均衡的，1840到1900年之间发展缓慢，1900年以后发展速度明显加快，绝大多数新式建筑集中建造在1900年至1937年的30余年期间。由此可以看出，1900年代以前的西方式的建筑活动是局部的、孤立的，对中国传统建筑体系基本上没有触动，这一时期中国传统建筑体系的延续和西方建筑体系的移植两个过程基本上处于并存和共生状态，因而中国传统建筑体系的断裂点和中国建筑历史的真正的转折点不在1840年鸦片战争，而在19世纪与20世纪之交的1900年代。

第一节　西方建筑体系输入与现代建筑萌芽

19世纪与20世纪之交是中国历史上具有重要意义的转折点，这一时期发生了1894年甲午战争爆发、1898年戊戌变法失败、1900年义和团庚子之役等一系列决定中国命运的重大事件。清政府随即进行的自上而下的“立宪”与“新政”对中国建筑发展的轨迹产生了决定性影响：在1900年庚子之役之后的第一个十年，中国建筑体系发生了整体性变迁，中国传统建筑体系开始断裂，西方建筑体系开始全面移植，中国现代建筑开始发轫与萌芽。

一、1900年代：中国传统建筑体系的断裂

1900年代中国传统建筑体系断裂的重要标志是以木构架为物质基础、礼

制文化和典章制度为思想核心的官式建筑体系的衰落，而这一历史转折是与清王朝最后十年的政治变革紧密相连的。清末新政时期官方建筑的全盘西化，新式建筑教育的创意与发端以及知识分子型建筑师的出现，标志着传统建筑体系的断裂与西方建筑体系全面移植的开始。

1. 1900 年代的晚清政治改革

1895 年中日甲午战争失败后，康有为等人在光绪皇帝的支持下，于 1898 年推出了空前规模的对君主专制制度的改革。这场改革虽然刚开始就被以慈禧太后为首的保守派所粉碎，但是，这次流产的政治现代化的尝试仍具有的重大历史意义。1900 年，在义和团运动失败和八国联军攻占北京后，维新变法的呼声迅速再起。1901 年 1 月，流亡在西安的慈禧被迫以光绪皇帝的名义下诏变法，实行新政。于是，曾经亲手绞杀戊戌变法的慈禧在内外压力下“不自觉地充当维新志士的遗嘱执行人”，推动了自上而下的钦定立宪。

1900 年代，清王朝内外交困中的“立宪”与“新政”放松了专制统治的锁链，被迫允许新的利益集团的出现和放宽人们参与公共事务的途径。1908 年公布的《钦定宪法大纲》规定：“一切臣民于法律范围之内，所有言论、著作、出版及集会、结社等事，均准其自由。”[1] 这样就以法律形式肯定了集会结社的自由。尽管清廷同时颁布了《结社集会律》，对政治结社加以种种限制，但是为了标榜“预备立宪”，宣称“庶政公诸舆论”，以塑造一种开明的形象，故对一些政治团体的存在采取默许的态度。

1900 年代是中国现代化进程从物质层面向政治体制和思想文化层面拓展的重要时期。不断加重的民族危机，推动了中华民族的觉醒。如果说 19 世纪末严复译介的达尔文进化论在 20 世纪初年对中国社会产生了深刻的影响，那么维新人士宣传的“天赋人权论”，阐述了提倡民权平等的天然合理性，成为了资产阶级民主运动的理论基础。1900 年代，中国的社会思潮还呈现出多元化态势，形形色色的西方新思潮如基尔特社会主义、无政府主义、民粹主义等也被广泛地介绍和传播。这一时期的现代性意义，正如林语堂所总结：“本世纪初的‘义和拳’运动和八国联军劫掠北平，恰巧也标志着一个准确而方便的历史里程碑。从此，西方的知识、思想和文学的渗透，逐渐成为一种坚强有力、不可间断而又潜移默化的过程。”[2]

2. 新的政治与社会需要

20 世纪初清王朝的“新政”和“立宪”运动中，形成了建筑领域的全盘西化浪潮，极大地冲击了绵延千年的传统建筑文化积淀，为西方建筑文化的全面输入和移植开辟了道路。

建筑形式在一定社会环境下可以具有特定的政治意义和象征意义。1905 年清政府开始了派大臣出洋“考察宪政”、“预备立宪”、重新“厘定官制”等重大举措，政治体制的变革已不可逆转，而官方建筑必须适应这种变革，并成为展示这种变革的最合适的方式。从1906年9月清廷宣示预备立宪，到1912年2月宣统下诏退位，在五年多的时间里，中国社会经历了从封建专制向共和政体的急剧转变。中国传统建筑体系，无论是作为意识形态层面的典章制度还是作为物质层面的建筑功能、技术，都无法应对政治变革的挑战。清末“新政”和“立宪”时期，是中国历史上第一次也许是惟一一次的官方重要建筑由政府直接指定西方建筑师设计或指定中国建筑师摹仿西方建筑样式进行设计，其重要意义不仅在于开启官厅建筑的现代化进程，更在于它第一次以建筑为载体表达了现代政治观念——尽管仅仅是萌芽状态。

1906年，庆亲王奕劻等上奏提出行政、立法、司法三权分立。他奏称，“首分权以定限。立法、行政、司法三者，除立法当属议院，今日尚难实行，拟暂设资政院以为预备外，行政之事，则属之内阁各部大臣，内阁有总理大臣，各部尚书亦为内阁政务大臣，故分之为各部，合之皆为政府……司法之权，则专属之法部，以大理院任审判，而法部监督之，均与行政权相对峙，而不为所节制。”[3]1907年11月，清廷下谕设资政院，1909年7月，颁布资政院章程。选定内城东隅古观象台西北的贡院旧址兴建资政院，由德国建筑师罗克格（Curt Rothkegel）设计，特格—施洛特公司承建（图2－1～图2－3）。资政院既然是西方代议制政体的摹仿，而中国几千年建筑传统中找不到相应的形式，那么照搬西方式样也就不足为怪了。罗克格的设计仿照柏林的德国国会大厦，也反映了清政府希望以德国的君主立宪政体为政治改革榜样的愿望。据《远东评论》载文介绍，罗克格设计的资政院大厦高四层，中部议院大厅，右侧参议院，左侧众议院，三个大厅均覆以巨大穹顶，下部配以柱廊，以中间的穹顶最为饱满，其中议院大厅为八角形平面，高60英尺，两层，可容纳1500人。大厦二层设有记者室，配有专用电话、电报、内设28个楼梯间，有电梯，还备有电力照明和供暖设施以及现代化餐厅和卫生设备。

图2－1　北京，资政院大厦透视图，1910年（建筑师：罗克格）

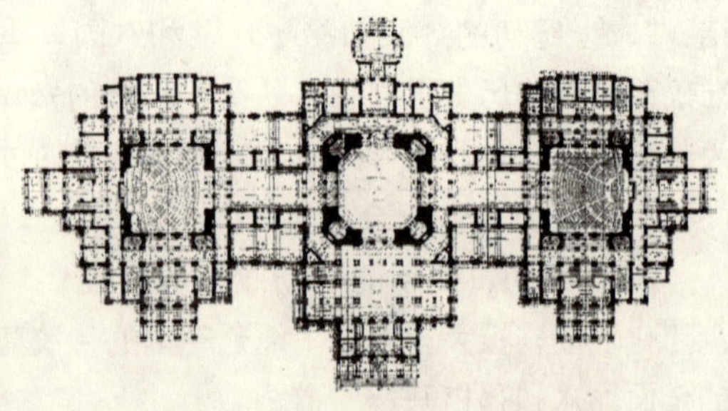

图2－2　北京，资政院大厦平面图

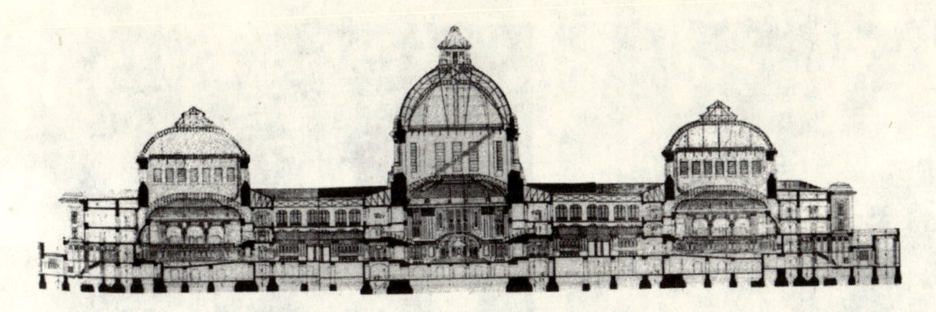

图2-3　北京，资政院大厦剖面图

在北京筹建资政院大厦的同时，与资政院相对应，清廷也通谕各省设立谘议局。在宪政编查馆给各省督抚的通知中，要求各省有条件新建谘议局的，“宜仿各国议院建筑，取用圆式，以全厅中人能彼此互见共闻为主，所有议席、演说台、速记席暨列于上层之旁听席等，皆须预备”，而且“其工程无须过事华美，亦须备有规模，以求实用而具观瞻。”[4]

各省督抚对于筹建中的谘议局的建筑形制也颇费踌躇，两江总督端方在奏折中称：“建筑谘议局一事，似须宽筹经费，备其规模……开议之时，各国官商必有来此旁听者，若过示狭隘，不足以昭体制而壮观瞻。前经札饬藩司筹议，据详省城旧有铜元局，基屋较为拓大，可以拆补放造，第房屋应用何式，款项应需若干，一时未能核定，应俟江宁筹办处所派调查日本议会委员回国后，参照图式，酌量办理。”[5] 从奏折中可以看出，虽然端方对于建筑设计并不在行，但是他没有忘记官厅建筑应当“昭体制而壮观瞻”，这在绵延至今的整个中国建筑历史上一直是官方建筑的核心价值观念，但是他所说的“体制”已经不同于“不壮丽无以壮君威”的君主专制主义，而是体现一定的现代政治观念和顺应时代潮流的新政和立宪。

这份奏折所提到的“江宁筹办处所派调查日本议会委员”就是中国早期建筑师孙支厦，而这座建筑就是他设计的南京江苏省谘议局，该建筑建成后仅一年清王朝便覆灭，它成为中华民国临时参议院，孙中山在此就任临时大总统（图2-4）。清末各省谘议局建筑的代表作还有日本建筑师福井房一设计的湖北省谘议局。

图2-4　南京，江苏省谘议局，1909年（建筑师：孙支厦）

1906年清政府改革中央官制，设置了度支部、法部、邮传部、民政部和农工商部等新机构。与这些机构相对应，在北京建造了一批新式官厅建筑，代表性建筑有陆军部（图2-5、图2-6，1907年）、海军部（1909年）、大理院（1910年）、邮传部（1910年）、

图 2－5　北京，清政府陆军部衙署，1907 年（建筑师：沈琪）

图 2－6　北京，陆军部衙署细部

外务部迎宾馆（1910 年）、军谘府（1911 年）。清政府兴办工商实业和新式教育，兴建了电灯公司（1905 年）、农事实验场（1906 年）、自来水公司及东郊水厂（1908 年）、工艺局陈列所（1905 年）、京师劝工陈列所（1906～1908 年）、大清银行（1908 年）、电话总局（1910 年）等新式建筑。这股西化浪潮很快从官方波及到民居和商业建筑，形成了清末民初全盘西化的建筑潮流和崇西崇洋的社会心理。

3. 社会文化心理的转变

1900 年代之前，长期的闭关锁国使得中国社会形成了强大的文化保守主义势力，对于新事物充满抵触和敌视的情绪，尤其当这些西方器物伴随着大炮兵舰来到中国，更使他们"闻铁路而心惊，睹电杆而泪下"，"民族情感为坚守祖宗成法的盲目排外态度披上了一层美丽的外衣"。这种流于极端情绪化的狭隘民族主义在 1900 年的义和团运动中充分暴露出来。庚子之变之后，随着清政府自上而下的政治变革的展开，社会风尚也为之一变。

清朝末年的"立宪"和"新政"标志着中国的现代化进程从局限于器物层扩大到制度层面，社会风尚也从鄙视"洋化"为"夷化"，转变为崇尚洋风。"体用之争"、"华夷之辨"失去了意义，"洋风"成为近乎于文明开化的象征，建筑形式的洋风也演化为时尚。如果说圆明园的巴洛克式建筑只是宫廷生活猎奇心理的体现，那么，1900 年庚子之役之后洋风建筑的盛行则体现了社会文化心理和社会风尚的整体转变。

这场转变首先反映在统治阶层的心态上。结束了流亡生活的慈禧太后，回銮后急于改变自己在戊戌变法和义和团运动中扮演的不光彩角色，消除给世人留下的守旧排外的印象。日本人尾崎秀树在其《动荡的近代中国》一书中，对她的心态作了这样的描写："回京后的西太后，心理产生了很大的变化，原本将外人视为洋鬼子的慈禧太后开始崇洋。她经常在宫廷午餐会上招待北京的各国公使夫人，聘请美国画家卡尔女士在宫廷中九个月为自己画像。"[6]1902年，当慈禧重建被八国联军焚毁的仪銮殿时，接受外国公使建议，所有建筑均采用洋式，玻璃门窗、室内陈设也都是西式，仅御座仍为旧制，从此开始了清末建筑的洋风时期。"新政"时期官厅建筑的"洋风"和随后民间掀起的"仿洋风"，标志着中国传统建筑文化的断裂，社会风尚则从宫廷开始走向最为西化的极端。正如时人所描述，"人民仿佛受一种刺激，官民一心，力事改良，官工如各处部院，皆拆旧建新，私工如商铺之房有将大赤金门面拆去，改建洋式者。"[7]

站在文化民族主义的立场上，梁思成对这一时期全盘西化的建筑文化持全盘否定的态度，他痛心疾首地说："自清末季，外侮凌夷，民气沮丧，国人鄙视国粹，万事以洋式为尚，其影响遂立即反映于建筑。凡公私营造，莫不趋向洋式。"[8] 但是，"片面性是历史发展的必要形式"，西方建筑体系与被它所取代的中国传统木构架体系相比是一种历史进步。关于晚清最后十年建筑全盘西化的意义，也许可以借用日本学者对明治维新时期西化成果的评价来说明："正像冲走粪泥污垢的洪水在大泛滥时必然把将来变成养料的泥沙残留下来一样，这个愚蠢透顶的滑稽的欧化的大洪水，也留下了萌发新文化的养料。至少，今天的文艺美术的兴起，是从当时尊重欧洲文化的气氛中起步的。"[9]

中国早期建筑师从直接摹仿西方古典主义起步，如孙支厦为设计江苏省谘议局亲赴日本东京议会大厦进行测绘。沈琪设计的陆军部衙署主楼采用砖墙、木桁架承重，外观虽然保留了一些传统砖雕装饰，但格调无疑是西式的。第一代接受西方正规建筑教育的中国建筑师，也是把西方古典主义奉为建筑艺术正统，如贝寿同、庄俊、沈理源等人皆以设计纯正的西洋古典风格著称。在东北大学建筑系任教的童寯在建筑初步课程上要求学生能默绘西洋五柱式，而梁思成则把中国传统建筑的斗拱构件与西洋古典柱式相提并论，后者反映了文化民族主义外衣包裹下中国建筑师的西方中心主义。

二、新式建筑教育与新型建筑师

与西方建筑历史尤其是文艺复兴之后的建筑历史相比，中国古代建筑历史可以说是没有"姓名"的历史。在中国古代担当房屋设计职责的，是集建筑与结构设计、施工与造价估算于一身的工匠。他们的地位在古代中国只是不登大雅之堂、不能载入史册的"匠人"或"工师"，其社会地位之低下正如上海市建筑协会发起人之一的汤景贤所说，"（中国古代）社会歧视建筑匠工为一种不齿之鄙役，而为工匠者，虽具绝高天才，亦自暴自弃，对于自身之建筑经验，不愿有所表见，致神工犹在，而技术不传……职是之故，一般人仅注意于建筑物表现形式之鉴赏，而忽略建筑方法及学理等之探讨，此所以吾国固有建筑技术为一般人所遗弃，而建筑者（所谓匠工）亦澌没无闻，不足表见于当时也。"[10]此外，中国传统建筑体系的传承方式是师徒授受，文人士大夫与营造工匠泾渭分明，能工巧匠的技艺得不到总结和承传，传统建筑文化内在机制的缺陷成为制约建筑发展的重要原因。如李鸿章所指出，“盖中国之制器也，儒者明其理，匠人习其事，造诣两不相谋，故功效不能相并。艺之精者，充其量不过为匠目而止。”[11]

中国现代建筑教育自20世纪初开始萌芽，传统建筑业由工匠师徒薪火相传的延续方式开始改变，中国文化传统中知识分子与建筑工匠截然分离的状态也发生了转变，从而导致了现代知识分子型建筑师的产生。

1. 新式建筑教育的开端

1902年，清政府公布了中国教育史上第一个正式学制——“壬寅学制”，其中《钦定学堂章程》列入了土木工学和建筑学科目并引进了日本的教程。这是中国教育史上第一次建筑教育的创意。1903年，清政府颁布了由张之洞等制订的“癸卯学制”，其中大学堂分为经学、法政、文学、格致、医、农、商、工等八科，工科细分为九学门，建筑学列于其中。1905年清政府宣布废除科举制度，随即各省出现了兴办新式学堂的热潮，公、私立新式学堂数量直线上升，从4222所（1904年）增加到52348所（1909年）。辛亥革命时国内新式学堂学生总数达到300万左右，几乎是1905年的12倍。一些省还设立了农、工、商、矿等专门实业学校，倡导新学与实业，教育风气为之一新，并为新式建筑教育的开创奠定了基础。继1903年天津北洋大学堂正式成立土木工程科之后，1907年山西大学堂、1910年京师大学堂陆续设立了土木科，到1910年全国已经有12所有土木科的高等学校。建筑教育则是从中等建筑教育起步，据史料记载，1906年（江）苏省铁路学堂开设建筑班，1910年农工商部高等实业学堂开设建筑课程，张锳绪任教授。[12] 1912年中华民国政府教育部颁布《大学规程》，继续开列土木工学和建筑学，并沿用《学堂章程》的课表。1923年，由留日归国的柳士英（1893～1973年）等人创办的苏州工业专门学校建筑科，成为南京中央大学建筑系的前身，开创了中国现代建筑教育的先河。

1909年美国提出退还庚子赔款余额用于中国留学生培养，出现了赴欧、美和日本留学的热潮，1910年前后出现了建筑学专业的留学生，知名的有庄俊（1910年）、贝季眉（1910年）、沈理源（1909年）。1910年代开始，有建筑学专业留学生回国执业，他们构成了中国第一代建筑师的中坚。

2. 新型建筑师的出现

在1900年代清末“新政”建筑的实践中，一批接受了现代教育，具备了一定的现代建筑科学知识，掌握了一定的建筑设计技能的现代知识分子型中国建筑师开始登上历史舞台。据《远东评论》报道，在资政院设计中，由于工程浩大，任务繁重，当时有八名欧洲建筑师、五名中国建筑师协助罗克格进行设计。[13] 在清末“新政”建筑活动中出现的早期中国建筑师，留下姓名的仅有孙支厦、沈祺等，其中，孙支厦1909年于通州师范工科毕业后，得到立宪派政治家和实业家张謇举荐，担任江苏省谘议局设计和施工负责人。孙支厦从业要比留学西方的第一代中国建筑师早十余年。他在担任江苏谘议局设计和施工负责时，由于没有先例，两江总督端方曾让他以清国专员的身份远赴日本考察帝国议院建筑。其在之后长期的设计生涯中，主持了大量的建筑设计和施工管理。如南通博物苑总体规划及各馆室设计（1911年）、南通图书馆（1912年）、张謇自宅“濠南别业”（1914年），并主持改建南通商会（1920年）等。

另据有关资料，1910年代初已经有一批没有取得法定注册开业资格的中国“建筑师”出现在上海租界和华界，活跃于一向被西方建筑师所垄断的设计市场，以至于1913年24名西方建筑师和工程师联名上书公共租界工部局，呼吁强化建筑师注册登记制度。他们抱怨称，“我们认为，自己寻求保护，在公共租界提倡注册登记是正当的，必须注意，不具备资格和能力而自称为建筑师，并要承担大型西式结构的建筑设计的中国人在数量上越来越多。”[14]这也说明在接受西方正规建筑教育的第一代建筑师登上历史舞台之前，早期中国建筑师已经大量出现，并已经承接设计业务。例如，周惠南（1872~1931年）开业前曾在上海最大的房地产公司英商业广地产公司供职，是有史可考的中国最早的开业建筑师。建于1917年的上海大世界，即由周惠南打样间设计。

三、城市的早期现代化

1. 城市制度的现代性变迁

中国有古老的城市，却始终没有形成独立、完备的城市管理机制，直到清朝末年，仍是有省、府、县的地方行政建置，而没有市制。19世纪与20世纪之交，在西方在华租界城市管理体制的示范作用下，城市绅商开始酝酿仿行西方的城市管理制度。1896年和1900年，上海的绅商们先后建立了南市马路工程局和闸北工程总局，以承担辟路造桥、建造码头等公用事业，该机构已经具有自治性和某些城区政府职能。在清末“新政”运动直接推动下，1908年清政府颁布《城镇乡地方自治章程》，正式推行地方自治。该章程规定，凡府、州、县治所在的城厢地方均可称为“城”，其余地方人口满5万的可称为“镇”，城与镇均可与府、州、县等传统政区一样，单独设置自治机构。[15]该章程的颁布为中国现代市制的确立拉开了序幕。据有关史料统计，截止到宣统三年（1911年），四川城市自治会已成立了100多个，镇自治会成立了143个；湖北省成立了15个城市自治会。1905年，上海城厢内外总工程局成立，这是中国最早的市政机构和地方自治机构。清政府颁布《城镇乡地方自治章程》后，总工程局于1909年改名为上海城自治公所，成为“奉旨”建立的正式地方自治机构。1911年辛亥革命上海光复后，自治公所旋即改名为上海市政厅，成为隶属上海都督府的正式行政机构。北京的现代城市管理机构发端于1900年义和团运动时期，皇室的逃离和北京的沦陷造成的权力真空给士绅和商人的地方自治提供了一个历史契机。1901年清政府与列强达成和议之后，清政府成立了“北京善后协巡总局”，这是第一个负责首都市政管理事务的正式机构。1902年，在清末“新政”中，“京师内外城巡警总厅”取代了“协巡总局”，该机构在清王朝最后数年的北京市政管理中发挥了重要作用。它下设总务、行政、司法、卫生和消防等处，行政处下设8科，其中包括建筑科、交通科，其职责是负责建筑的规划审批、市政建设的管理、交通法规的制订等。如果说清末“新政”开启了北京市政管理体制变革的进程，那么1912年建立的中华民国更加快了变革的步伐。1914年，在内务总长朱启钤的倡导下京师市政公所成立，朱启钤兼任督办，成为北京城市早期现代化的重要推动者。

在清末民初现代城市管理体制初创时期，一批具有现代化倾向的官僚成为城市的领导者和管理者。朱启钤是其中的代表人物，他是民国初年活跃政坛的“交通系”的创建者之一。他积极地参与实业活动，曾在许多有影响的企业如交通银行、金城银行、北京电车公司、中兴煤矿公司的董事会中任职。他的童年时代是在法国度过的，成年后经常游历欧美和日本等国家，谙熟西方的市政管理体制。在京师市政公所中还拥有包括“2～4名工程师、4～8名建筑师”在内的一批专业技术官僚。[16]1912年，广州成立工务司掌管城市公共建设事务，毕业于芝加哥大学的程天斗出任工务司长。他制订的城市改造计划包括拆除城墙、开辟新街道、拓宽旧街道和大沙头填埋改造以及港湾工程等。1918年，南方的中华民国军政府在广州设立市政公所，下设工程科，毕业于爱丁堡大学的伦允襄为主任工程师。总之，在清末民初城市制度的现代性变迁中，在一批专业技术官僚的主导下，开始有计划地进行城市公共工程建设，并逐步制订完备的技术规则进行建筑管理。

2. 城市的早期现代化与城市规划

在清末的城市自治运动中，开始兴办公共卫生事业、筹建公共医院。1906年9月北京内城官医院（位于京城钱粮胡同）正式开院门诊；1908年7月外城官医院（位于京城梁家园）也正式开办，这是中国第一批公立医院。1888年、1890年北京皇家园囿中的西苑、颐和园相继使用电气照明。1899年，德国西门子公司在东交民巷建立了北京第一个商用发电厂，向外交使馆区供电，这座发电厂不久被义和团烧毁。1901年，西门子公司重建发电厂，并要求将供电范围扩大到整个北京城，由于清政府顾忌中国社会的排外情绪和外国人控制重要公共工程，没有予以批准。1905年“京师华商电灯有限公司”成立，标志着电气化正式从皇室特权和外国人居住区扩展到商业和市民社会。1908年，周学熙在北京创办“京师自来水公司”，用安定门外孙河的水作为水源，在东直门建水塔。华商和上海地方当局为了与外人争利，1909年成立了官商合办的闸北水电公司，并于1910年开始供水。1905年到1911年，作为上海自治机构的城厢内外工程总局、自治公所，大力推进市政和公共设施的建设，共开辟、修筑道路100多条。1908年上海华界出现了第一支消防队——南市救火会。1908年，上海有轨电车通车。

1902年袁世凯出任直隶总督后，从八国联军的“都统衙门”手中接管了天津，随后即仿照都统衙门，在天津建立了各种城市管理机构，除了巡警、工程、捐务等局外，还设立了卫生总局作为天津地方的公共卫生管理机构。这是中国第一个城市公共卫生管理机构。天津卫生总局在筹建时即制订了一个经由直隶总督袁世凯批准的《天津卫生总局现行章程》。章程规定卫生总局“以保卫民生为宗旨”，其主要任务是：“举凡清洁道路、养育穷黎、施治病症、防检疫疠各端，均应切实施行”。[17]1906年，根据比利时商人与清政府签订的天津电车电灯公司合同，环绕老城的有轨电车正式通车，天津成为中国最早拥有现代公共交通的城市。

清末资本主义工商业和现代交通的发展冲击着封闭的封建城池。早期有计划城市改造的主要举措是拆除城墙、填埋护城河改筑马路，拓宽、拉直原有街道。1901年庚子之役后，天津率先拆除城墙，改建东、南、西、北四条马路。这一举措受到了市民的普遍欢迎，时人赞誉“城垣拆毁”后，“遂日见商务之兴隆，较之庚子以前，实觉别开生面，而地面安宁秩序，亦较胜于从前。”[18]1907年，汉口拆除城墙，形成了开放型的市区。上海县城墙系明嘉靖三十二年（1553年）建成，1843年开埠后由于城门低隘、交通梗塞，日益成为束缚华界经济发展的障碍物，以至到19世纪后期，“稍挟资本之商皆舍而弗顾”，纷纷把店铺迁入租界，因此早在1900年之前就有拆城之议。1905年、1908年绅商又多次呈请拆除城墙、改建马路以利交通。1909年采取了折中的办法，增开三个城门。1912年，上海旧县城城墙被全部拆除，城基之上修筑环城马路，1914年完工，从而把旧城、城外华界与租界连成一片。北京的城墙、城门是皇都象征，1900年代，相继通车的京汉、京奉等铁路穿破北京的内城与外城城墙，1915年皇城的东、西、北三面被拆除辟为道路。

如果说，城墙的拆除标志着中国传统城市体系的衰落，那么，作为晚清政府“新政”内容的“新市区运动”则标志着与传统城市建设思想完全不同的新的城市规划的肇始，代表性范例如1903年的天津河北新市区开发、1904年自行开辟的济南商埠等。

“新市区运动”始于晚清“新政”，在新兴政治力量和民族资本不断发展的条件下，中国官方开始规划建设模范市区，被称为“新市区运动”。1902年袁世凯任直隶总督后，在天津旧城北部兴建新市区，把处于奥、意、俄三国租界包围的东车站迁到北站。在直隶总督府与新建的铁路北站间，开辟新区主干道，以此为骨架，统一规划了覆盖新区的方格路网。在主干道两侧布置商店、公园和倡导实业的新式博览建筑——劝业会场，周围设置了北洋铁工厂、北洋政法学堂、北洋高等女子学堂等一批新式建筑。济南是明清时期南北两京之间最大的都会和全国重要的工商业城市，1904 年胶济铁路全线通车后，山东巡抚周馥会同北洋大臣直隶总督袁世凯奏请清廷批准将济南辟为“华洋公共通商之埠”。在旧城以西和胶济铁路南侧划定了一块面积接近旧城的商埠区，并把道路网规划为经纬垂直路网，以利于取得临街店面。由于依临铁路，济南商埠区发展较快，到清朝灭亡，济南城市总体上形成了旧城区与商埠区均衡发展的格局。这一时期，由清末“新政”的支持者南通籍状元张謇主持，江苏南通兴建了工业城镇唐闸、港口工业城镇天生港和风景游憩城镇狼山，它们与中心城区一起形成了南通“一城三镇”的布局结构。

3. 朱启钤与北京早期现代化改造

在中华民国历史上，朱启钤可以说是一个毁誉交加的人物。作为袁世凯的亲信，他是支持袁世凯称帝的“十三太保”之一。洪宪帝制失败后曾作为“祸首”而受到通缉，从此淡出政治舞台。然而正是朱启钤（图 2 –7），在北京由一个封建帝都向现代都市转变的早期进程中扮演了重要角色。

1910 年代朱启钤主持的北京城市改造与 1850 年代奥斯曼的法国巴黎改造有很多相似之处，两者都是为使中世纪封建都城适应现代社会需要而进行的早期现代化改造，有趣的是两位主持者朱启钤和奥斯曼都受到了先担任总统后来称帝的独裁者的支持。1900 年代初，由于东、西火车站起用，正阳门前交通量遽增。1915 年，为了解决正阳门地区的交通壅塞问题，朱启钤聘请德国建筑师罗克格主持了正阳门改造工程（图 2 –8）。他力排众议拆除了正

图 2 –7　内务总长兼京都市政公所督办时期的朱启钤

图 2 –8　改建后的北京前门增加了阶梯、观景平台和半圆形窗眉装饰线，1915 年（建筑师：罗克格）

阳门瓮城，整修了前门，并在正阳门两侧各增开两个门洞。北京的城墙和城门作为帝都的象征，在人们心目中具有不可侵犯的地位。朱启钤的计划引起了北京舆论哗然，保守主义者强烈地反对这一工程，认为“改造作为历史古迹的前门会冒犯神灵，破坏风水。”并且警告市政当局聘请西方人作为建筑师是十分危险的，“因为他根本不了解这种大规模翻修的文化后果。”[19]在总统袁世凯的支持下，1915年6月16日，朱启钤手持袁世凯颁发的银镐作为尚方宝剑，刨下了象征工程开工的第一镐。同年，他向袁世凯提议修建一条环绕北京内城城墙的环行铁路，并在当年竣工通车。在环行铁路通车之前，北京的三条跨省铁路京张、京奉和京汉铁路各自为政，而环行铁路则把三条铁路的所有车站有效地联结起来。朱启钤领导下的市政公所还开展了公园开放运动，顶住了保皇主义者的压力，把社稷坛开辟为中央公园并于1915年底向公众开放。随后，市政公所相继将所有的皇家坛庙辟为公园，1915年开放先农坛，1925年开辟地坛为京兆公园，颐和园也于1920年代末跻身于公共园林之列。在他的任期内，1913年皇宫被打开，文华殿及武英殿开放，1915年皇宫乾清门以前部分也作为博物馆开放。民国初年北京城市改造的影响是深远的，在以朱启钤为首的市政公所主持下，打通了东西长安街和南北长街，使得南北中轴线与东西中轴线在天安门前交汇，拆除了大清门（中华门）内的东西千步廊，从而形成了现代天安门广场的雏形，这些努力为现代北京城市空间结构框架的形成奠定了基础。

四、现代建筑技术体系的初步建立

1. 工业建筑：技术进步的先锋

现代建筑技术体系的两大主要结构体系，即钢（铁）结构和钢筋混凝土结构的新型建筑技术，在19世纪下半叶洋务运动时期开始传入中国。

洋务运动初期工厂的总体布局大多采取西方工业厂房的布局，大部分建筑使用西式砖木结构，采用三角形木屋架，铸铁柱开始局部使用。据考证，1864年创办的福建船政局，部分厂房已经采用了铸铁柱，原因是大跨度厂房所需要的巨大梁柱，天然木材已经难以满足。据福建船政局筹办者沈宝桢1868年上奏称：“（铁厂）本年以来，叠石垒瓦墙基已就，唯梁柱瑰材，苦难觅购……拟用铁柱，已试铸一根，费重工迟，告齐不易。现拟仍用外洋大木，而运道险远，统需来年方可节次到工，则大而铁柱，小而齿轮，俱可成功。”[20]这同时也说明，大工业生产所要求建筑的大跨度、大空间和高强度，是中国传统建筑技术体系所无能为力的，新的建筑结构和材料的运用是必然趋势。洋务运动时期的工厂均由西方技术人员指导建设，直接移植西方的建筑技术，洋务运动后期出现了钢筋混凝土和钢结构的应用。1892兴建的湖北枪炮厂是中国创办的较早使用混凝土的工厂。1893年兴建的湖北汉阳铁厂，由英国工程师约翰生（E. P. Johnson）设计，贺伯生（Henry Hobson）负责施工。铁厂六个大厂房皆为钢屋架、钢制梁柱、铁瓦屋面，是中国最早出现的钢结构厂房，也是当时远东规模最大、设备最新的钢铁企业。

洋务运动的工业建筑实践是零星的、局部的，同时由于洋务运动"主其事者以新卫旧的本来意愿而难以摆脱传统"，结果是"东一块西一块的进步。零零碎碎的，是零买的，不是批发的。"[21]中国工业建筑技术进步的真正契机是20世纪初，西方先进建筑技术的输入和政治体制改革所引发的中国资本主义的兴起，二者形成了推动工业建筑技术进步的合力。

马克斯·韦伯认为："资本主义的独特的近代西方形态，一直受到各种技术可能性发展的强烈影响。其理智性在今天从根本上依赖于最为重要的技术因素的可靠性。这在根本上意味着它依赖于现代科学，特别是以数学和精确的理性实验为基础的自然科学。"[22]在1900年代中国建筑历史的重大转折时期，代表新的生产力的工业建筑站在了技术变革的最前列。这一时期出现了全钢结构的工业建筑。1903年哈尔滨中东铁路哈尔滨总工厂，采用了钢屋架，屋架上弦采用工字钢，下弦采用双角钢，立杆和斜杆采用单角钢，屋架最大跨度达21.33m，在双跨或多跨的车间采用了钢柱，钢柱采用双槽钢用钢板铆接而成。同时，根据厂房功能采用了豪式屋架、芬克式屋架、复合屋架等钢屋架形式。构造上，采用折起上弦形成天窗，折起下弦降低挠度，并节省钢材。采用高低窗侧向采光、三角形带状天窗、锯齿形带状天窗和矩形带状天窗等多种采光形式。其建筑设计和施工均达到了很高的水平。19世纪与20世纪之交兴建的青岛四方机车修理厂，新建车间已大部为全钢结构。1905年兴建的成都四川机器总局新厂，主厂房由德国格兰建筑公司承建，德国建筑师邵尔茨菲力克主持设计，采用了钢柱、钢屋架。[23]1905年，武汉的英商平和打包厂兴建的4层钢筋混凝土内框架厂房，采用现浇钢筋混凝土楼板，框架柱的受力钢筋与分布钢筋的构造与现代建筑结构完全相同[24]，反映了当时钢筋混凝土结构计算理论的成熟。

除了工业建筑，这一时期中国结构技术水平还可以由桥梁的结构种类和跨度来说明。铁路桥梁方面，1903年兴建的京汉铁路黄河铁桥长3010m，共102孔，为20世纪上半叶中国最长的钢桁架桥。1909年开工，1912年竣工的津浦铁路洛口黄河大桥，是当时中国乃至亚洲最大的悬臂梁式铁路大桥，桥体总长1256.91m，宽9.4m，可敷设双线轨道，桥墩为气压沉箱基础和钢筋混凝土桩基础。市内桥梁如上天津新金刚桥（1922~1924年）、万国桥（1926年）都是钢桁架结构，桥中跨均在40m以上，采用双叶立转电力开启方式。1910年南京南洋劝业会场还第一次出现了钢筋混凝土制作跨度为6m的薄壳拱桥。

2. 公共建筑：从砖（石）木结构起步向现代建筑技术体系过渡

1900年代，中国出现了建筑技术向现代建筑技术体系过渡的进步趋势。

在公共建筑中，砖（石）木结构体系由于能够适应新的功能要求而取代了中国传统梁架结构：木桁架代替了抬梁式屋架，拱券代替了木梁枋，砖（石）墙体取代了木柱。清末“新政”时期北京建造的政府衙署大多为2～3层的砖木结构，各地建造的工厂、学校、商店、住宅、办公建筑也大量采用这种结构方式。与此同时，新的功能需要使得钢铁和钢筋混凝土开始应用于各种类型的公共建筑中。1906年兴建的陆军部衙署主楼，虽然屋顶结构采用木桁架承重结构，但使用钢筋作为拉杆。1900年代初，广州沙面租界出现了局部采用钢筋混凝土的建筑，而兴建于1903年的汉口大智门火车站也采用了钢筋混凝土楼板。上海最早的百货公司大楼——1900年代初的福利公司大楼和惠罗公司大楼，前者为砖木结构，但室内部分采用了铁柱、铁扶梯等新材料；而后者则采用了钢筋混凝土结构。1906年兴建的上海汇中饭店和1910年的礼查饭店，都是砖木与钢筋混凝土混合结构，后者入口还安装了铁架大雨蓬。进入20世纪后，在钢筋混凝土大量应用之前，新建筑的屋顶多采用三角形木桁架结构，在一些工业厂房和大空间的公共建筑中，则开始使用钢木组合屋架。如南京东南大学体育馆（1922年），在木桁架中应用钢拉杆，使得受力与施工都比较合理。1921～1923年兴建的上海汇丰银行穹隆顶采用了钢架拱顶。

这一时期作为砖（石）木结构与钢筋混凝土框架结构之间的过渡，砖（石）墙钢骨混凝土混合结构建筑和砖（石）墙钢筋混凝土混合结构出现。其中，砖（石）墙钢骨混凝土结构存在时间较短，很快被大量出现的砖（石）墙钢筋混凝土混合结构所取代。砖（石）墙钢骨混凝土结构的主要特点是砖（石）墙承重，但楼面结构采用工字钢密肋取代砖（石）木结构中的木制大梁和密肋，加大了楼面荷载和跨度（图2－9）。实例如上海华俄道胜银行、哈尔滨中东铁路局办公楼、青岛德国总督府和胶澳法院等。

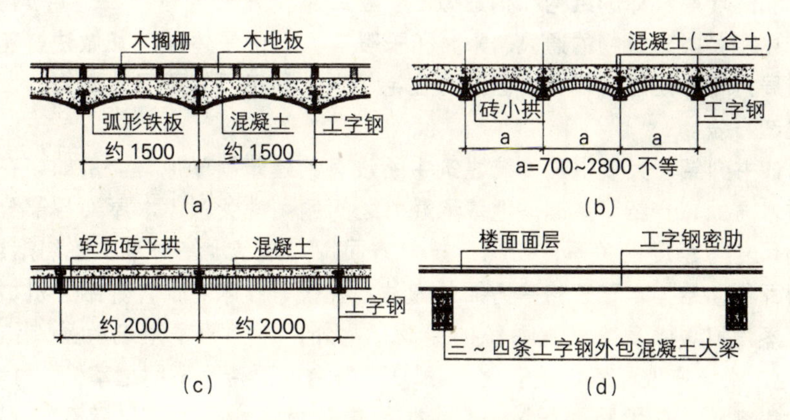

图2－9　砖（石）墙钢骨混凝土结构四种做法示意图

1926年沙逊大厦兴建之前，上海的公共建筑已经出现了多层化和高层化的趋势，而现代框架结构的发展是与建筑的多层化、高层化紧密联系的。1908年上海出现了较早的钢筋混凝土框架结构大厦——上海电话公司大楼，主体6层，由新瑞和洋行设计，协泰洋行结构计算。承接这一项工程的姚新记营造厂，后来被人们称为混凝土大王。这一时期，钢筋混凝土框架结构也进一步得到应用，青岛劝业场（1918年）地上2层地下1层，上海卜内门公司（1920年）高7层，字林西报社（1921年）高8层，都是现浇钢筋混凝土框架结构。1916年兴建的6层上海有利大楼是钢框架使用的先例之一，钢框架是向德国克虏伯工厂定制的。1921～1923年兴建的上海汇丰银行，1925年兴建的江海关都是钢框架结构。济南瑞蚨祥（1923年）是济南第一座采用钢结构的建筑，罩棚为钢梁、钢檩条、瓦楞铁屋面，钢材据说是购买修建洛口铁路桥剩余的德国钢材。[25]

3. 建筑科学技术的传播

在20世纪初年西方建筑体系全面输入的潮流中，了解并掌握西方建筑科学成为社会的需要。张锳绪著的《建筑新法》成为满足这一时代要求的中国第一部现代建筑科学著作。1899年，赴日本留学的张锳绪学习机械专业的同时“稍治建筑之学”。1902年毕业归国后，先后担任矿山工程师、新式学堂教习、商部主事。1910年在农工商部实业学堂讲授建筑课程，在授课讲义基础上，张锳绪于1910年由商务印书馆出版了《建筑新法》一书。该书“凡例”中写道：“本书系博采东西各国建筑书籍之粹，参照著者数年来研究之心得，编辑而成。凡一切应用公式，紧要方法，罔不搜罗靡遗，可为工业学堂之教课，及备实地建筑之参考。”全书共分两卷，卷一为“总论”，共3章17节，主要论述了建筑物的结构和构造方面的内容，包括砖（石）木结构建筑的基础、墙身、门窗、屋架、屋顶、楼板、楼梯和隔墙等具体的结构和构造做法；卷二为“分论”，共3章11节，分别论述了各类建筑物的通风、采光和采暖等方面的具体原理和做法，建筑的布局打样方法以及剧场、医院、住宅、学堂和工厂等不同建筑物的设计和建造方法。

该书介绍了大量中国传统建筑中所没有的建筑科学原理。例如，在结构技术方面，介绍了基础与地基承载力之间的力学关系、木屋架各部分构件的尺寸与跨度的关系；在构造技术方面，介绍了地基防潮、壁炉烟道、屋顶瓦作、给排水和装修等方面的做法；在设备技术方面，介绍了机械通风、蒸汽取暖以及给排水系统的原理；此外，还介绍了建筑地基“结冰线”、“剧场座位配置均视听之弧线”、“舞台前后传声不同之率”、“病床与空气容积，与地板面积”、“讲堂尺寸及学生数目比较”等建筑科学原理。[26]

五、向现代建筑风格演进的趋势

1. 新艺术运动的影响

19 世纪与 20 世纪之交发生在欧洲大陆的新艺术运动，反对历史式样，希望创造出一种适应时代精神的新的装饰形式，是欧洲现代建筑运动的前奏。1900 年代初，哈尔滨、青岛和北京东交民巷等地也出现了新艺术运动风格的建筑。

开始早、结束晚、持续期长是哈尔滨新艺术运动建筑的特点。哈尔滨的新艺术运动建筑几乎与欧洲同时起步，从 1903 年的哈尔滨火车站（图 2－10）、1904 年的中东铁路局办公楼、中东铁路局官员住宅到 1906 年的莫斯科商场。哈尔滨直到 1920 年代都有新艺术运动风格建筑落成，如建于 1927 年的俄国餐厅。因此，哈尔滨可以称为新艺术运动谢幕的城市。新艺术运动风格同时也在其他城市出现，如 1900 年代北京东交民巷的德国医院（图 2－11）、荷兰兵营和意大利使馆，1908 年的青岛亨利亲王大街的商业建筑（图 2－12、图 2－13）、青岛德国总督官邸（图 2－14）等。新艺术运动是现代建筑简化形式过程中的一个重要步骤，这些建筑表明中国建筑已经卷入与遥远的欧洲同样的现代建筑历史进程中。

图 2－10　哈尔滨，原火车站，1903 年

图 2－11　北京，东交民巷德国医院，1900 年代

图 2－12　青岛，原亨利亲王大街（今广西路）商业建筑，1908 年

图2-13　青岛，原亨利亲王大街（今广西路）商业建筑细部

图2-14　青岛，德国总督官邸，1908年（建筑师：[德] 施特拉塞尔和马尔克）

图2-15　青岛，中学校主楼，1920年（建筑师：三上贞）

图2-16　青岛，中学校主楼门廊细部

2. "分离派"的影响

"分离派"又称维也纳分离派（Vienna Secession），是新艺术运动的奥地利分支，取"分离派"为名意指：反对保守的学院派艺术，宣称与其分离。该流派主张创新，追求表现功能的"实用性"和"合理性"，强调在艺术创作上发扬自由与个性，同时努力探索与现代生活相结合。"分离派"与早期的新艺术运动风格相比，更加强调直线条与简单的几何曲线构图。

1920年，日本国内成立了"分离派建筑会"，成为"分离派"的东方支流。1914年第一次世界大战爆发后，日本通过对德国宣战，一度攫取了青岛主权，在日据时期（1914～1922年），"分离派"风格通过日本建筑师影响到青岛，较为典型的建筑实例有青岛中学校主楼（图2-15、图2-16），1920年建，日本建筑师三上贞设计。大量使用毛石镶嵌作为装饰，几乎完全摆脱了历史样式的影响。高耸的塔楼与水平向伸展的主楼以及中部舒缓的曲线形山墙形成对比，中部入口门廊仅以施工刮出的水泥波纹作为面饰。而位于其后部的校舍更为朴素，入口仅仅做出门贴脸，上部用条石勾勒出舒缓的曲线。此外，青岛某野战医院（图2-17）也具有典型"分离派"风格特征。

3. 向现代建筑风格的演进

除了新艺术运动和"分离派"的影响，1900年代以后，在华外国建筑师的一些作品开始呈现出现代性和时代性精神。

津浦铁路济南火车站（图2－18），1912 年建，德国建筑师赫尔曼·菲舍尔（Herman Fischer）设计，建筑按照现代功能组织空间，采用不对称布局，圆形的四面钟塔镶嵌在候车大厅与辅助用房中间，成为统帅全局的构图因素。该建筑无论是建筑功能、群体组合还是建筑细部，都具有现代性。1912

图2－17　青岛，某野战医院，1910 年代

图2－18　济南，津浦铁路济南火车站，1912 年（建筑师：［德］H·菲舍尔）

年落成的青岛德国胶澳法院（图2－19）建筑平面为 L 形，立面构图摒弃了古典母题，趋向实用功能和材料本身的真实表达。墙面运用粉刷与局部毛石镶嵌形成质感对比，并用粗面条石勾勒窗洞和檐口，显得朴实无华。1908 年建造的青岛基督教福音堂，外墙为砖石砌筑，砖墙采用水泥沙浆抹面，并作波浪纹面饰，石材采用蘑菇石做法，显得粗犷浑厚。教堂屋架采用三角形钢木屋架，中央大厅屋架下采用拱形钢丝网水泥壳体吊顶，室内白色基调与光洁流畅的界面既有宗教神圣感，又富于简洁明快的现代感。青岛胶澳电气公司（图2－20）建于1914 至1922 年间，位于中山路北端，3 层，钢筋混凝土结构。立面以垂直线条划分，用条石勾勒檐口和窗台，此外没有多余的装饰，显示出很强的现代性。

图2－19　青岛，德国胶澳法院

图2－20　青岛，胶澳电气公司

19世纪末以沙利文为代表的芝加哥学派在探索新的高层建筑形式过程中首先诉诸古典柱式构图，如1890年的圣·路易斯大楼，底层处理成古典柱式的基座，中部7层则是柱身，顶层用陶砖饰面，并作檐板封顶。经过实践中不断演进，到1904年的芝加哥卡森百货公司，宽大的窗户和窗间墙已完全是框架结构的显露。与芝加哥学派形成过程相似的建筑多层化、高层化带来的对古典形式的净化进程也出现在中国。进入1910年代，城市的集聚效益引起了城市地价上扬并开始导致商业区域建筑的多层化、高层化趋势，出现了简化古典装饰的态势，产生了一批简化装饰的准现代建筑风格的作品，如建于1905年的6层的汇中饭店（图2－21）、1917年的7层的北京饭店（图2－22）、1924年的上海字林西报社、1925年的新新公司等商业建筑，反映出在现代功能、现代结构的基础上，建筑形式自发净化的趋势。建于1906年的青岛总督府，立面为横三段纵五段的对称构图，有两层券廊，尚保留古典柱式构图痕迹，但柱身已简化为方形的壁柱，仅仅保留平面化的爱奥尼柱头，墙面主要依靠石材饰面所形成的线脚装饰，该建筑也是行政办公建筑简化古典母题的典型范例。

图2－21　上海，汇中饭店，1905年（建筑师：［英］玛礼逊洋行斯各特）

图2－22　北京，北京饭店，1917年（建筑师：布劳沙德·莫平和宝伊）

六、小结

肯尼思·弗兰姆普顿（Kenneth Frampton）在其所著的《现代建筑——一部批判的历史》中声称："在试图编写一部现代建筑史时，首先要确定其起始的时间。然而，你越是认真地寻根求源，它却越显得存在于遥远的过去。即使不追溯到文艺复兴时期，也至少要回顾到18世纪中叶。"[27]如果对20世纪中国现代建筑历史进行研究，也应当追溯到清末民初的1900年代。

1900年代是中国建筑历史上具有现代意义的转折与开创时期。在20世纪的中国现代建筑历史中，1900～1926年在各个方面都具有准备期和过渡期的特征。具体表现为现代建筑技术体系的输入和广泛应用为下一阶段的现代建筑实践奠定了物质基础。欧美探索新建筑的潮流开始波及中国，与工业建筑一同形成了现代建筑输入和传播的先声。1900 年代，通过不同教育渠道掌握了西方建筑技术的早期中国建筑师已经出现，1910～1920 年代受过西方正规建筑教育的海外学子陆续归国并正式开业，中国建筑进入了中、西方建筑师共同发展的时期。从 1900 年代起现代建筑教育开始酝酿，1920 年代初已具备雏形，1923 年，江苏省立苏州工业专门学校（简称苏州工专）建筑科成立，是中国最早的有系统、有规模且持续办学时间较长的建筑教育机构，为 1927 年后高等建筑教育的兴起奠定了基础。

第二节　教会主导的传统建筑文化复兴初潮

教堂建筑外观和内部装饰风格的中国化，可以追溯到 17 世纪明末清初的天主教耶稣会传教时期。以利玛窦为代表的耶稣会传教士开创了教会尊重中国传统文化的先河，他们采取“合儒”、“补儒”的文化策略，不仅使天主教教义与中国儒家思想结合，还包容了传统祭祖祀天尊孔等礼教文化。这种宽容谦卑的传教姿态决定了“这一时期天主教堂多沿用中国的民宅、寺庙，或按中国传统建筑式样建造。”[28]18 世纪之后，国内的教堂建筑基本转向洋风，但是，许多教堂没有经过正规建筑师设计，而是由传教士携带现成图纸或自己绘图设计，雇佣中国工匠运用当地建筑技术、材料建造。正如一位传教士所说，“为筹建新堂，已劳烦数月，因本地工匠不谙西式建筑，须亲自规画。我等来华，非为营造事业也，因情势不得不然，遂凭记忆之力，草绘图样，鸠工仿造。”[29]这些教堂建筑不可避免地入乡随俗或因地制宜地带有中国地域特征。例如，现存较早的“中国式”教堂——贵阳北天主堂，建于 1876 年，教堂正面为典型的中国传统七架三间牌楼，教堂后部为一座 5 层四重檐六角攒尖顶钟楼。教堂内部则为巴西利卡式和并带有哥特式风格特征（图 2－23）。[30]又如德国传教士利用庚子赔款修建的济南洪家楼的天主教济南教区总教堂（图 2－24、图 2－25）。外墙采用济南当地的剁斧青石和水磨青砖砌筑，传统的硬山筒瓦屋面，教堂室内立柱柱头还运用了中国传统的梅花和卷草图案。虽然教堂室内和外观带有显著的中国特征，但是，平面形制和总体建筑风格则保持了典型的哥特式风格。总之，与 1910～1920 年代兴起的基督宗教本土化运动时期的“中国式”建筑相比，这些早期

图 2－23　贵阳，北天主堂，1876 年

"鸠工仿造"的教会建筑所带有的中国特征没有明确的教会建筑学（Ecclesiology）指导，缺乏正规建筑师设计，属于自发的乡土性、地域化建筑倾向。

图2－24 济南，洪家楼天主教堂，1901年

图2－25 济南，洪家楼天主教堂，中国式图案装饰

西方建筑文化的全面输入是20世纪中国建筑文化的主流，反映在官方和民间建筑中则是传统建筑文化的衰落和洋风的盛行。耐人寻味的是，20世纪初西方建筑师却开始了中国传统建筑形式与西方建筑文化相融合的尝试。这种尝试的驱动力首先来自在华西方教会的本土化运动，经历了连绵不断的"教难"打击和"五四运动"之后的非基督教运动的冲击，西方基督宗教终于开启了与中国本土文化融合的进程——即天主教"中国化"和基督教的"本色化"运动。

一、教会建筑学的转向

西方基督教自传入中国以后，几经兴衰。1720年（康熙五十九年），关于是否允许中国信徒祭祖祀孔的"中国礼仪之争"，引起了罗马教廷与康熙皇帝之间的对抗，最终导致了清政府对天主教的严厉查禁。其后，又经历了雍正、乾隆时期禁教政策的持续打击，教会传教活动陷入低谷。

1840年第一次鸦片战争之后，清廷的禁教政策在西方列强武力压迫下彻底瓦解，在一系列不平等条约保护下，教会获得了在华自由传教的权力。1844年签订的中法《黄埔条约》，不仅认可法国人在通商五口建造教堂，并且规定："倘有中国人将佛兰西礼拜堂、坟地触犯毁坏，地方官照例严拘重惩。"[31]1858年，英国通过第二次鸦片战争强迫清政府签订中英《天津条约》，再次把保护传教的条款列入其中，条约规定："耶稣圣教即天主教原系为善之道，待人如己。自后凡有传授习学者，一体保护，其安分无过，中国官毫不得刻待禁阻。"自此，西方教会势力的触角不断伸展，从通商口岸、内地都市到穷乡僻壤，随处可见传教士的足迹。

但是，教会势力的大规模东渐，背后潜伏着爆炸性的危机。如果说，明末清初西方传教士通过政治上攀附皇权和官僚势力、教义上刻意附和中国传统文化，取得了在华传教的立足点。那么，第一次鸦片战争之后以列强的武力为后盾的传教活动，则表现出政治和文化征服者的优越感，他们宣称："龙要被废止，在这个辽阔的帝国里，基督将成为惟一的王和崇拜的对象。"教会的存在很快成为民族矛盾、社会矛盾和文化冲突的焦点。从 1848 年上海发生的"清浦教案"到 1900 年席卷中国北方的义和团运动，短短的半个世纪共发生大大小小的教案 400 余起，不仅暴露了教会神权与中国主权的对立、教会组织与中国社会结构之间的矛盾，同时，教会与民众之间民族情感的对立以及西方宗教文化与中国传统文化之间的隔膜也展露无遗。正如 1900 年代比利时籍传教士雷鸣远所指出，"在这里，事实上我们造成了一个外国身体的教会，天主教地区像一个小的殖民地，我们跟中国人民没有联系，也无法联系……在传教士和教友之间有一道鸿沟，他们的生活、思想和感觉与我们都不相同……""难道教会不知道这些是错的吗？难道不应该有所改变吗？"[32]

全国各地此起彼伏的教案和"反洋教"斗争，不断打击了在华教会势力。根据有关史料记载，在 1900 年义和团运动中，被杀害的天主教主教 5 人，教士 48 人，教徒 18000 余人；基督教教士 188 人，教徒 5000 余人。[33] 进入 1910 ~ 1920 年代，中国的民族自决意识空前高涨，教会作为西方列强势力在中国存在的象征，成为民族主义运动攻击的重要目标。1922 年李大钊、李石曾等知名人士成立"非基督教大同盟"，并发表"非宗教者宣言"，形成了声势浩大的非基督教运动，该运动指责教会是西方列强侵略中国的工具。同年，上海学生组织成立"非基督教学生同盟"，发表宣言称教会为"帮助资产阶级掠夺无产阶级、扶持资产阶级压迫无产阶级的恶魔，是各国资本家对中国实行经济侵略的先锋队。"[34] 1924 年广州学生会发表《广州学生会收回教育权运动委员会宣言》，指出"文化侵略的政策，就是帮助帝国主义之经济侵略的一种最妙方式。""他们实施殖民地的教育政策，使中国学生洋奴化，使学生忘了其种族、国家、历史、政治、经济、社会的观念"，"教育侵略，比任何形式的侵略都要厉害的多。"呼吁"收回一切外人在华所办学校之教育权"。[35] 在广州，非基督教活动得到了革命政府的支持，随着北伐战争的节节胜利，非基督教运动愈演愈烈，从舆论抨击、集会示威发展到对教会的暴力冲击，不少地方教会的房屋被占，财产被洗劫，教会学校和医院被迫关停，传教士被驱逐。[36]

20 世纪初，在民族主义潮流影响下，中国教徒发起了自下而上的"收回教权"和"自立教会"运动，在教会组织上倡导"自立、自传、自养"，力图摆脱与西方列强教会之间的依附关系，"使中国信徒担负责任，发扬东方固有的文明，消除洋教的丑号。"为了顺应这一历史潮流，1919 年教皇本笃十五通谕中国天主教会尽量起用中国籍神职人员，并提出可以由中国司铎出任主教，从而开启了天主教的中国化进程。1922 年召开的第四届中华基督教全国大会，中国代表首次超过半数，大会主席诚静怡提交了一份关于中国教会本色化的报告，呼吁中国教徒重新评估来自西方的传统、仪式和体制，强调“中国教会的培灵不应该与中国民众的民族传统与精神体验相冲突。”[37]他呼吁，“中国需要一个简单而自然的基督，中国需要一个本色而没有洋气的基督。”[38]

无论天主教的“中国化”还是基督教的“本色化”，其核心都是实现西方宗教文化与中国传统文化的相互融合，以达到“通过中国人为基督对中国进行和平的和精神的征服”。[39]罗马教廷驻华专使刚恒毅，一直积极推进天主教的中国化进程。他认识到天主教要在东方国家扎根，必须和本土文化相结合。他宣称：“传教士是耶稣基督的使徒。他并没有这样的职务，要把欧洲的文化，移植到传教地区去……凡是善良的文化，都很容易自然地与基督化的生活相吻合，且从它那里获得充足的能力，以确保人格的尊严和人类的福祉。”[40]在他看来，“只要天主教基本的精神能够体现，就不必拘泥于教义的完整性和教规的约束性，只要任何外在形式会使中国人感到陌生和反感，就有必要加以变通和调整”（图 2 –26、图 2 –27）。[41]

图 2 –26　格里森手绘宗教画《耶稣降生图》

图 2 –27　格里森设计的中国式祭台

在基督教本土化运动中，教会人士开始认真研究中国的风俗习惯，探讨创立新的教会礼仪，寻求新的宗教活动方式，从而在形式上营造一种基督教与中国文化相融合的氛围。王治心在谈到基督教时说：“本色教会第一紧要的问题，就是如何利用固有的民情风俗，创立融洽无间的中华教会，使中华人民不会发生什么反应。这是本色教会所要达到的目的，也是近今教会所十分注重的一点。”教会建筑和装饰风格的中国化问题，也自然而然地引起了教会中的有识之士的反思。美国传教士乐灵生认为，“传教士自己应该投身于中国基督徒的团体之中，他不应该强迫它们发展一种西方的形式，而应贡献一种基督教的精神，让这种精神以一种纯粹的中国方式表达自己。”[42]中国神职人员周风则进一步指出：“教会里的建筑布置，多采取中国的美术，必能使人民容易接近。若是都用外国式的，必引起人民‘非我族类’的感想。但现在教会的建筑布置，却十九是外国式的，这是教会应当改革的一点。”[43]教堂建筑与陈设的中国化成为宗教改革的组成部分，正如教会人士张亦镜所指出，“礼拜堂的建筑，要仿照中国原有的庙堂形式；正座不妨设上帝神位；赞美诗句子要庄雅，要合古乐歌的节奏，不得用舶来的乐器奏外国的音乐。讲经祈祷的仪式，亦要求适合中国人的心理而酌量变通……这都是中国今日一般自谓有觉悟的信徒所极力提倡要决心改造的理想教会……这种思潮，在今日的教会也确已成了一种趋势。”[44]

二、“中国式”风格：从教堂到教会大学

在第一次鸦片战争之后的历次教案和义和团运动中，教堂作为西方在华势力的据点和象征不断受到攻击和破坏。如天津望海楼教堂始建于1869年，次年即在“天津教案”中被民众焚毁，1897年按原状重建后，又在1900年义和团运动中再度被焚毁，现存建筑则为1904年第三次重建，可谓命运多舛（图2-28）。而北京天主教四堂的变迁，更折射出教会在中国的复杂命运。第一次鸦片战争后，清廷发还天主教北堂，1866年北堂在原址重建，1886年慈禧太后扩建西苑，北堂拆迁至西什库于1888年重建。在1900年义和团运动中，教堂被围攻达63天，严重受损。而南堂、东堂和西堂均被焚毁，现存建筑均为20世纪初重建（图2-29～图2-31）。

图2-28　天津，望海楼教堂，1904年第三次重建

图2-29　北京，天主教北堂，1901年修整

图2－30　北京，天主教南堂，1902～1904年第五次重建

图2－31　北京，天主教东堂，1904年第四次重建

20世纪初，为了顺应民族主义和教会本土化潮流，出现了披上中国传统建筑外衣的“宫殿式”教堂，典型实例如北京南沟沿救主堂（又称中华圣公会教堂）（图2－32～图2－34），由中华圣公会华北教区总堂主教史嘉乐（Charles Perry Scott，1847～1929年）主持建造，它是北京最早的“宫殿式”教堂，平面为拉丁十字，形成两个交叉的硬山建筑，侧廊为单坡硬山，中央部分上部做成高侧窗。在屋顶的两个交叉点，各设一个八角形亭子作为钟楼和天窗。教堂入口位于硬山山墙，外墙全部采用青砖，筒瓦屋顶。这些“中国式”外观的教堂是把中国传统屋顶、塔等要素套用到西方教堂的巴西利卡形制、十字形平面上，不免给人削足适履的生硬感，也暴露了基督宗教礼仪与中国传统建筑形制之间的内在矛盾：中国传统建筑体量和内部空间沿矩形平面的长边横向展开，建筑中部布置主入口和中央厅堂；而西方教堂建筑以山墙为主立面，教堂空间序列沿纵深展开。这种内在矛盾对致力于教会建筑风格中国化的西方教会建筑师提出了挑战，其中，出生于荷兰乌德勒支的天主教会建筑师格里森（Dom Adelbert Gresnigt）对这些问题进行了深入探讨。他主张变通宗教礼仪来适应中国传统建筑布局，提出“按照中国人的观念，祭坛是设在中部厅堂里的，僧侣和信

图2－32　北京，南沟沿救主堂，1907年

图2-33　北京，南沟沿救主堂顶八角亭

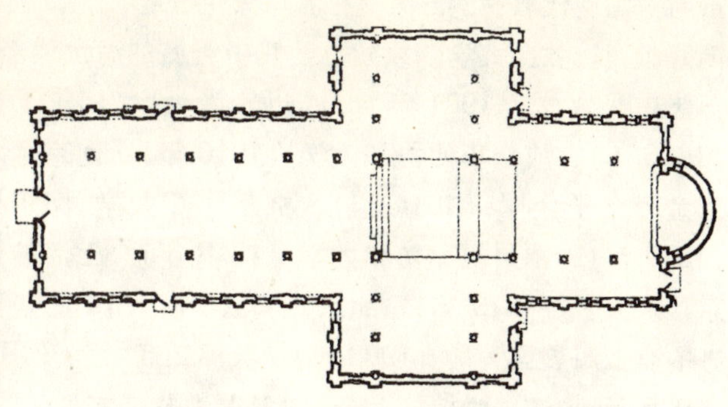

图2-34　北京，南沟沿救主堂平面图

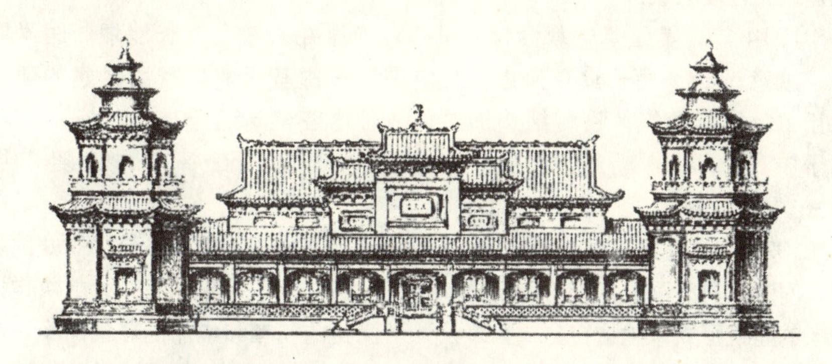

图2-35　格里森设计的河南开封教堂

徒在祭坛前参拜。因此，祭坛的位置确实给天主教礼拜仪式造成了困难。但是，西方教堂的祭坛位置可以随着建筑形制的变化和公众的要求来设置……如果中国建筑形式需要将祭坛设置在中部厅堂，这种布局方式不但能够实行，而且还有明显的优点，即加强传教士和教徒之间的联系，更有效地发挥礼拜仪式的作用。"[45]格里森设计了一批采用中国传统建筑布局和形式的天主教堂（图2-35）。总之，无论是西方形制披上中国传统外衣，还是采用纯粹的中国传统布局和形式，这些"中国式"教堂并没有象罗马风、哥特式或文艺复兴式教堂那样形成完备的风格。但是作为基督教在中国传播的特殊产物，它既是教堂建筑的一种新的品类也是中西方建筑文化交融的结晶。

然而，真正把教会建筑"中国化"推进为一种传统文化复兴运动的并非教堂，而是教会兴办的教会大学建筑。综观西方教会在中国的建筑活动，以1900年义和团运动为分界，之前以教堂建筑为主，此后则以公共服务建筑尤其是教育建筑为主。在华教会当局把教育事业视为传教活动的重要手段，大力兴办教育事业。到1910年代末，教会学校已与公立学校、私立学校并列成为中国现代教育的三大支柱。与天主教会相比，在华基督教会尤其致力于高等教育，教会大学陆续建立，其中著名的有上海圣约翰大学（1879年），苏州东吴大学（1901年）、广州岭南大学（1903年）、长沙湘雅医学院（1906年）、成都华西协和大学（1910年）、南京金陵大学（1910年）、南京金陵女子大学（1914年）、杭州之江大学（1914年）、济南齐鲁大学（1917年）、福州福建协和大学（1918年）、上海沪江大学（1918年）、北京燕京大学（1919年）、北京协和医学院（1919年）等。属于天主教会创办的有上海震旦大学（1903年）、天津工商学院（1923年）、北京辅仁大学（1925年）。这些学校的兴建正值基督教的"本色化"和天主教的"中国化"运动，围绕这一批教会大学的建设，形成了教会和西方建筑师主导的中国传统建筑文化复兴初潮。

1914年，美国基督教会分支机构湖南雅礼会在创办长沙湘雅医学院时，就意识到"由于迄今为止，在中国许多由基督教会赞助修建的建筑采用的是西洋建筑风格和结构形式，并且这些建筑趋于显示出它们是不同于中国的外来建筑，因此，新建造的建筑应在各方面追随中国形式。"[46]

1920年，筹建燕京大学的司徒雷登提出"要使燕大既有一个中国式的环境，同时又具有国际性"。他在燕大校舍落成时说："我们从一开始就决定按中国的建筑形式来建造校舍，室外设计了优美的飞檐和华丽的彩色图案，而主体结构则完全是钢筋混凝土的，并配以现代化的照明、取暖和管道设施。这样，校舍本身就象征着我们办学的目的，也就是要保存中国最优秀的文化遗产……并以此作为中国文化和现代知识精华的象征。"[47]1922年，受美国教会与洛克菲勒财团委托和资助的中国教育调查团更为明确地指示："教会学校必须尽快地去掉它们的洋气。在1900年代之前的时代，这对它们是有利的，因它代表了一定的质量，是中国学堂所找不出的……教会学校必须尽快地、彻底地中国化和基督化……在性质上彻底地基督化，在气氛上彻底地中国化。"[48]

1928年天主教会创办的辅仁大学酝酿新建校舍时，罗马教廷驻华使节刚恒毅提出，建筑应采用"中国古典艺术式，象征着对中国文化的尊重和信仰"，"我们要在新文化运动中保留着中国古老的文化艺术，但此建筑的形式不是一座无生气的复制品，而是象征着中国文化复兴与时代之需要。"[49]

三、西方建筑师的多元化探索

教会主导下西方建筑师的"中国式"建筑，是在现代结构和功能基础上体现中国传统建筑文化的最初探索。西方建筑师进行了"宫殿式"

大屋顶与西洋古典构图相结合，以及总体布局运用传统院落与园林等多元化的尝试。由于这一时期中国古代建筑历史研究尚未起步，这些作品对传统建筑的模仿不合法式，显得幼稚和不成熟，但这毕竟是可贵的第一步。

北京协和医学院位于北京东单，前身为英美两国教会团体和伦敦医学会在1906年联合创立的北京协和医学堂。一期工程由美国沙特克—何士建筑师事务所（Shattuck & Hussey Architects）设计，1917年开工，1921年建成（图2-36、图2-37）。建筑主体2~3层，局部4层。建筑群以门诊楼为中心，沿两条相互垂直的轴线对称布置。建筑群体组合融合了中国传统院落布局，在西大门和南大门各形成一组三合院。三面建筑运用了北方官式建筑语汇和“宫殿式”大屋顶，底层作为台基，围以汉白玉望柱栏杆，入口居中作歇山顶抱厦门廊，大红柱身，梁枋彩绘，墙面灰色清水砖墙磨砖对缝，上覆绿色琉璃瓦庑殿顶。南京金陵大学1910年由美国基督教会美以美会传教士博罗创办，主要建筑有北大楼、东大楼、西大楼、东北大楼、礼拜堂和图书馆等，这些建筑均为青砖墙面，歇山屋顶，灰色筒瓦屋面，建筑造型严谨对称，体现了中国北方官式建筑风格特征。其中，北大楼建于1919年，是金陵大学主楼和标志性建筑，位于校园中轴线最北端，由美国建筑师司马（A. G. Small）设计。其突出特征在于南立面中部耸立着5层塔楼，作为西式钟楼的变体——顶部冠以十字脊顶（图2-38）。

美国建筑师墨菲（Henry K. Murphy）规划设计的燕京大学是“中国式”教会大学的代表作，1926年基本建成。其中，燕京大学办公楼（图2-39）

图2-36　北京，协和医学院西入口三合院，1921年（建筑师：[美]沙特克—何士建筑师事务所）

图2-37　北京，协和医学院内庭院

图2-38　南京，金陵大学北大楼，1919年（建筑师：[美] 司马）

图2-39　北京，燕京大学办公楼，1926年（建筑师：[美] 墨菲）

以“宫殿式”大屋顶为蓝本，按照西方古典主义构图原理进行了演绎，形成了以歇山顶为主体庑殿顶为两翼的主从三段式构图，这种手法可以追溯到他早先设计的南京金陵女子大学校舍（1923年）。在燕京大学校园规划（图2-40）中，建筑师着意保留古代园林环境，总体布局以未名湖为中心，挖湖之土堆叠形成山岳土岗，地势高低起伏蜿蜒曲折；建筑群分散布置于湖泊周围，并通过轴线关系有机联系，形成园林包围建筑、建筑掩映于园林的校园环境。

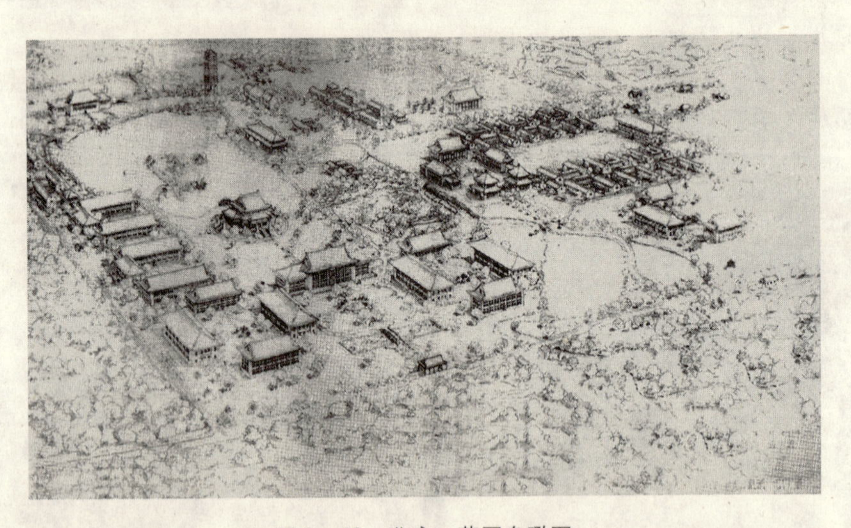

图2-40　北京，燕园鸟瞰图

与前述沙特克—何士、墨菲等建筑师作品的北方官式建筑风格相比，早期华西协和大学建筑和北京辅仁大学建筑，更具有地域性和浪漫主义性格。1905年筹建，1910年正式开办的成都华西协和大学，坡屋顶组合自由活泼，屋角起翘具有显著南方特征（图2-41）。天主教会建筑师格里森也对中国不同地域的建筑特征表示关注，他在中国南方的早期作品，惯用南方庙宇祠堂的手法来表现中国传统。他认为“宫殿建筑只是反映了中国建筑演变过程的某些后期特征”。[50]他设计的辅仁大学具有浪漫和神秘主义特征。1928 年接受辅仁大学设计委托之后，他查寻了北方宫殿建筑的大量资料，并对北京地区建筑进行实地考察。他提出：“（辅仁大学）以经济的观点和基地环境及交通条件来说，都需要在中国古典建筑传统中寻找出另外一种结构方式，可以从中国皇宫的城墙、城门和城楼造型中得到某种启发，这些造型显示出中国皇宫的那种与众不同的某些特征。”[51]辅仁大学主楼以紫禁城为原型，运用封闭的院落布局，四角耸立角楼，墙身厚重，窗洞深凹，檐口则设计为城墙箭垛形。这些手法既带有中国皇宫幽闭神秘的气质，又体现了西方修道院建筑的遁世脱俗精神（图 2 -42）。

西方建筑师的“中国式”建筑尝试往往为后起的中国建筑师所诟病，主要原因是他们的作品不合中国传统建筑法式，另一个深层次的原因则是他们的越俎代庖损伤了中国建筑师的民族自尊心。客观地讲，教会主导的“中国式”建筑开启了 20 世纪立基中国传统的建筑文化方向，西方建筑师的设计手法影响了中国建筑师的“中国固有形式”探索。吕彦直在开业前曾作为墨菲的助手参与了金陵女子大学和燕京大学的规划与设计，他的广州中山纪念堂设计明显可以看到墨菲的影响，其集中式平面与体量都可以从墨菲的清华学校礼堂（1921 年）的希腊十字平面和集中式构图中找到渊源。董大酉设计的上海市政府大楼（1933 年）采用了以歇山顶为主体庑殿顶为两翼的主从三段式构图，这种屋顶组合手法也可以追溯到墨菲设计的燕京大学贝公楼和南京金陵女子大学校舍（1923 年）。

墨菲也是最早根据中国官式建筑对中国建筑特征进行概括的外国建筑师之一，他总结了中国建筑的五个基本特征：反曲屋顶（curving roof），布局的有序（orderliness of arrangement），构造的真率（frankness of construction），华丽的彩饰（lavish use of goreous），建筑各构件间的完美比例（the perfect，proportioning，one to another，of its architectural elements）。其中，从第三条“构造的真率”可以看出现代建筑结构理性主义思想的影子。西方建筑师对中国传统建筑特征的归纳也为中国建筑师所继承。范文照就曾把中国古代建筑风格的突出特征概括为“规划的正规性，构造的真挚性，

图 2-41　成都，华西协和大学校舍

图 2-42　北京，辅仁大学主入口，1930 年（建筑师：[比] 格里森）

屋顶曲线及曲面的微妙性，比例的协调感，艺术装饰性。"[52]比较范文照与墨菲对中国传统建筑特征的概括，二者只是条目顺序不同而已，内容基本相同。

虽然西方基督教的传教活动一直为中国先进知识分子所不满，但是西方建筑师的“中国式”尝试却引起了中国上层人士的关注和欢迎。据何士回忆，在他设计监理北京协和医学院建筑群期间，朱启钤“对协和医院非常感兴趣，我告诉他我的设计，建这些建筑，他没说一个字，研究了近一个小时，然后把他的胳膊放在我的肩上，告诉我，他对我的设计是多么高兴，告诉我他是多么担心这个建筑将会建成外国风格，（因为）许多外国人在北京建了不少丑陋的建筑……"[53]

本章小结

如果从建筑体系的整体变迁来考察，可以发现，中国传统建筑体系在1840年之后相当长时间内并没有发生根本性转变。在第一次鸦片战争到1900年间，西方建筑文化的渗透和输入多集中在西方列强和日本在中国的租界和租借地；洋务运动主导下的中国早期工业化虽然产生了第一批工业建筑，但是西方建筑技术总是作为形而下之“器”引进并仅仅局限于工业建筑，对于传统建筑体系的整体而言，无论是功能类型还是技术体系都没有受到有力的冲击，与传统文化相关联的建筑思想观念和与封建专制制度相联系的建筑管理体制也丝毫没有受到触动。同时，在百年中国近代建筑历史中，西方建筑文化的渗透传播速度也不均衡，1840年到1900年之间发展缓慢，1900年以后发展速度明显加快，绝大多数新式建筑都集中在1900年至1937年的30余年期间建造。由此可以得出结论，1900年代之前西方式的建筑活动是局部的、孤立的，对中国传统建筑体系基本上没有触动，这一时期中国传统建筑体系的纵向延续和西方建筑体系的横向移植两个过程基本上处于并存和共生状态。中国传统建筑体系的断裂点和中国建筑历史的真正的转折点不在1840年鸦片战争，而在19世纪与20世纪之交的1900年代。进入20世纪后，与中国传统建筑体系的相对封闭性、孤立性显著不同，中国建筑进入了与世界建筑潮流息息相通的新的历史阶段。与绵延数千年、演变缓慢迟滞的中国传统建筑体系相比，从新的建筑类型的出现到现代建筑材料、建筑结构和建筑设备的应用，都呈现出加速度发展的态势。

1910年代，在西方教会主导下，以西方建筑师为主体，开启了立基传统建筑文化的创作方向，他们的尝试对后起的中国建筑师的探索具有重要的启示意义。如果说，1900年代清末“新政”所引发的建筑“洋风”可以称为中国建筑的第一次国际化浪潮，那么，20世纪初期教会主导的中国传统建筑文化复兴初潮，则可以看作对国际化冲击的本土化反应。它与同一时期中国官方和社会建筑文化的全盘西化和“洋风”盛行构成了强烈的对比。这种对比出现在同一城市、同一建筑类型甚至同一位建筑师的作品中，如美国建筑师墨菲设计的燕京大学“燕园”建筑与国立清华学校的“四大建筑”，分别采用了“中国式”和西洋古典主义，20世纪中国建筑文化的两大潮流——西方建筑文化的输入与中国传统文化的复兴，竟然在同一位美国建筑师的作品中反映出来。作为20世纪初全盘西化建筑潮流的本土反应，西方建筑师的“中国式”建筑开启了民族形式探索的先声。

注释

1 段治文．中国近代科技文化史论．杭州：浙江大学出版社，1996：76.

2 林语堂．中国人．上海：学林出版社，1994：339.

3 张复合．北京近代建筑史．北京：清华大学出版社，2004：111.

4 张复合．中国第一代大会堂建筑．建筑学报，1999（5）.

5 故宫博物院明清档案部．清末筹备立宪档案史料．北京：中华书局，1979：703.

6 尾崎秀树．动荡的近代中国．北京：百象图书出版社，1991：220.

7 转引自：张复合．北京近代建筑营造业//汪坦等．第四次中国近代建筑史研究讨论会论文集．中国建筑工业出版社，1993：168.

8 梁思成．中国建筑史．天津：百花文艺出版社，1998：353.

9 近代日本思想研究史会．日本近代思想史（第二卷）．商务印书馆，1986：7.

10 汤景贤．本会二届征求会员感言．建筑月刊，1934，2（4）.

11 李海清．哲匠之路．华中建筑，1999，17（2）.

12 徐苏斌．中国近代建筑教育的起始和苏州工专建筑科．南方建筑，1994（3）.

13 张复合．中国第一代大会堂建筑．建筑学报，1999（5）.

14 赖德霖．中国近代建筑史研究，博士学位论文．清华大学，1992.

15 刘君德．中国行政区划的理论与实践．上海：华东师范大学出版社，1996：409.

16 史明正．走向近代化的北京城．北京：北京大学出版社，1995：32.

17 汪茂林．中国走向近代化的里程碑．重庆出版社，1993：559~560.

18 余子明．清末地方自治与城市近代化．人文杂志，1998（3）.

19 史明正．走向近代化的北京城．北京：北京大学出版社，1995：89~90.

20 陈朝军．福建船政局考略//汪坦等．第四次中国近代建筑史研究讨论会论文集．北京：中国建筑工业出版社，1993：120~128.

21 陈旭麓．近代中国社会的新陈代谢．上海：上海人民出版社，1998：107.

22 马克斯·韦伯．新教伦理与资本主义精神．北京：三联书店，1987：13~14.

23 杨永生．20世纪中国建筑．天津：天津科学技术出版社，1999：35.

24 杨秉德．中国近代城市与建筑．北京：中国建筑工业出版社，1993：141.

25 张润武等．济南老建筑·近代卷．济南出版社，2001：149.

26 汪茂林．中国走向近代化的里程碑．重庆出版社，1993：459~460.

27 肯尼思·弗兰姆普顿．现代建筑——部批判的历史．原山等译．北京：中国建筑工业出版社，1988：9.
28 张复合．北京近代建筑史．北京：清华大学出版社，2004：36 ~38.
29 伍江．上海百年建筑史．上海：同济大学出版社，1997：20.
30 张复合等．贵阳北天主堂建筑考察及其历史研究．建筑学报，2004（12）.
31 顾长声．传教士与近代中国．上海：上海人民出版社，1995：54.
32 李宽淑．中国基督教史略，北京：社会科学文献出版社，1998：331.
33 李宽淑．中国基督教史略，北京：社会科学文献出版社，1998：247.
34 张西平．本色之探——20世纪中国基督教文化学术论集．中国广播电视出版社，1999：10.
35 程栋等．旧中国大博览（上卷）．北京：科学普及出版社，1995：546.
36 张西平．本色之探——20世纪中国基督教文化学术论集．中国广播电视出版社，1999：11.
37 李宽淑．中国基督教史略．社会科学文献出版社，1998：311.
38 张西平．本色之探——20世纪中国基督教文化学术论集．中国广播电视出版社，1999：279.
39 张西平．本色之探——20世纪中国基督教文化学术论集．中国广播电视出版社，1999：12.
40 张西平．本色之探——20世纪中国基督教文化学术论集．北京：中国广播电视出版社，1999：15.
41 张西平．本色之探——20世纪中国基督教文化学术论集．北京：中国广播电视出版社，1999：28.
42 李宽淑．中国基督教史略．北京：社会科学文献出版社，1998：327.
43 周风．本色教会的讨论．张西平．本色之探——20世纪中国基督教文化学术论集．北京：中国广播电视出版社，1999：301 ~302.
44 张亦镜．今日教会思潮之趋势//张西平．本色之探——20世纪中国基督教文化学术论集．北京：中国广播电视出版社，1999：365.
45 格里森．中国的建筑艺术．华中建筑，1997（4）.
46 蔡凌．长沙近代学校建筑//张复合．中国近代建筑研究与保护（一）．北京：清华大学出版社，1999：221 ~229.
47 傅朝卿．中国古典式样新建筑——二十世纪中国新建筑官制化的历史研究．台北：南天书局，1992：97.
48 顾长声．传教士与近代中国．上海：上海人民出版社，1995：346.
49 董黎．教会大学——中国传统古典建筑复兴的起点．“教会大学与中国现代化”国际学术研讨会论文．成都，1994.
50 格里森．中国的建筑艺术．华中建筑，1997（4）.
51 董黎．形态构成与意义转换——格里森的建筑作品评析．华中建筑，1996（3）.
52 范文照．中国建筑之魅力．王明贤．中国建筑美学文存．天津科学出版社，1997：225.
53 徐苏斌．比较·交往·启示．天津大学博士论文，1992.

第三章

1926～1937：中国式折中主义的演变与中国现代建筑思想体系的初步形成

从1920年代中后期开始，以1926年4月破土兴建上海沙逊大厦为标志，更具现代特征，采用新结构、新形式的现代建筑来到中国并大量出现，在1937年“七七事变”前夕形成了20世纪中国的第一次现代建筑实践高潮。如果说，20世纪初的20余年是现代建筑技术体系初步奠定的时期，那么从1920年代中后期到1930年代后期，则是中国现代建筑实践的高潮时期，也是现代建筑思想体系初步形成的时期。

前面已经提及，由于新中国成立后政治话语的作用和改革开放初期特殊历史语境的影响，既有的近代建筑史研究存在对20世纪上半叶中国现代建筑评价过低的缺憾。尤其是对于中国建筑师究竟在何种程度上接受了现代建筑思想这个重要问题，近代建筑史学者普遍抱着悲观的态度。他们往往认为，中国第一代建筑师的现代建筑实践只是一种形式上的模仿或折中主义的结果，没有在更高的思想层面上完成对现代建筑的体认。有鉴于此，本章拟从折中主义的产生及其演变和现代建筑思想体系初步形成两个方面对这一时期中国现代建筑的发展状况进行探讨。

首先，折中主义是20世纪20～30年代有着深刻社会文化背景的建筑现象。作为“中西互补”、“中西调和”等社会文化观念的体现，以“西洋物质文明，发扬我国固有文艺之精神”的折中主义建筑观念为基础的“中国固有形式”建筑，经历了从“宫殿式”、“混合式”到现代建筑体量略加传统装饰的“现代化的中国式”的演变轨迹，折中主义作为从前现代建筑体系向现代建筑体系转型的过渡产物，其内涵在不断的新陈代谢和自我否定中向现代性倾斜演变。

1920年代中后期到1930年代后期既是中国现代建筑的“第一实践期”，也是中国现代建筑思想初步形成的关键时期。中国建筑师不仅在建筑实践中向现代建筑急剧转变，同时，现代建筑思想框架和观念体系也初步形成，现代建筑思想中的创新精神、科学理性精神、功能理性精神等现代性内涵，已经基本为中国建筑师所把握。

第一节　中国式折中主义的产生及其演变

提起折中主义，人们往往习惯上把它与中国儒家的中庸之道联系在一起，其实，两个概念没有任何直接关系。“折中”一词的英文“eclectic”，源出于希腊古文 eklegin，ek 意思为“出来”，legin 意思是“选取”，因此，“折中”一词的英文原意为“多源选取”。折中主义（eclecticism），意思是“从不同的思想体系中挑选若干学理而不采用各种学说的整个体系”。[1] 而中庸的意思是“调和二者，取其正中，不偏不倚”，也就是说，折中的意思侧重于“多源选取”，而中庸偏重于调和折中。

西方建筑历史上的折中主义，作为一种建筑文化现象，是西方工业革命后现代建筑技术体系已经建立、而建筑思想体系变革滞后的结果；同时也是早期资本主义全球化的产物，由于原来孤立封闭的各个民族、地方的风格相继被“发现”，使得建筑师有了更多风格选择的可能。折中主义打破固有的法式，任意模仿历史上的建筑风格，或自由组合各种历史片段并加以不同程度的改造综合。过去对折中主义思潮的评价基本上是作为现代建筑的对立面加以贬斥，这不是一种历史主义的态度。折中主义的发源和兴盛正值现代建筑的酝酿和探索时期，它的出现是旧建筑体系开始瓦解、失控、陷入混沌状态的表现，也是从传统建筑体系向现代建筑体系演变的过渡时期的过渡产物。综观整个西方现代建筑史，如果说现代建筑运动是一场狂飙突进的革命，那么，折中主义则代表了一种渐进式、温和的演化历程。它的主要特征如下：

第一，作为一种文化观念，可称为文化多元主义，其表现为建筑师在不同类型的建筑中使用不同的建筑风格。

第二，作为一种设计手法，可称为集仿主义，其表现为建筑师从不同的历史风格中选取局部或片段进行重构。

第三，作为现代性与传统遗产之间矛盾冲突的体现，折中主义用新技术来表现旧形式或者用传统形式来包裹现代功能和结构，可以说是从传统建筑体系到现代建筑体系的一种过渡状态。

折中主义是中国建筑师立足传统的建筑创作的重要出发点，他们试图“以西洋物质文明发扬吾国固有文艺之精神”，正如范文照在《中国建筑之魅力》一文中所宣称：“最近以来，又出现了一个新的、人数不多的组群，他们试图综合新旧及东西中最优秀的部分。这些新的艺术家主要是一些现代中国的建筑师，他们在与对西方建筑拙劣模仿的微弱斗争中开始受人注意。他们认为，可以同样取得光、热、通风与卫生而又不必使房屋显得难看，他们试图既把现代的舒适及方便引入房屋而又保留中国古而有之的美观。”[2]

1920 年代后期到 1930 年代中期的“中国固有形式”建筑高潮中出现的“宫殿式”建筑是典型的折中主义建筑，其普遍特征是在新技术、新功能的基础上以大屋顶为原型来表现中国民族形式。继“宫殿式”之后出现的以平屋顶为主、局部大屋顶的“混合式”建筑，也属于折中主义建筑。“中国固有形式”建筑后期出现的放弃大屋顶的“现代化的中国建筑”，基本上是在现代建筑体量上加上中国传统装饰，而这种装饰因素已经成为次要构图要素，可以视为有中国特征的现代建筑。从“宫殿式”、“混合式”到“现代化的中国建筑”，我们可以看到折中主义所走过的一条渐进的向现代建筑演化的轨迹。

一、中国式折中主义的思想根源

以往的对“中国固有形式”的研究，往往把其思想基础简单地归结为官方意识形态或复古主义、民族主义，而实际上所谓“中国固有形式”所反映的社会心态颇为错综复杂。

1. 理智与情感、传统与现代性之间的徘徊

鸦片战争以来，中国知识分子一直面临着一个根本性的文化难题，即在学习西方文化与守护民族文化根性两者之间保持适当的平衡，处于一个直到今天也远不能说已接近终结的两难处境：即不大量吸纳西方文化质素，中国不可能自强；而大量吸纳西方文化质素，又害怕丧失自己的文化根性。这一文化难题和两难处境困扰着几代知识分子，胡适对梁启超思想的不彻底性的总结颇有概括性，他说：“梁先生的文章，明白晓畅之中，带着浓挚的热情，使读的人不能不跟着他走，不能不跟着他想。有时候，我们跟他走到一点上，还想往前走，他却打住了，或换方向走了。在这种时候，我们不免感觉一点失望。”[3] 梁启超也自称：“保守性与进取性常交战于胸中，随感情而发，所以往往自相矛盾。尝自言曰不惜以今日之我，难昔日之我。”[4] 美国汉学家杜维明用“理智与情感”这一对概念来揭示中国知识分子这种价值选择窘境产生的原因。他认为：“他们在情感上执着于自家的历史，在理智上却献身于外来的价值。换言之，他们在情感上认同儒家的人文主义，（这）是对过去一种徒劳的、乡愁的祈向而已；他们在理智上认同西方的科学价值，只是了解到其为当今的必然之势。他们对过去的认同，缺乏智性的理据，而他们对当今的认同，则缺乏情感的刚度。”[5]

台湾哲学家金耀基把从传统到现代的转型期社会的人称为“过渡人”。他认为：“过渡人（是）站在‘传统—现代的连续体’（traditional – modern continuum）上的人”，即“一方面，他既不生活在传统世界里，也不生活在现代世界里；另一方面，他既生活在传统的世界里，也生活在现代的世界里。”“过渡人”是“痛苦的人”，痛苦源自于“价值困窘与情感上的冲突”。“中国过渡人所面临的‘价值的困窘’不止是‘新’与‘旧’的冲突，而且是‘中’与‘西’的冲突，“陷于一种‘交集的压力’下，而扮演‘冲突的角色’。”[6] 可以说中国的第一代建筑师和建筑学者在某种意义上都属于金耀基所说的过渡人，而过渡人往往充满了理智与情感之间的矛盾。正像梁思成和林徽因结婚时在加拿大举行了西式婚礼后又回国举行传统的仪式一样，梁思

成为数不多的建筑设计作品，也在“中国固有形式”和经典的现代主义之间摇摆。例如，他回国后的第一个建筑设计作品——1929 年设计的吉林大学校舍配楼已经摆脱了大屋顶，是略加传统装饰的现代建筑，与他 1932 年设计的北京仁立地毯公司的设计手法异曲同工[7]；他 1935 年设计的北京大学女生宿舍立面没有任何装饰，是标准的现代建筑作品，而 1936 年指导的南京中央博物院则是一个“宫殿式”大屋顶。同样，梁思成的理论也充满着矛盾，他曾在 1930 年指出：“现代为铁筋洋灰时代……建筑式样大致已无国家地方分别，但因建筑功能不同而异其形式。”[8]1935 年他又说：“所谓‘国际式’建筑……其精神观念，却是极诚实的……其最显著的特征，便是由科学结构形成其合理的外表。”[9] 这些都反映了梁思成对“国际式”建筑“形式追随功能”原则的理解与认同。但是，他并没有像一个纯粹的现代主义者那样告别传统，相反，他认为“艺术创造不能脱离以往的传统基础而独立”。“一个东方老国的城市，在建筑上，如果完全失掉自己的艺术特性，在文化表现及观瞻方面都是大可痛心的。因这事实明显的代表着我们文化衰落，至于消灭的现象。”[10]对于梁思成，折中主义似乎可以作为一种“双赢”的文化策略来缓解现代性与传统之间矛盾，正如他在“天津特别市物质建设方案”中所提出的，建筑要根据重要性来决定是否采用民族形式和民族特色的多寡，一般建筑“摒弃一切无谓的雕饰，而用心于各部分权衡及结构之适当……尽量采取新倾向之形式及布置。”而对于重要的公共建筑，则应当体现民族特色，他主张“其式样系采新派中国式，合并中国固有的美术与现代建筑之实用各点。”而最重要的建筑物——市行政中心在梁思成的规划中则被冠以大屋顶。[11]梁思成的“天津特别市物质建设方案”虽然没有实现，但是，他提出的三种建筑类型则在其后他设计的北京大学地质馆、北京仁立地毯公司和南京中央博物院得到了体现。这种文化多元主义的折中主义实际反映了建筑师在理智与情感、现代性与传统之间的矛盾与徘徊。

2. 西方物质＋中国精神——理想主义和文化乌托邦

折中主义产生的心理动机是，相信将经过挑选的来自不同文化体系的要素结合起来可以产生一种更为理想的新文化，这是一种带有乌托邦色彩的理想主义。1842 年，英国折中主义建筑理论家唐纳森曾在论文中阐述了这种观点：“我们正在实验室的迷宫里徘徊，正尝试用一种各个国家每个时代的各种风格中的某些特征的混合体，去形成具有一些自己的、与众不同的特点的纯一整体”。[12]在鸦片战争以来西学东渐的过程中，通过调和互补中西方文化来创造新文化的理想主义便不断萦绕在中国知识分子脑海中，成为一种至今仍挥之不去的文化折中情结。洋务运动时期的“中体西用”、20 世纪初的“中西互补”、“中西调和”就是这种理想主义的不同表述。这种理想主义的重要出发点是，把文化分为独立的物质文化和精神文化两个部分，认为将西方先进的物质文明和中国的精神文明相结合，即西方物质＋中国精神，可以创造一种新文明，同时又能保持传统文化的延续性。这种思维模式和思维逻辑反映在建筑思想领域，就是把建筑是科学与艺术的结合理解为建筑就是科学加艺术，而科学对应的是西方先进的建筑科学技术，艺术对应的则是作为民族文化象征的传统建筑风格。这种社会普遍的建筑艺术观念正如1932年《时事新报》的“建筑师新论”一文中所说：“建筑的表现，是用艺术与科学来综合的，所以我们既谈到科学的原理，我们更需要有艺术的思想……在艺术的田域里，有所谓东西方之分，有所谓未来现实古典之分……但我们际此东西洋文化接触之时，我们最注意点即在于民族性的表现……我们在物质上仿模西洋外，我们对于东方艺术的精灵仍须有保存与发扬的必要。”[13]范文照也主张“在我们适应于现代要求时，这些（中国建筑艺术的本质特征）应当不作更改地予以保留。从基本观念上说，一幢中国的建筑应当在其主要因素的各方面都是中国的。换句话说，外国的特征只是在需要满足现代的舒适及方便的要求时才被采用。”[14]于是，“融合东西方建筑学之特长，以发扬吾国建筑固有之色彩”成为刚刚登上历史舞台的中国建筑师和当时中国社会的一个带有乌托邦色彩的折中主义理想。

二、中国式折中主义的社会背景

1. 文化民族主义的延续

文化民族主义者主张通过发扬民族传统文化来强化民族意识、激发民族热情，他们把传统文化的兴衰与民族的兴衰直接联系起来，认为文化生存是民族生存的前提和条件，这种思潮被称为文化民族主义。中国文化民族主义的源头是20世纪初的国粹主义思潮，国粹主义的宗旨是章太炎提出的“用国粹激动种性，增进爱国的热肠”。国粹主义者认为当前中华民族的危机本质上是中国文化的危机，挽救民族危亡的根本不是政治、经济和军事，而是本民族的历史和文化。他们宣称：“一国有一国之语言文字，其语文亡者则其国亡，其语言文字丰者则其国存。语言文字者，国界种界之鸿沟，而保国保种之金城汤池也。”他们列举近代史上欧洲列强侵略瓜分弱小国家的沉痛史实，十分感叹地说：“昔者英之墟印度也，俄之裂波兰也，皆先变乱其言语文学，而后其种族乃凌迟衰微焉……学亡则国亡，国亡则族亡。”[15]按照这种逻辑，民族文化既然与国家存亡的关系如此休戚相关，那么，要保国保种，就必须保持民族文化的独立性，宏扬那些最能显示民族特性的文化精神。国粹主义本质上反映了20世纪初面对民族危机与传统文化危机的双重压力，传统知识分子既顽强不屈又焦虑敏感的脆弱心态。1919年新文化运动爆发后，在全面反传统的文化氛围下，国粹主义思潮暂时销声匿迹，但是其文化民族主义的文化救亡心态并没有消失。相反，民族危机的加深使得这种心态在一部分知识分子中得到强化。1930 年代，画家、美术史家郑午昌撰文提出了反对文化侵略的主张，他激烈地宣称："外国艺术自有供吾人研究之价值，但'艺术无国界'一语，实为彼帝国主义者所以行施文化侵略之口号，凡有陷于文化侵略的重围中的中国人，决不可信以为真言，是犹政治上的世界主义，决非弱小民族所能轻信多谈也。盖实行文化者，尝利用'艺术是人类的艺术'的原则，冲破国界，使自弃其固有之艺术；被侵略者若之不疑，既与同化。"[16]鲁迅曾对当时部分知识分子的这种脆弱的心态进行过生动地描述，他写道："一到衰弊凌夷之际，神经可就衰弱过敏了，每遇外国东西，便觉得仿佛彼来俘我一样，推拒，惶恐，退缩，逃避，抖成一团，又必想一篇道理来掩饰，而国粹遂成孱王和孱奴的宝贝。"[17]

1930 年代，随着建筑文化意识的觉醒，这种极端的民族文化本位意识也延伸到建筑领域，形成了这样一种普遍的文化心态：建筑是文化的表现，所以建筑就代表一个民族，也就能反映一个民族的兴衰，因此为了挽救民族危机，就应当提倡民族形式。正如建筑师张志刚所云："尝考各国建筑之作风，恒受气候、地理、历史、政治、宗教之影响，故由建筑作风之趋向，每每可知其国势之兴替、文化之昌落……是以建筑事业，极为重要，不特直接关系个人幸福，亦且间接关系民族盛衰。"[18]1932 年《时事新报》的文章"怎样踏上新建筑的路程"更进一步反映了这种文化救亡心态："建筑师们，你们抬起头来看看 5000 年历史的古国，再低下头来看看这科学澎湃的世界……际此东方艺术正在复兴而西方科学正在进来的时候，你们该怎样负起这沉重的担子，而去踏上这新建筑的路程。"文章又说："科学的洗礼，是完成你的一部分的使命了，你应该另外顾到另外一部分的使命，就是，你应该不忘记你的祖上富丽堂皇的历史，当你踏进建筑之宫之先，你们应该先下了发扬东方艺术的决心，一民族的危亡与生存并不怕于外面压力之压迫，而却最怕于民族心之已死。庄子说得好'哀莫大于心死'，我们如果把民族文化都消沉了，不待帝国主义的侵略而我的颈上早已有刀枪按备了。当此国难日亟，民族日渐消沉之秋，建筑师们应该赶快起来，负起大中国文艺复兴的责任。"[19]可以看出，文化民族主义是 1920 ~1930 年代折中主义建筑思潮产生的温床，西方科学 + 东方艺术的折中主义，不仅成为传统文化复兴的良方，更成为挽救民族危机的精神武器。

2. 五四运动之后传统文化的复归

1914 年爆发、1918 年结束的血腥的第一次世界大战，撩去了西方工业文明的梦幻面纱，把资本主义的弊病暴露无遗，欧洲社会弥漫着对西方文明前景的动摇与幻灭感。斯宾格勒（Oswald Spengler）的《西方的没落》一书风行欧洲，西方思想界兴起了一股质疑和批判现代文明的思潮。西方资本主义的衰败，现代工业文明带来的异化和西方思想界（包括马克思主义）对资本主义的批判，给中国知识分子反思传统带来更大的困惑，同时也给在新文化运动中被挤压得奄奄一息的传统文化带来了一线生机，文化折中主义以东西方文化调和论的面目再度回潮。五四运动之后文化思潮的转向与20世纪初尤其是一战后西方人文主义对现代性的批判思潮息息相关。现代西方人本主义者彻底否定科学和理性，他们指责科学和理性抹煞人的情感和个性，是对“生命的某种限制和降级”，是将世界变成为一个机械的、无意义的世界，他们主张用非理性的艺术精神取代科学和理性。西方思想界的转变引起了敏感的中国知识分子的关注。1919年，梁启超与张君劢赴欧洲考察，曾经热情讴歌过西方文明的梁启超，归国后在《欧游心影录》中惊呼西方“物质文明破产了”。他宣称：“欧洲人做了一场科学万能的大梦，到如今却叫起科学破产来。这便是最近思潮变迁一个大关键了。”“我希望我们可爱的青年，第一步，要人人存一个尊重爱护本国文化的诚意。第二步，要用那西洋人研究学问的方法去研究它，得它的真相。第三步，把自己的文化综合起来，还拿别人的补助它，叫它起一种化合作用，成一个新的文化系统。第四步，把这个系统往外扩充，叫人类全体都得着它的好处……我们可爱的青年啊！立正，开步走！大海对岸那边有好几万万人，愁着物质文明破产，哀哀欲绝地喊救命，等着你来超拔他哩！”[20]梁启超思想的这种转向，与他早期热情讴歌西方文明一样，本质上也是他盲目追随西方的“西方中心主义”的反映。针对这一现象有人打了一个恰当的比方说：“这好比梁启超与西方思想在一圆形跑道上竞赛，或许他在追踪时代过程中，正与西方思潮摩肩接踵，但他并不知道西方思想已在先前多跑了一圈。”[21]欧游归国后，梁启超最新的观点是：“拿西洋的文明来扩充我的文明，又拿我的文明去补助西洋的文明，叫它化合来成一种新文明。”[22]这种折中主义虽然强调“中西互补”，但是本质上却是宣扬中国传统文化的优越性，即西方文化只是物质文化，中国文化却是精神文化，中国文化虽然忽视了对物质的追求，但在精神上的成就却是在西方之上的。在这种文化热情的激发下，1923年1月，梁启超发起创办中国文化学院。他在“为创办文化学院事求助于国中同志”一文中，几乎把传统文化的所有方面都加以赞美。在谈到文学美术和接受外来文化问题时，他写道：“启超确信我国文学美术在人类文化中有绝大价值，与泰西作品接触后当发生异彩，今日则蜕变猛进之机运渐将成熟。启超确信中国历史在人类文化中有绝大意义，其资料之丰，世界罕匹，实亘古未辟之无尽宝藏，今日已到不容扃鐍之时代，而开采之须用极大劳费。启超确信欲创造新中国，非赋予国民以新元气不可，而新元气绝非枝节吸收外国物质文明所能养成，必须有内发的心力以为之主。”[23]正是在梁启超的指导和支持下，梁思成选择了中国古代建筑研究作为自己的终身事业，而梁思成的事业无疑也是梁启超中国传统文化复兴之梦的延续。

五四运动之后的传统文化回潮中，作为传统文化一部分的中国传统艺术也受到了人们的礼赞和夸耀。作为对中国知识分子长期文化自卑感的补偿，当发现中国传统艺术中的某些观念与西方现代艺术有某种契合关系时，或当西方人士站在西方立场上对中国传统艺术予以赞美时，中国知识分子便引为知音，深以为豪。张君劢曾说："西人于吾国之画，最倾心于唐宋以来之所谓南派，以其笔简而气壮，景少而意多。尝以米元章、倪云林、石涛之作示西方画家，彼欣喜欲狂，不自知其手舞足蹈……凡此西人之好恶，原不足以定吾民族文化之高下，然吾国之美术，彼既视为神品，吾等为子孙者，奈何反不知爱重乎?"[24]

1920 ~1930 年代中国传统文化的回潮，是一战后国际思潮变迁和国内文化民族主义共同作用的产物。在这种文化氛围和历史语境下，中国传统建筑的审美价值被人们重新发现。梁思成的密友张熙若曾夸张地宣称："我现在不妨大胆地举几个不必西化或不应西化的例子。这些例子都属于艺术，或美术范围。在艺术的领域里，中国的造诣向来是极高的。许多方面不但与西洋的比较起来毫无逊色，而且，就是在今日，教有知识有训练的西洋人见了，除了五体投地地佩服崇拜外，再无别事可作。在那些地方，在这些有特别艺术价值而为中国人的创造能力所表现的地方，我们只有保存和继续的发展，绝对不应该西化……最明显不含糊的一个例子便是中国的坛庙宫殿式的建筑……北平的天坛与太和殿就是两个有目共赏不容争辩的例子。我有一个朋友曾对我说过下面几句话。他说：'中国今日事事不如人，使我们和外国人谈起来总觉得有些惭愧。但是有一次我有一个外国朋友到北平，我陪他去游览三殿。我们一进太和门，老远望见那富丽堂皇的太和殿，我不知不觉地长出了一口气，陡然觉得我和他一样，不，我觉得我比他还强，我觉得我们中国人比他们外国人还强！'我个人在地球上也跑了不少的地方，宫殿类的建筑也看见了许多，也觉得没有一个地方能够比上北平宫殿百分之一、千分之一的美术价值。伦敦的俗气，柏林的笨重，巴黎和凡尔赛的堆砌，罗马的平板，哪一处可与北平媲美?"[25]

按照国民政府制订的南京"首都计划"的要求参与了第一批"宫殿式"建筑设计的范文照，也醉心于传统建筑之美。他宣称："人们接近一幢中国建筑时，总会有一种安宁的舒适及和谐感。因为我们不仅享受到建筑物与自然环境的统一感从而使我们自己成为景观图画的一员，而且还感觉到建筑及其装饰都被赋予了自然之生命力，从而产生了这种完美的和平感。"[26]

这种对传统建筑带有民族主义情绪的赞美，落实到具体的设计实践，只能是折中主义。正如 1934 年《中国建筑》杂志的编辑撰文所说："中国皇宫或建筑，在历史上占有极高位置，此时摒弃不顾，不特无以对我历史上发明家，且舍已之长，取人之短，智者所不为也。故改造中国皇宫式建筑使之经济合用，而不失东方建筑色彩，为中国建筑师之当前急务，欲成一著名大师亦非由此入手不可，若能依据旧式，采取新法，使中国式建筑，因时制宜，永不落伍，则建筑师之名将与此建筑永垂不朽矣。"[27]

3. 南京国民政府的文化保守主义

民国初年袁世凯执政期间，中国国民党作为一个在野的革命政党，曾经激烈地反对康有为等提出的立“孔教”为国教的主张。在其后的新文化运动中，许多国民党人扮演了激烈的反传统的角色，如吴稚辉、蔡元培、李石曾等。1927年国民党执政后，为了树立统治权威和政治斗争的需要，国民党一反过去反传统的角色，以传统的保护者和文化保守主义者的面目出现，倡导发起了一系列以恢复所谓“固有道德”为核心的民族文化复兴运动。

1928年南京国民政府颁布政令，把“忠孝仁爱信义和平七端”及“格物、致知、诚意、正心、修身、齐家、治国、平天下八目”确定为全体国民“咸秉斯旨”的行为标准，并要求“奉公在职人员，尤宜以身作则”。1934年，蒋介石发起了以“礼义廉耻”为中心准则的新生活运动。同年，国民政府恢复祭孔典礼，教育当局还把“四书五经”内容列入教科书，提倡尊孔读经。

国民政府的民族文化本位主义是对新文化运动的反动，国民党理论家把新文化运动对传统文化的彻底批判和对外来文化的引进，看成是造成中国社会“纲纪废弛”、“道德沦丧”的根源。国民党要人陈立夫宣称：新文化运动“摧毁了中国固有文化，而没有把新文化真正建立起来。惟其如此，故新道德没有建立而固有道德却被破坏无遗。整个社会，陷入了堕落颓废而毫无秩序的状态；整个的民族，日趋衰落灭亡的悲境。"[28]朱家骅则宣称：“五四”以后，由于中国人“事事模仿外国，一味盲从，流弊所及，至于将中国固有的历史精神，丢得干干净净。外来的政策制度，不问其是否合于国情，多拿它作救治中国的良方，一切世界主义、无政府主义、共产主义、自由主义等等，弄到结果，把中国的文物制度，整个崩溃，发生一混乱的局面。"[29]

与20世纪初民间知识分子的国粹主义相比，国民政府的文化民族主义有着深刻的政治动机。面对日益增强的左翼文化势力和以胡适为代表主张“全盘西化”的自由派知识分子的挑战，强调所谓国情和文化的特殊性已经成为官方抵挡外来意识形态冲击的借口和挡箭牌。作为国民党加强对意识形态和思想文化控制的重要步骤，1934年成立由蒋介石任名誉理事长、陈立夫任理事长的中国文化建设协会。该协会主张“以三民主义为中心，而实施统制，排斥共产主义及资本主义之谬误，辟阶级斗争与自由竞争之主张。”该协会强调文化建设“不能脱离时间与空间的制限”，文化是人们“实际的社会生活之表现”。中国文化建设协会貌似在“全盘西化”与“国粹主义”之间采取不偏不倚的态度，宣称“主张复兴国粹，保存国故”与“盲目的崇拜西洋文化”一样，“都犯了不顾事实的毛病”。但其本质上则是文化保守主义。协会指责五四运动以来的文化工作“大部分均系破坏工作，以至吾国固有之文化摧残无余”，“吾国民族，对于固有之文化莫不弃之如蔽履，在此种状态下，欲求民族之继续生存，其可得乎?”“是故欲复兴民族，必先恢复民族固有的特性，然后再研究科学。”[30]

1935年初，作为国民党官方代言人的何炳松、陶希圣等十位教授联名发表了著名的《中国本位文化建设宣言》，该宣言是对官方文化政策的系统的阐释。宣言一开头便惊呼："在文化的领域中，我们看不见现在的中国了"，"中国政治的形态，社会的组织，和思想的内容，已经失去了它的特征"，中国人"也渐渐地不能算是中国人"。十教授认为："要使中国能在文化的领域中抬头，要使中国的政治、社会和思想都具有中国的特征，就必须从事中国本位文化的建设。"对于如何建设中国本位文化，十教授宣言突出强调文化发展的特殊性，认为"此时此地的需要就是中国本位的基础"。因而中国本位文化建设的内容，既不是古代中国的思想文化，也不是欧美的文化。对于古代文化"存其所当存，去其所当去"；对于欧美文化"吸收其所当吸收"。中国本位文化建设是"迎头赶上去的创造"，其目的"是使在文化领域中因失去特征而没落的中国和中国人，不仅能与别国人并驾齐驱于文化的领域，并且对于世界的文化能有最珍贵的贡献。"[31]宣言强调中国文化的特殊性似乎并无偏颇，但是联系到当时官方把左翼的马克思主义和西方的自由民主思想均视为不符合中国国情的外来意识形态，则十教授宣言的政治倾向性就昭然若揭了。

作为国民政府文化保守主义的体现，官方在建筑领域也大力提倡"中国固有形式"，在1920年代末1930年代初，围绕着南京"首都计划"和上海"上海市市中心区域计划"，兴建了一批体现官方民族本位主义文化政策的"中国固有形式"建筑。其中，以现代结构再现清代官式大屋顶的"宫殿式"是"中国固有形式"巅峰时期的表现，而官方给"中国固有形式"制定的原则仍然是折中主义的。孙科在《首都计划序》中提出"本诸欧美科学之原则"，保存"吾国美术之优点"。[32]首任南京市长刘纪文，在1929年《首都建设》杂志发表讲话指出："时无古今，制无中外，惟善是师，惟时变是守，或因或革，或损或益，揉之合之，以求厘富于人心，而可垂范于永久……群彦力图建设，其宜参酌古今，称量中外……取近世文明之物质……而表见国情，使世知我为文明古国。"[33]

从民间的文化民族主义、知识分子的浪漫主义到官方的民族本位主义，西方科学+东方艺术的折中主义成为众望所归——既能适合当今时代需要又可以体现中国文化存在两全其美的文化策略。

三、"中国固有形式"建筑的演变

总体而言，与20世纪初西方建筑师的"中国式"建筑相比，中国第一代建筑师的“中国固有形式”实践对传统建筑法式的掌握更为准确，手法更为纯熟，中国建筑师的创新和探索把立基传统文化的建筑创作推向一个新的历史高度。同时，在官方政治本位和民族主义的压力下，许多作品拘泥于“宫殿式”大屋顶和古代法式，没有走出复古主义的阴影。

1.“根据中国精神特创新格”——创新与探索

1925年5月15日，孙中山葬事筹备委员会登报悬奖征求陵墓设计方案(图3-1)。在《陵墓悬奖征求图案条例》中规定，“祭堂图案须采用中国古式而含有特殊与纪念性质者，或根据中国建筑精神特创新格也可”，在40余个应征方案中，青年建筑师吕彦直充满创新精神的方案被评判委员会一致通过评为一等奖。南京中山陵主体建筑——祭堂（图3-2)，虽然整体构图尚未走出西洋古典式样，重点部位如檐口、门廊、须弥座仍有简化的传统构件和传统图案装饰。但是无论与同一时期沉重的西洋古典建筑还是与其后出现的“宫殿式”建筑相比，其在体形、构图以及装饰细部上已有大幅度简化，给人清新挺拔、简洁洗练的现代感。广州中山纪念堂（1928~1931年)，是在大空间建筑、集中式构图上探索民族形式的成功力作，平面为八角形，大厅内设4608个座位，采用钢桁架、钢梁和钢筋混凝土结构。建筑师吕彦直借鉴了西方古典集中式构图，中心为高耸的八角攒尖屋顶，四翼分别为入口和舞台，是一个“根据中国精神特创新格”的前无古人的创新之作。

图3-1　南京，中山陵设计竞赛二等奖范文照方案，1925年

这一时期的河南大学大礼堂（图3-3)，采用钢屋架，重檐歇山屋顶，歇山屋顶、四列双柱和三个垂花门构成了建筑的主入口，造型浑厚凝重，构图错落有致。如果说河南大学礼堂在传统大屋顶与西洋古典构图尤其是柱式构图的结合上进行了尝试，那么，美国建筑师凯尔斯（F. H. Kales）的武汉大学校园规划与建筑设计（图3-4)则结合山地地形，并对中国传统建筑形式进行了更为多元化的演绎。校园规划结合地形、巧于因借，学生宿舍和图书馆分别布置在山坡和山头上。宿舍采用天平地不平的设计手法，依山就势，构成了气势宏伟的立面效果。武汉大学图书馆（图3-5）位于宿舍屋顶平台标高上，图书馆主体为八角歇山顶集中式构图，蓝色琉璃瓦屋面。图书馆由于其位置和体量而成为整个建筑群的构图中心。武汉大学工学院（图3-6）主体建筑则别出心裁，采用重檐四坡玻璃屋顶，同时满足了中厅采光要求。

图3-2　南京，中山陵祭堂外景，1925~1929年（建筑师：吕彦直）

图 3 -3　开封，河南大学大礼堂，1931 年

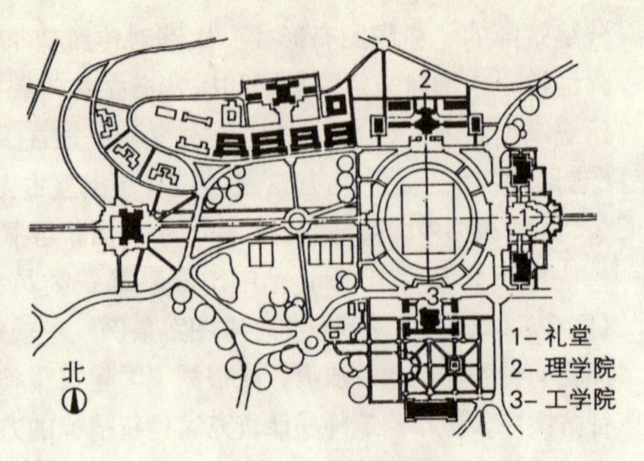

图 3 -4　武汉，武汉大学教学中心区总体规划

图 3 -5　武汉，武汉大学图书馆，1933 年（建筑师：凯尔斯）

图 3 -6　武汉，武汉大学工学院，1934 年（建筑师：凯尔斯）

2. 官方意识形态下的“宫殿式”建筑——复古倾向

1928 年，国民政府定鼎南京，大兴土木成为新政权的象征，兴建了一批采用中国传统宫殿式的国家级公共建筑。1929 年，国民政府委托美国建筑师墨菲主持制订了南京“首都计划”，“首都计划”规定建筑“要以采用中国固有之形式为最宜，而公署及公共建筑尤当尽量采用”。并提出了“采用中国固有之形式”的理由：“其一，所以发扬光大本国故有之文化也。其二，颜色之配用最为悦目也。其三，光线空气最为充足也。其四，具有伸缩之作用利于分期建造也。”[34] 其实，只有第一条“发扬光大本国故有之文化”是真正的理由，其他的理由都属于牵强附会。在官方的主导下，以突出清代皇家大屋顶来表现中国传统建筑文化的“宫殿式”建筑在重要的纪念性建筑、行政办公建筑与公共建筑中成为一种官式风格。

图3－7　南京，国民政府交通部，1928－1934年（建筑师：上海协隆洋行耶朗）

图3－8　南京，国民政府交通部内院

图3－9　南京，小红山蒋介石官邸，1931年（建筑师：赵志游）

图3－10　南京，国民政府铁道部，1929～1930年（建筑师：范文照）

图3－11　南京，中国国民党党史陈列馆，1936年（建筑师：杨廷宝）

"宫殿式"建筑的代表性作品包括，上海协隆洋行俄国建筑师耶朗设计的南京国民政府交通部（图3－7、图3－8）、南京小红山蒋介石官邸（图3－9）、国民政府铁道部（图3－10）、中国国民党中央党史史料陈列馆（图3－11）以及中国国民党中央监察委员会（1936年，建筑师：杨廷宝）等。

（1）个案分析：上海市政府大楼——官方意识形态下现代性的扭曲与失落

围绕"上海市中心区域规划"的实施，"中国固有形式"建筑在中国最国际化的大都市——上海的出现，究其原因，除了国民政府的民族主义文化政策之外，还有其特殊的城市政治背景。在北洋政府时期，上海实际处于一种被称为"三界四方"的畸形的割裂状态。三界即公共租界、法租界、华界，三个地区分属三个政权统治，各具独立的行政体系。公共租界是英、美共管，法租界由法国专管，华界则长期实行道府下的县治制，而20世纪初地方自治兴起后，又实行官民共同管理地方的混合制。同时，华界的南市、闸北、浦东、吴淞在地理上也分处四方，行政上互不统辖，分别受四个地方机关管理。可以说上海的分割状态是当时中国政治版图四分五裂格局的一个缩影。南京国民政府成立后，鉴于上海的重要地位，批准成立了上海特别市，这意味着整个华界各个地区分割状态的结束。新成立的市政府为了与租界抗

图 3–12　大上海市中心行政区域平面

衡，提出了在东北方向的江湾建立新市区的“大上海计划”，并以另辟一个新市中心区来带动大上海的发展（图 3–12）。为了带动和稳定新的市中心，上海市政府采取了带头迁移政府机关的举措，“因市中心区域建设之初，各项计划尚未见诸事实以前，深恐市民对于在该区内之投资事业，或许观望不前，市政府爰首先在划定之行政区内，开工兴造新市政府第一期房屋，以树风声而资表率。”市中心区域建设委员会对市政府新厦的设计专门立案讨论，并提出了应当遵循的三大原则，其中关于建筑形式要求如下，“立体式样应采用中国式”。其理由是：“①市政府为全市行政最高机关，中外观瞻所系。其建筑格式，应代表中国文化，苟采用他国建筑，何以崇国家之体制。②建筑式样为一国文化精神之所寄，故各国建筑，皆有表示其国民性之特点，近来中国建筑，侵有欧美之趋势，应力加矫正，以尽提倡本国文化之责任。③世界伟大之公共建筑，奚啻万千，建筑用费，以亿兆计者，不知凡几，即在本市亦不乏伟大之建筑物，今以有限之经费，建筑全市观瞻所系之市政府，苟不别树一帜，殊难与本市建筑物共立。”[35]

1920 年代末、1930 年代初正值现代建筑在中国兴起，“宫殿式”、“中国固有形式”建筑的大批出现，不能不说是一股逆时代的潮流。同时，官方指导性纲领不切实际地把建筑形式问题上升到政治高度，对于建筑设计形成巨大束缚，反映了官方建筑文化导向的保守性。1929 年 10 月 1 日，上海市中心区域建设委员会公开悬奖征求设计图案。次年，委员会委托建筑师董大酉对各获奖方案进行综合，并重新拟订实施方案，1931 年正式开工。于是，当现代建筑风靡上海十里洋场，租界建筑向摩登化和摩天化发展时，在上海的另一端，沉重的“宫殿式”建筑外衣被套在了一个中国最开放、最现代化城市的市政府大厦上。江湾上海市政府新厦是官方保守主义文化政策和民族主义雄心的共同产物。《中国建筑》关于江湾上海市政府新厦的专题介绍中，皇宫般雕梁画栋的室内照片下的题词和题诗充分说明了这一点。杂志编辑麟炳写道：“上海市政府，为中外人士观瞻所系，故不厌其画栋雕梁，非敢踵事增华，欲坚社会之信仰也。”“国事推唐民力艰，增华尚丽亦何堪，雕梁画栋难毁谤，要与洋人作样看。”[36] 正是处于“坚社会之信仰”的政治需要和“要与洋人作样看”的民族自尊心，上海市政府新厦（图 3–13）把对传统建筑的摹仿推向了极端非理性程度。大厦外观为仿清式宫殿式，东西长 93m，立面分为中部和两翼三部分，中部屋面为歇山顶，两翼为庑殿顶，铺琉璃瓦，清代宫殿建筑的细部一应俱全（图 3–14、图 3–15）。不仅如此，

图3－13　上海，市政府大楼，1931～1933年（建筑师：董大酉）

图3－14　上海，市政府大楼屋角、檐口细部

为了准确模仿古代宫殿建筑的空间、体量、尺度和比例效果，建筑师不惜牺牲功能的合理性、造价和用地的经济性。正如董大酉建筑师在设计说明所称："中国之建筑，例都平矮，普通不过一二层，平面铺张，亦有限大，若过于高度，顿失中国建筑之格式，市政府各局所需面积甚大，若并为一处，未免过于高大。"也就是说，为了迁就"宫殿式"建筑的所谓"格式"，设计人放弃了功能上较为合理的将市府各局合并到一个大办公楼中去的想法。同时，在平面的长宽比例上也颇费周折，"中国建筑，例为长方形，其宽度约长度之半，市政府新屋长达93公尺，应由相当之宽度，惟欲得充分光线，则宽度又不宜过20公尺，照此比例，房屋过似狭长。欲救此弊，惟有将全屋分为三段，中部宽度定为25公尺，两翼宽度定为20公尺。"[37]

总之，为了把并不复杂的行政办公空间塞到一个大屋顶的"宫殿式"建筑外壳中，建筑师不得不削足适履，尽管如此，还不免捉襟见肘露出破绽。例如，由于总体布局上采取各局分立，市政府大楼理应在体量上占据主导地位，于是不得不将公共大礼堂、图书室和食堂等不相干的功能并入，使之成为体量最高大的建筑。同时，建筑首层为了获得台基的坚实外观，不能开大窗，使得采光通风都受到影响，而顶层房间只能在栱眼处开异形小窗采光（图3－16、图3－17）。"宫殿式"大屋顶不仅降低了建筑的使用效能，也导致经济上的浪费。表3－1从"宫殿式"、

图3–15　中国传统建筑清式屋角细部

图3－16　上海，市政府大楼檐口、入口细部

图3－17　上海，市政府大楼市长会议室

“现代化的中国建筑”和纯粹现代建筑风格的建筑中，分别选取上海市政府大楼、国民政府外交部和南京首都饭店，对其经济指标进行比较，可以发现：上海市政府大楼的单方有效面积土建造价竟然是南京首都饭店的两倍！而后者已经是当时南京最豪华的宾馆——国民政府军政要员、国外宾客下榻之处！上海市政府大楼其他指标也居高不下、遥遥领先，而外交部办公大楼的各项经济指标正好介乎两者之间。虽然中国官方和建筑师与租界分庭抗礼的初衷代表了正义的精神，但是最终结果却是把现代功能勉强塞入清式大屋顶内，造成了建筑功能与经济的巨大失败（表3－1）。

“宫殿式”、“现代化的中国建筑”和现代建筑风格建筑造价比较[38]　表3－1

建筑名称 / 项目数据	上海市政府大楼（“宫殿式”）	国民政府外交部大楼（“现代化的中国建筑”）	南京首都饭店（现代建筑风格）
总建筑面积（m^2）	8982.00	6971.00	3539.00
有效建筑面积（m^2）	6899.00	5484.00	3539.00
总造价（元）	776777.32	395938.92	207207.10
土建造价（元）	575330.39	333831.92	142626.60
暖卫设备造价（元）	68683.00	59127.00	61030.00
电气设备造价（元）	71472.04	1792.00	3550.50
电梯（吊梯）（元）	22800.00	1188.00	—
单方有效建筑面积土建造价（元/m^2）	83.39	60.90	40.30
单方有效建筑面积总造价（元/m^2）	112.59	72.20	58.50

续表

建筑名称 项目数据	上海市政府大楼 （“宫殿式”）	国民政府外交部大楼 （“现代化的中国建筑”）	南京首都饭店 （现代建筑风格）
单方总建筑面积土建造价（元/m^2）	64.05	47.88	40.30
单方总建筑面积总造价（元/m^2）	86.48	56.79	58.50

（2）命运多舛的“宫殿式”建筑

“宫殿式”建筑是官方倡导的“中国固有形式”建筑的顶峰，造价高、工期长是“宫殿式”建筑的通病。这些致命的弱点，使得这种风格的建筑在中国1930年代这样内忧外患、动荡不安的时期更加显得不合时宜而命运多舛。

国民政府交通部大楼1930年开工，由于1931年大洪水、1932年日军进攻上海的“一·二八事变”的影响，直到1934年底才竣工。总耗资达113万元，还不包括室外工程的近10万元。交通部大楼平面布局采用内天井式，采光受到很大影响。1937年日军攻占南京时，交通部大楼被日军炮火击中，耗资巨大的大屋顶被焚毁。日本投降后，国民政府无力也无意恢复原貌，最终改为今天所看到的平屋顶。

上海市政府新厦的建造也并非一帆风顺，1931年6月，该建筑正式开工，至1932年“一·二八事变”，因其位于战区之内而被迫停工。停战后，同年7月重新开工，又经历了一年零三个月时间，直到1933年9月，大厦才全部落成。上海市政府新厦所依托的“大上海计划”从启动就依靠发行公债和市中心土地招领来维持，但工程所需的资金远远超过这笔收入，“一·二八事变”又给上海华界造成巨大破坏，大量的善后工作给本已捉襟见肘的上海市政府的赤字财政雪上加霜（表3-2）。

1929～1932年上海特别市财政收支表[39] **表3-2**

年度	财政收入（万元）	财政支出（万元）	财政赤字（万元）
1929年	586.6	610.5	23.9
1930年	731	867	136
1931年	773.7	923.7	150
1932年	878.9	976.3	97.4

注：1929年上海市政府为筹集建设经费，发行该年度市政公债300万元。

在这种严峻的政治、军事和经济形势下，“大上海计划”后期所兴建的一些建筑不得不改弦易辙，放弃“宫殿式”，转而采用“现代建筑与中国建筑的混合式样”，即大部为平顶、局部采用大屋顶，实例如大上海计划的上

图 3–18　上海，上海市博物馆，1935 年（建筑师：董大酉）

海市博物馆（图 3－18）和图书馆。“混合式样”的产生反映了“中国固有形式”在经济、功能和现代技术的挑战下走向净化的趋势。

3. 有中国特征的现代建筑——现代性的显现

1933 年，因为经费紧缩，1931 年基泰工程司拟订的“宫殿式”南京国民政府外交部办公大楼方案搁浅，被华盖事务所的“经济、实用又具有中国固有形式”的“现代化的中国建筑”方案所取代，原因是“为求紧缩起见……以合乎实用不求华丽为主要目的，故初拟图样不能适用”[40]（图 3－19）。这一事件标志着“宫殿式”建筑的落潮，也标志着围绕南京“首都计划”和“大上海计划”而掀起的“中国固有形式”热潮的降温。财政问题导致的“中国固有形式”建筑的转折，可以说是与 1950 年代中期的“反浪费”运动惊人相似的一幕，它不仅使得官方和建筑师变得更加务实，而且成为建筑师摆脱官方意识形态束缚主动探索现代建筑的契机。财政压力给官方主导下的“中国固有形式”套上了理性的缰羁，上海中国航空协会会所及陈列馆（图 3－20）、国民大会堂、国民政府卫生部等建筑彻底脱下了虚假沉重的大屋顶，向人们展示了前所未有的魅力——现代建筑的时代性、真实性的魅力。

图 3－19　南京，国民政府外交部 1934 年（建筑师：华盖建筑师事务所）

图 3－20　上海，中国航空协会会所及陈列馆，1935 年（建筑师：董大酉）

（1）耐人寻味的尾声

兴建于 1936 年的原南京中央博物院，是“宫殿式”建筑的尾声。1935 年，南京国立中央博物院征选建筑方案，兴业建筑师事务所徐敬直建筑师的方案胜出。在梁思成、刘敦桢的主持下，博物院建筑委员会决定设计要体现“中国早期的建筑风格，以弘扬中华民族传统文化精神”[41]，最后确定采用辽代式样来建造。徐敬直原来的方案是仿清式的，在梁思成、刘敦桢两位顾问的指导下，主体建筑设计成仿辽代蓟县独乐寺山门的样式。梁思成认为辽代建筑上承唐代的传统，造型朴实浑厚，屋面坡度平缓，出檐深远，起结构作

图 3 -21　南京，中央博物院细部，1936 年（建筑师：徐敬直、李惠伯）

图 3 -22　南京，中央博物院，1936 年（建筑师:徐敬直、李惠伯）

用的斗栱粗壮有力，不像明清以来的斗栱，装饰味越来越浓，受力性能越来越弱而退化为装饰构件。与明清建筑相比，这种“中国早期的建筑风格”更符合现代建筑的形式合乎功能和结构理性的信条。作为“中国固有形式”运动的“宫殿式”建筑的压轴之作，这个“返璞归真”的“宫殿式”建筑的尾声可以说是耐人寻味的（图 3 -21、图 3 -22）。

（2）有中国特征的现代建筑——“现代化的中国建筑”

如果说“混合式”建筑是在造价、工期等经济因素挑战下的妥协，那么继它之后出现的“现代化的中国建筑”，则是建筑师以现代建筑为基点的有中国特征现代建筑的探索。传统建筑的某些形式从已经失去生命力的物质载体上离析出来，成为现代建筑体量上的装饰，形成了“现代化的中国建筑”。它表现为对称的体量、浑厚庄重的构图、中国式的局部装饰，代表作如杨廷宝设计的北京交通银行（1931 年）、南京原首都中央运动场（1933 年）、南京中央医院（1933 年）以及董大酉设计的上海江湾体育场建筑群（1935 年）（图 3 -23～图 3 -25）。上述建筑运用了石构建筑的造型处理手法，如石头檐口装饰、下部

图 3 -23　上海，江湾体育场田径场，1935 年（建筑师：董大酉）

图 3 -24　上海，江湾体育场体育馆，1935 年（建筑师：董大酉）

图3-25　上海，江湾体育场体全景

图3-28　上海，中国银行总行局部

图3-26　上海,中华基督教女青年会，1932年（建筑师：李锦沛）

图3-27　上海，中国银行总行，1937年（建筑师：陆谦受与公和洋行）

须弥座，有的采用传统纹样的石拱券门洞。“现代化的中国建筑”还出现了装饰艺术风格的趋势，其特征为对称式体量、顶部阶梯式处理，檐口和窗间墙采用传统纹样，代表作如李锦沛设计的上海中华基督教女青年会（图3-26）、陆谦受与公和洋行合作设计的上海中国银行总行（图3-27、图3-28）等。这类作品当时被称作“简朴实用式略带中国色彩”，它们既是“中国固有形式”建筑的新形式——为陷入困境的大屋顶“中国固有形式”建筑开辟了新的出路，同时，它们又不失为有中国特征现代建筑的探索。

（3）融入现代建筑潮流——国家级建筑的转变

“中国固有形式”建筑的后期作品表现出了进一步融入现代建筑潮流的趋势，作为当时国家级建筑的国民大会堂（现更名为“人民大会堂”）突出反映了这种态势（图3-29～图3-31）。1935年9月，孔祥熙提议建造国民大会堂，平时充作国立戏剧音乐院和美术陈列馆。同年，公开招标征集设计方案，奚福泉建筑师的方案获头奖。该方案体量的高低组合和立面开窗忠实反映了内部使用功能并成为主要构图要素，虽然檐口和细部有混凝土传统构件和纹样装饰，但属于次要构图因素，已经接近纯正的现代建筑风格。作为国民政府最高等级的官方建筑，国民大会堂是官方建筑向现代建筑风格转变的标志。而比前者低一等级的国民政府卫生部则更为简洁朴素，清水砖墙与水泥抹灰形成了墙面的垂直与水平线条，没有任何装饰，是一座更为纯粹的功能主义建筑（图3-32）。

图 3 –29　南京，国立美术陈列馆，1936 年（建筑师：奚福泉）

图 3 –30　南京，国民大会堂，1936 年（建筑师：奚福泉）

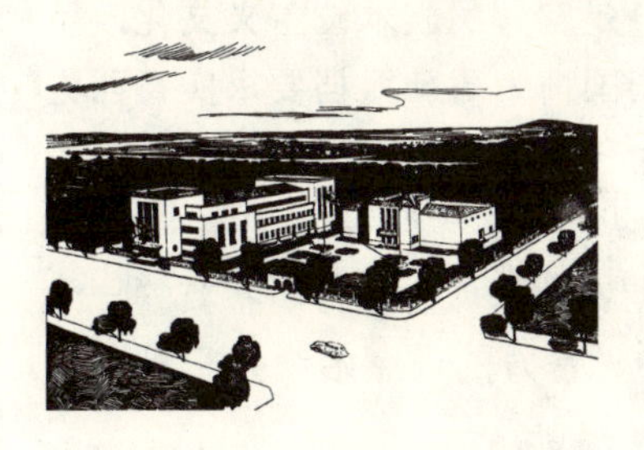

图 3 –31　南京，国民大会堂方案图

图 3 –32　南京，国民政府卫生部，1933 年

1920 ~1930 年代“中国固有形式”的探索有成功也有失败，而失败是探索中的失败，它留给了建筑师反思的素材。“宫殿式”建筑所暴露的传统形式与功能、经济和时代性之间的矛盾，给第一代中国建筑师留下了深刻的教训。1930 年代，许多建筑师就发表言论对其提出批评，如“中国旧形式房屋之不合时用，又不经济”，“今日建筑界中之提倡中国建筑者徒以事于皮毛，将宫殿庙宇之式样移诸公司、商店、公寓，将古旧庙宇变为住宅，将佛塔改成水塔（如燕京大学），而是否合宜未加考虑，使社会人士对建筑之观念更迷惑不清。”“中国宫殿式因为经济上的损失和时间的耗费，犹如古典派之不适用于近代，用于政府建筑亦成过渡。”[42]

直到 1960 年代，上海市政府新厦的设计者董大酉，对于 1930 年代设计该建筑采用大屋顶所带来的麻烦还耿耿于怀。他说：“为了不露出烟囱只好把烟囱隐藏在正脊两端的正吻内，设计时觉得这样做很巧妙，颇为得意；没想到建成后，烟从正吻嘴中冒出来，显得不伦不类，而且黑烟很快就染脏了正吻，弄得很狼狈。”[43]这个细节生动地透露出旧形式与新建筑之间的矛盾。在 1937 年抗日战争爆发之前，参加了“中国固有形式”实践的中国建筑师已经基本上完成了向现代建筑风格的转变。

四、中国社会对折中主义的批判

“中国固有形式”建筑兴起的最根本、最重要的原因是国民政府的民族本位主义文化政策，如果没有官方的扶植和倡导，如此大规模的传统建筑文化复兴运动是不可能兴起和持续的。同时，中国社会的文化民族主义思潮也对“中国固有形式”起了推波助澜的作用。因此，中国社会对官方民族本位主义文化政策和文化民族主义思潮的批判也是对“中国固有形式”建筑的社会基础的批判和瓦解。

1. 自信力还是自大狂？——对官方保守文化政策的批判

南京国民政府是1920～1930年代的中国传统建筑复兴运动的主要倡导者，在建筑领域中推行“中国固有形式”是官方民族本位主义文化政策的体现，而这一文化政策的潜台词是以中国国情为盾牌抵挡要求实行西方式民主的西化派知识分子和以中国共产党为代表的主张苏俄式社会主义的社会左翼的冲击。但是在政治版图四分五裂、文化高度多元化的1920～1930年代中国，这种文化政策并没有在思想文化领域建立它所希冀的一元化“文化统制”，相反，在思想文化论战中，官方的观点始终处于批判的旋涡。

十教授的《中国本位文化建设宣言》发表以后，立刻受到了自由派知识分子的猛烈抨击。胡适认为，十教授的主张虽在表面上批评“中体西用”的见解，但其实质正是“中体西用”的最新式化装和最时髦的折中论调。他宣称：“中国的旧文化的惰性实在大得可怕，我们正可以不必替‘中国本位’担忧”，“应该虚心接受这个科学工艺的世界文化和它背后的精神文明，让那个世界文化充分和我们的老文化自由接触，自由切磋琢磨，借它的朝气锐气来打掉一点我们的老文化的惰性和暮气。”他还认为，中国刚刚接受了世界文化的“一点皮毛”，此时“侈谈‘创造’固是大言不惭，而妄谈折中也是适足为顽固势力添一种时髦的烟幕弹”[44]。来自另一位著名知识分子梁实秋的批评更为尖锐，他在“自信力与夸大狂”一文中写道：“文化这种东西逐渐地要变成为全人类所共有的产业，不容再有什么国家的单位存在。国家主义应用在政治方面，已经有人嫌太偏狭，孙中山先生且标明‘世界大同’为最终鹄的，我不明白为什么在文化上偏要划分国界……我们的文化因了五四运动而与西洋文化作更进一步的接触，这是可欢迎的一种解放运动，刚刚打开了我们国人的眼界去认识西洋文化的面目，为什么才隔了17年的工夫又亟亟地缩回头来怕失掉了‘中国本位’？在各种侵略当中，惟有文化侵略是可欢迎的，因为有了外国文化的激荡观摩然后才有进步，只有想关起门来做皇帝的人才怕文化侵略。”关于“中国本位文化”，他说：“你尽管喊中国本位，结果那本位是要消溶在世界的文化的大洪炉里！中国本位文化在以前是存在的，我们至今还觉得很光荣；现在是不存在了，将来也不见得能再产生，对于这个我们似乎也不必惋惜。若要另创造一种新文化，名之曰‘中国本位’，真不知从何下手……假如只说‘中国的本位文化建设是一种民族自信力的表现’，我们便要指出他们所表现的不只是‘自信力’，还有‘夸大狂’！”[45]

2. 国粹救国还是物质救国？——对文化民族主义的怀疑与批判

鸦片战争以来的西学东渐给中国知识分子带来的心理冲击，并非像某些史学家所宣称的只是东西方文化冲突和传统文化的阻抗，而就是在这一历程中，中国先进知识分子萌生了政治和文化全球化的理想。谭嗣同曾认为："《春秋》之义，天下一家，有分土，无分民，同生地球上，本无所谓国……以言乎大一统之义，天地间不当有国也，更何有于保?"[46]但是，从鸦片战争直到19世纪与20世纪之交的半个多世纪中，中国社会和大多数知识分子还是囿于“中体西用”的对待西方文化的权宜策略，向西方学习的范围仅仅限于物质层面的实用技术。进入20世纪，随着西方制度文化、文化思潮的全面涌入，“中体西用”的文化策略被中国的先进知识分子所抛弃。1910年代的新文化运动中，中国知识分子开始用新的眼光看待西方，猛烈地抨击国粹主义。鲁迅曾说过：“想在现今的世界上，协同生长，挣一地位，即须有相当的进步的知识、道德、品格、思想，才能够站得住脚，这事极须劳心费力。而‘国粹’多的国民，尤为劳力费心，因为他的‘粹’太多。粹太多，便太特别，太特别，便难与种种人协同生长，挣得地位。”[47]军事家蒋百里认为："国粹者，特色而带有世界性者也，非然者，癖而已矣。”[48]这些观点表明，中国的先进知识分子已经走出了文化民族主义的羁绊，具备了走向世界的勇气和信心。

全盘西化论和国粹主义者都是民族主义者或爱国者，他们之间的分歧在于西方文化对中国文化的挑战到底是一个民族兴亡的问题还是一个文化延续的问题。对于这个问题，文化民族主义和激进的西化主义的观点截然不同，前者认为这是一个关系到民族生死存亡的问题，而后者则认为为了民族的生存必须彻底放弃旧文化。在不断加深的民族危机面前，许多清醒的中国知识分子对文化民族主义的文化救亡论始终抱着理性现实的态度。正当第一次世界大战后梁启超怀疑人类运用“科学”的能力之时，他的老师康有为却将其1905年撰写的《物质救国论》在1919年正式刊印出版。他强调“欧洲大战”证明了他“凡百进化，皆以物质”的观点。他甚至认为，当强敌要挟之时，“虽数十万士卒皆卢骚、福禄特尔、孟德斯鸠及一切全欧哲学之士，曾何以救败”。[49]主张全盘西化的国民党元老吴稚晖在新文化运动中曾一度赞成整理国故，到1922年却宣称“上当”了。他明确提出应注重“物质文明”，主张将中国的国故“丢在毛厕里30年，现今鼓吹成一个干燥无味的物质文明；人家用机关枪打来，我也用机关枪对打。把中国站住了，再整理什么国故，毫不嫌迟。"[50]这表明，无论是价值层面还是工具层面，文化民族主义都面临失去存在合理性的危机。

3. 缺陷与悖论——折中主义自身的矛盾

折中主义的逻辑出发点是物质和精神的两分法，即建筑是科学与艺术的结晶，科学是无国界的，而艺术是有民族性的。"融合东西方建筑学之特长，以发扬吾国建筑固有之色彩"的折中主义思想貌似合理，但其理论基础却是异常脆弱的，在20世纪中国现代思想史中，它始终受到先进知识分子的批判。这种批判首先来自文化整体论，文化整体论认为文化从物质到精神都是一个整体，要么全盘接受，要么全盘放弃，不可能只取其一部分。它反对"中体西用"和"中道西器"的文化折中主义。早在1902年，严复就揭示了"中体西用"论逻辑和内容的悖论。他指出："体用者，即一物而言之也。有牛之体，则有负重之用；有马之体，则有致远之用。未闻以牛为体，以马为用者也……故中学有中学之体用；西学有西学之体用，分之则并立，合之则两亡。"[51]

文化整体论在五四运动以后的历次东西方文化论战中成为西化派反对文化折中主义的重要理论武器。胡适主张文化是整体的，无法分割为物质和精神两部分，他以此来批驳认为中国文化是精神的，西方文化是物质的进而主张中西融合的文化折中主义。他指出："我很不客气地指摘我们的东方文明，很热烈地颂扬西洋的近代文明。人们常说东方文明是精神的文明，西方的文明是物质的文明或唯物的文明。这是有夸大狂的妄人捏造出来的谣言，用来遮掩我们的羞脸的。其实一切文明都有物质和精神的两部分。材料是物质的，而运用材料的心思才智，都是精神的。"[52]

除了来自文化整体论的质疑，折中主义对传统文化"科学的分析，批判的继承，取其精华去其糟粕"的学理也存在着严重悖论。这一学理反映了中国知识分子渴望传统文化在新文化创造中占有一席之地的文化传承意识，但是它在逻辑和内容上都存在严重缺陷，在实践中也缺乏可操作性。美国学者列文森曾指出："如果对'精华'的客观追求慎重地使用价值判断的话，那么，认为西方与中国之'精华'的结合将会产生一种很好的新文化的看法将是错误的。因为那些能被现代人重新肯定的中国的传统价值，将依然是符合现代人各自的标准的价值，其中包括甚至对传统一无所知的人所肯定的价值。"[53]

中国传统建筑的某些特征与现代建筑思想的某种契合，成为梁思成倡导中国传统建筑文化复兴的兴奋点。例如他宣称："所谓'国际式'建筑，名目虽然笼统，其精神观念，却是极诚实的……其最显著的特征，便是由科学结构形成其合理的外表……对于新建筑有真正认识的人，都应知道现代最新的构架法，与中国固有建筑的构架法，所有材料虽不同，基本原则却一样——都是先立骨架，次加墙壁的。因为原则的相同，'国际式'建筑有许多部分便酷类中国（或东方）形式。这并不是他们故意抄袭我们的形式，乃是结构使然。同时若是我们回顾到我们古代遗物，他们的各个部分莫不是内部结构坦率的表现，正合乎今日建筑设计人所崇尚的途径。"[54]但是，如果仅仅因为传统建筑在结构体系以及结构、材料与形式的统一等方面与现代建筑原则有某些契合，就乐观地认为它能够在新时代发扬光大，这种观点就陷入了折中主义的悖论。但是正如一位近代建筑史学者所指出，梁思成"对中国传统建筑的赞赏只能说明材料、结构、造型的统一是一切有生命力的建筑的根本所在，从而反证现代主义建筑之合乎时代要求，却并不能成为'中国固有式'建筑存在的理由。"[55]梁思成是一个现代化主义者，但同时也是一个折中主义的继承转化论者，要寻求传统的现代化转化，前提是传统中必须有现代性的因素，梁思成乐观地相信通过寻找传统与现代之间的契合点，就可以实现在不割断历史延续性的前提下传统的现代化转化。这一文化思路所带来的困惑不仅是梁思成个人的困惑，也是20世纪上半叶中国文化急剧转型时期的时代缩影。

总之，折中主义的危机不仅来自正面的批判也来自自身的悖论，它的目标是建立现代性与传统之间的平衡关系。但是现代性与传统之间存在着不可调和的矛盾：现代性代表了一种强势文化，它在现实中不断蚕食传统的领地，这种平衡关系不可避免地被现代性所破坏。这一悖论反映在1920~1930年代的中国建筑界，一方面现代建筑实践方兴未艾，现代建筑思想不断输入；另一方面，"中国固有形式"的实践陷入困境，人们常常听到对传统建筑由衷的赞美和自豪，听到挽救和复兴传统建筑文化的呼吁，但是，一旦落实到具体的建筑实践，"中国固有形式"却在不断退却、淡远。折中主义者试图在现代性与传统之间建立一种平衡，这种努力无论是出于民族主义情感还是创造"中西调和"的新文化的理想主义，现实的天平还是不断地向现代性的一边倾斜，"中国固有形式"从"宫殿式"、"混合式"向"现代化的中国建筑"的演进就是一个有力的证明。

五、小结

在任何一个文化系统中，"折中"与"激进"都在"紧张中保持一种动态的平衡"。总体上讲，与折中主义相对立的激进主义是对传统的批判与扬弃，其目的是要摆脱传统的束缚与惰性，以突变的方式创建新的文化；而折中主义试图在新的文化创造中融合传统的因素，它提供了一种渐变的文化演变方式。中国现代文化思想正是在文化的"激进"与"折中"、"突变"与

“渐变”的动态平衡中演进的。

中国建筑师主导的“中国固有形式”，是中国现代建筑历史上不可或缺的重要一环。由于发轫于1920年代中后期的中国较大规模的现代建筑实践与中国建筑师“民族形式”的探索几乎同时起步，现代建筑思想的传播与民族救亡运动中出现的文化民族主义交织在一起，“中国固有形式”建筑无论从设计手法还是创作原则上都具有折中主义特征，这给后来的研究者整理这一时期的思想脉络带来了很大的困惑。一些研究者为这一时期的一系列折中主义文化现象所迷惑，把带有贬义的“折中主义”作为对于这一时期建筑实践和建筑思想的总体概括，认为中国建筑师只是作为一种摩登建筑接受了现代建筑的形式，现代建筑理论并没有被中国建筑师所掌握，认为“他们的作品并不反映个人对建筑风格的独立追求，政治区与经济区之别、官式建筑与商业建筑、文化建筑与一般建筑的类型之别往往决定了他们的作品是选择中国古典复兴风格还是现代主义风格。”进而得出结论：“现代主义在中国仅仅是一种风格造型的选择而没有成为一种社会运动。”[56]“现代主义思想最终在中国没有成为一种革命性的建筑运动。以民族主义为旗号的折中主义、复古主义依然很强大。”[57]

我们必须看到，西方现代建筑思想的形成经历了从帕克斯顿、莫里斯、凡·德·费尔德到包豪斯几代人的过程。而中国接受正规西方建筑教育的第一代建筑师直到1910年代才出现，他们担负了消化吸收西方先进的建筑文化和科学地整理传统遗产的双重使命，在他们一代人身上经历了从学院派到现代主义的巨大转变，在转变过程中不可避免地带着折中的痕迹，但是，简单地斥之以折中主义未免过于苛责前人。

第二节　中国现代建筑思想体系的初步形成

一、对1930年代中国第一次现代建筑高潮的社会背景再认识

从整个人类建筑发展的历史过程中可以清晰地发现，任何国家和民族的建筑发展都与其政治、经济、文化、社会思潮等方面的条件紧密相关。对20世纪上半叶中国现代建筑历史的客观认识也必须置于对这一时期政治、经济、文化环境的客观评价的基础之上。

1. 相对稳定的政治经济环境

1927年“四·一二政变”后，蒋介石在南京建立国民政府，与武汉国民政府相对抗。同年7月15日“宁汉合流”后，又在南京成立了统一的国民政府。1928年，张学良在东北“易帜”，宣告接受南京国民政府的领导，南京国民政府成为全国统一的中央政权。南京国民政府与20世纪的晚

清、袁世凯政权、北洋政府相比，是一个强势政府。南京国民政府成立后，在政治、经济、文化领域采取了一系列民族主义政策，在废除不平等条约、收回租界、收回关税自主权等方面，取得了相当的进展和成功。继在北伐战争中接管汉口、九江等地的英租界之后，又陆续收回镇江、威海卫、厦门的英租界，并相继与美、比、意、葡、英、法、日等国签订关税条约，废除各国在中国的协定关税权，通过大幅度提高关税，对民族工业进行保护。

从1927年到1937年南京国民政府时期，由于商品经济的发展及国内统一市场的进一步扩大，商业资本得到了很大发展。这一时期，英、美、日等国在中国的经济角逐也十分激烈，外国资本对华投资快速增长。尽管受到连年内战和恶劣的国际环境，尤其是1931年“九·一八事变”和1929年国际经济大萧条的影响，经济仍然保持了稳定和增长。总之，中国资本主义经济经过了从20世纪初开始的持续加速发展，到1937年抗日战争爆发前夕达到了鼎盛时期。

2. 相对宽松的社会文化环境

进入20世纪，从晚清到北洋政府时期，中央政府权威的失落、政治版图的分裂、西方思潮的不断涌入，造成了封建大一统的思想和意识形态的大崩溃和多元化文化格局的形成。1920年代文化思想界发生了东西方文化论战、科学与玄学论战，美术界发生了现代派与学院派的论战，1930年代又发生了西化派与中国本位文化派之间的本位文化论战，尽管国民政府官方试图加强对意识形态和思想文化的一元化控制，但是远远未能奏效。20世纪上半叶中国思想文化领域的多元化态势为现代建筑思想的传播提供了一个相对宽松的社会、文化环境（表3-3）。

新文化运动后1920~1940年代中国文化思想界的重要论战一览　　表3-3

年代	名称	论战缘起	主要论战者	论战成果
1920~1920年代后期	东西方文化论战	梁启超的《欧游心影录》宣称西方文化破产，号召用东方文化去拯救西方	梁漱溟为代表的东方文化派与胡适为代表的西化派	东方文化派的观点受到了西化派知识分子和早期共产党人的猛烈批判
1923年	科学与人生观论战	张君劢1923年发表“人生观”讲演，认为“人生观问题之解决，决非科学所能为力”	以张君劢为代表的“玄学派”与以丁文江、吴稚晖为代表的“科学派”	论战中“玄学派”受到了“科学派”的猛烈攻击，被贬斥为“玄学鬼”，显示出新文化运动所倡导的“科学”成为一种社会信仰与崇拜

续表

年代	名称	论战缘起	主要论战者	论战成果
1929 年	现代派绘画与学院派绘画之争	1929 年 3 月，国民政府在上海举办“第一届全国美术展览会”，展出了中国画家的现代派绘画作品，引起了徐悲鸿的不满，撰文进行攻击	欣赏西方现代艺术的文学家徐志摩与学院派画家徐悲鸿	中国第一次现代派绘画与学院派绘画的公开论战，表明现代派绘画已经来到中国
1920 ~1940 年代	“以农立国论”与“以工立国论”论战	1923 年北洋政府教育部长章世钊发表《农国辩》，提出“返求诸农，以安国本”的观点	1920 年代的章世钊、1930 年代的梁漱溟与主张工业化的恽代英、杨铨、杨明斋	以农立国的主张受到了中国社会的广泛批判。在论战中，早期中国共产党人是工业化的坚定拥护者
1935 ~1940 年代	中国本位文化论战	1935 年王新命等“十教授”发表带有官方文化政策色彩的《中国本位的文化建设宣言》	以王新命为代表的“本位文化派”与以胡适为首的主张西化的知识分子	代表官方的“中国本位文化”观点受到了以胡适、梁实秋为代表的自由派知识分子和以艾思奇为代表的左翼知识分子的批判

二、现代建筑思想在中国的传播

1. 丰子恺——介绍现代建筑理论的先锋

丰子恺（1898 ~1975 年，图 3 –33），中国现代画家、美术史家、文学家和翻译家。过去对丰子恺的研究主要局限在美术界，对他介绍西方建筑历史尤其是西方现代建筑思想的先驱作用没有给予足够的重视。就目前所掌握的史料来看，1928 年上海开明书店出版的丰子恺撰著的《西洋美术史》，是中国最早介绍西方现代建筑的著述。在这部西方美术史著作中，他把西方现代艺术与现代建筑放在一起进行介绍，并对现代建筑予以很高的评价，多次称之为“革命”。

图 3–33　丰子恺肖像

在书中丰子恺写道：

“在现代人生活上实为一种革命。向来用石材或砖瓦的堆积，现今改用长短粗细自由，而富于挠曲性、耐强力的铁材为骨干，于是在建筑的各方面起一大革命。

最初以铁材作纯构造的，是 Alexandre Gustave。他解决从来所认为困难的、铁石构造的大问题，遂于 1889 年世界大博览会之际，在巴黎的须因河畔筑一仅用铁骨的高层塔，高 1000 余尺，名曰‘Eiffel 塔’，这是‘铁时代’的建筑的模范，对于近今的高层建筑及铁桥有很大的影响。

于是铁骨的大建筑随伴了现代的资本主义而风靡了世界，或为 building，或为 department store，或为各种大工场。在财力与国力丰厚的北亚美利加，尤为盛行，竟有 40 层至 80 层的高层建筑耸立空中，为全球建筑界的革命。

最近又有 concrete（混凝土）的利用，与铁筋的驱使协力而把各大都市的建筑高山化。在平面上、立体上均极自由，可以表现彻底的艺术化、单纯化，为建筑上的更新的革命。例如 Erich Mendelssohn 所考案的‘恩斯坦塔’，Bruno Taut 所作的 Korn 共进会的‘色玻璃屋’，即是其例。

个人的住宅的建筑的意匠也同时发达。德人 Josef olbrich（1867～1908）等，创作新的样式。建日本‘帝国 Hotel’的美国人 Frank Lloyd Wright，为现代化的别趣的新古典主义的一个代表。”

在书中，丰子恺介绍并积极评价了俄国十月革命后出现的现代主义先锋——构成主义的理论与实践，他写道：

“一方面在大战前后的虚无的思想的弥漫中，出现了社会主义的革命思想，其积极的行动就是俄罗斯的苏维埃共和国的出现。这是社会主义国家在历史上初次的成功。于是俄罗斯的艺术就根本地革命，实行生活的积极化、原素化。这表现就是‘构成派’。其主张为用科学征服世界，及积极的构造化的新创造。‘从构图（Composition）到构成（Construction）！’可说是他们的标语。这主义又最初出现于建筑上，其实例就是 1920 年 Tatorin 所造的‘第三国际纪念塔’的模型，塔为铁骨的，张玻璃的圆筒形，螺状重积而成。高 400 米突，实为世界第一的大高塔。这是明示著‘艺术’为‘造型’的本义所取代的、新时代的制作。”[58]

1935 年丰子恺出版了普及性读物《西洋建筑讲话》（图 3－34），书中对欧洲的现代建筑进行了进一步介绍，表达了对于现代建筑运动和现代审美精神的理解和认同。他写道：

“琐碎华丽的装饰风已为过去时代的样式，为现代人所不喜，合于现代人感觉的是‘单纯明快’。这是一切现代艺术上共通的现象，可说是现代的时代感觉。”

他在该书第六讲“店的艺术”中以现代建筑师门德尔松（Erich Mendelson，1887～1953）的肖肯百货公司（1928 年）为例，对现代建筑结构所产生的水平带窗、悬挑结构的巨大审美潜力和表达的时代感极为赞赏。他写道：

“这商店建筑的现代性有三：第一，这是铁材建筑，铁材的特色是柱子所占地方极少，而且不需支在建筑物外部。因此外部可用带状不断的横长的玻璃窗而不见一根柱子，几使人疑心这建筑物是从天空挂下来的……晓耕商店远望，只见几条并行的曲线，而黑白分明，一种强烈的刺激深入现代

图 3-34　《西洋建筑讲话》封面

人的感觉中。故在最近各种尖端的商店建筑中，晓耕为最进步的代表作。”

丰子恺建筑思想的更为超前之处，在于它所包含的为大多数人服务的民主主义和人道主义精神，他宣称：

“现代商业都市的建筑，大约可分为二类：第一类是资本主义者方面的，第二类是劳动者方面的。前者是广告性质的摩天楼及各种尖端的建筑。后者是合理主义的建筑，如最近德国及苏俄所努力企图的所谓 Siediung（是集合住宅的新样式）及各种实用本位的新建筑。”

他反对资本主义商业化的“摩登建筑”，赞美“劳动者方面的”“实用本位”的新建筑。他认为：“资本主义利用建筑作广告，换言之，是受资本主义的蹂躏，故此不能代表现代新兴美术的建筑，只能算是一种畸形的发展。真的合于时代潮流的新兴美术的建筑，在现世自有存在，即合理主义的建筑艺术。”

丰子恺认为“现代建筑的形式美，约言之，有四个条件：①建筑形态须视实用目的而定；②建筑形态须合于工学的构造；③建筑的形态须巧妙地应用材料的特色；④建筑形态须表现出现代感觉。”[59]

丰子恺对资本主义的批判和对“合理主义”的现代建筑的认同，似乎可以说明1930年代中国知识分子中普遍存在的社会主义倾向成为他们接受现代建筑的思想平台。

2. 大众传媒与专业学术刊物双重渠道传播

1930年代现代建筑思想在中国传播的一个值得注意的特点是：大众传媒与专业学术刊物双重渠道传播，大众传媒作为现代建筑的传播载体使得现代建筑的传播具有了时尚化和大众化的特征。

1930年代，中国现代建筑实践和思想的传播达到了高潮。1933年初，上海的范文照建筑师事务所加入了一位美籍瑞典裔的建筑师林朋（Carl. Lindbohm）。他的到来不仅在中国建筑界也在上海这个商业都市的大众传媒中掀起了现代建筑思想的波澜，上海的两家著名报纸《时事新报》和《申报》都先后对他进行了连续追踪报道。1933年2月15日的《时事新报》发表了带有商业广告味的林朋简历，简历宣称，“林朋君籍隶瑞典，遍历世界各国，随地留心研究各国之建筑特点，近汇各国建筑作风，倡行所谓‘国际式’建筑新法，君幼攻建筑及土木工程于瑞京之皇家美术中学，及丹麦可潘海根之皇家美术学院，长入丹麦皇家大学，即于该校卒业时，得特许建筑师学位，复就世界各国之名建筑师学习，以资深造，法京巴黎之珂倍赛（即 LeCorbusier，著者注）建筑师，马莱脱斯蒂芬及罗开脱建筑师，美国之法兰克罗立脱建筑师（即 Wright），德国之华脱掰罗泼斯（即 Grupius）及美特生建筑师，瑞京之拉勒司脱尔及奥司倍教授，并丹麦之马丁、南洛浦建筑师，均为林朋君之受业之师也。”[60] 随后，1933年5月16日《申报》发表了林朋的“论万国式建筑”，1933 年 4 月 5 日《时事新报》刊登了沈潼的“再谈‘国际式’建筑新法 名建筑师范文照之新伴 美国林朋建筑师所倡行”等一系列报道。1933 年 8 月 15 日《申报》发表了“林朋建筑师谈室内装饰”，林朋对古典主义风格提出了尖锐批评，他说：“余日前曾参观一新建立银行，一切皆仿罗马古式之建筑，其建造时之困难费时，固且勿论，然其所浪费之金钱，更属可观，致于实用则无价值可言。且此银行闭幕以后，其各部工作，皆将为最新式者，然此最新式之工作，仍在一远过 2000 年前式样之房屋中，宁非笑谈。”[61] 1933 年以后，上海《申报》、《时事新报》陆续刊登了许多介绍现代建筑理论的文章和译著，如柯布西耶著卢毓骏译的“建筑的新曙光”(《时事新报》，1933 年 4 月 12 日、19 日、26 日)、影呆的“论万国式建筑”(《申报》，1933 年 5 月 30 日)、影的“论现代建筑和室内布置”(出处同上)、钦的“机械时代中建筑的新趋势”(《申报》，1933 年 11 月 7 日)、琴译的“论现代化建筑”(《申报》，1934 年 4 月 3 日、4 月 17 日)、Cheney 著沈一吾译的《新世界之建筑》(《申报》，1934 年 7 月 17 日、31 日、8 月 7 日)。1930 年代报纸传媒介绍现代建筑的文章大都简略而浅显，但是它使得现代建筑第一次作为一种重要的建筑观念呈现给社会大众。更为重要的是，大众传媒对现代建筑的大量集中报道传递了一个重要信号——现代建筑作为一种新的建筑文化已经开始为社会所接受。

如果说大众传媒在更大的社会范围内宣传了现代建筑，学术刊物、专著则在专业深度上传播了现代主义建筑思想。1930 年代相继发表出版了一批介绍现代建筑运动理论及发展状况的文章和译著，如过元熙的“新中国建筑之商榷”(《建筑月刊》，1934 年 6 月)、何立蒸的“现代建筑概述”(《中国建筑》，1934 年 8 月)、杨哲明的“现代美国的建筑作风”(《建筑月刊》，1935 年 1 月)、锈生的“现代合用之建筑”(《科学的中国》，1935 年 7 月)等。1936 年商务印书馆出版了勒·柯布西耶著卢毓骏译的《明日的城市》，由国民党元老戴季陶作序，是介绍西方现代建筑和城市规划理论的一部重要著作。1936 年，广东省立勷勤大学建筑系学生创办的《新建筑》创刊，在“创刊词”中旗帜鲜明地提出：“反抗现存因袭的建筑样式，创造适合于机能性、目的性的新建筑。”[62] 从这些文献可以看出，欧洲现代建筑运动在 1930 年代中国建筑界已经得到积极的响应，通过对现代建筑思想的宣传与介绍，现代建筑运动所提倡的注重建筑的功能性，强调建筑的经济性，真实反映内部功能和真实表现结构材料的理性建筑观等，已经开始被中国建筑师所理解和接受。

1936 年 4 月 12 日至 19 日，由中国营造学社、中国建筑协会、中国建筑师学会联合主办，在上海市博物馆及附近新建的中国航空协会新厦举办了中国历史上第一次规模盛大的建筑展览会。这次展览会的展品来自全国 52 个单位，共1580余件，包括建筑模型、设计图纸、书刊、摄影、建材、工具六大部分，展览期间观者如潮，盛况空前。当时的报纸在记述参观者的盛况时有如下之言："江湾道上，观者络绎于途。"尽管这次展览会中中国营造学社的古代建筑整理发掘工作受到了重视，但现代建筑作为展览会的现实性主题得到了展示和宣传。正如大会组织者之一的谈紫电所说："综观此次展览，出品自以营造学社为最丰富，惟趋重于古代建筑方面，而本会（指'建筑协会'）及中国建筑师学会之出品，则以现代建筑为多。"

三、现代建筑思想和观念体系的初步形成

摩登的意思是"时髦"、"时兴"的意思，给现代建筑贴上"摩登建筑"的标签，反映着当时社会对现代建筑的皮相认识，但是不可否认许多中国建筑师就是从风格时尚起步认识现代建筑的。较为有代表性的言论是《中国建筑》杂志编辑石麟炳于1934年写出的一篇文章，该文用中国传统的"十年河东，十年河西"的历史循环论来论证现代建筑合乎历史规律。他写道：

"中国汉唐时代的建筑，在斗栱一部分上看来，不过是一个简单的坐斗，加上二三个升子而已，到了宋元时代，就嫌它太简单了，加上了很大附属品，所谓井口枋、正心枋、挑檐枋、拽枋、蚂蚱头、昂子、瓜栱、万栱……等类东西，都铺张到斗栱上，遂把斗栱打扮到十分复杂。可演到近来，繁杂的建筑物又看得不耐烦了，所以提倡什么国际式建筑运动，将复杂的建筑，又恢复到简单。外部力求其平滑、省工，不加点缀，不尚曲线。内部亦不嫌其直率，不厌其简单，我们说这是复古吗？这并不是复古，乃是天演公例，物归循环，想不久有人把简单的建筑看厌了，又提倡向复杂之路，往前开步走。"[63]

这篇文章虽然反映了他对现代建筑的浅层次的感性认知，但还是较为准确地概括了现代建筑的形式特征。至于他把"国际式建筑运动"当作一种"繁杂的建筑物又看得不耐烦"之后的摩登时尚，用中国传统的历史循环论来解释"国际式"建筑的兴起，则反映了当时部分建筑师对现代建筑的最初的感性认识。

但是，时下中国近代建筑史研究中存在一种有代表性的观点，即认为1920～1930年代，大部分中国第一代建筑师是在学院派框架里作为一种新的摩登形式来接受现代建筑的，并没有把现代建筑当作一场建筑思想革命来接受。这个观点值得商榷，实际上中国建筑师对现代建筑的认识经历是一个从"摩登建筑"到现代建筑，从风格形式到思想本质的不断深化的过程。到1937年抗日战争爆发前夕，他们已经基本掌握了现代建筑的创新精神、科学理性精神、功能理性精神，中国建筑师的现代建筑思想和观念体系已经初步形成。

1. 从“摩登建筑”到“现代建筑”——中国建筑师对现代建筑认识的深化

1920～1930年代，“modern architecture”一词曾被中国社会和建筑界普遍音译为“摩登建筑”。这是由于在英文里“modern”一词除作为时间尺度的概念外，还有“时新的”（new，up－to－date）与“时髦的”（new fashioned）意思（参见《现代高级英汉双解词典》）。因此在1920～1930年代把“modern architecture”翻译为“摩登建筑”，显示了当时社会和建筑界把现代建筑看作风格时尚的肤浅、感性的认识。1930年代，在一些较正式的建筑理论文章中，“现代建筑”一词开始取代“摩登建筑”。从“摩登建筑”到“现代建筑”，这不单单是一个名词的变换，它标志着中国建筑界对现代建筑从时尚到本质、从形式到内涵的认识深化过程。1934年以后，上海的报纸和建筑专业刊物上陆续刊登了一批介绍现代建筑思想的文章，大量使用了“现代建筑”一词。其中中央大学1931级学生何立蒸在1934年的《中国建筑》杂志上发表的“现代建筑概述”最有代表性，较为完整地概括了现代建筑思想的七点基本特征：“①建筑物之主要目的，在适用；②建筑物必完全适合其用途，其外观须充分表现之……③建筑物之结构必须健全经济，卫生设备亦须充分注意……④须忠实地表示结构，装饰为结构之附属品……尤不应以结构为装饰，如不负重之梁、柱等是；⑤平面配置，力求完美，不因外观而牺牲……⑥建筑材料务取其性质之宜，不摹仿，不粉饰；⑦对于色彩方面应加注意，使成为装饰之要素。”[64]童寯也曾在文章中多次使用“现代”、“现代主义”一词。他说：“无需想象即可预见，钢和混凝土的国际式（或称现代主义）将很快得到普遍采用……不论一座建筑是中国式的或是现代式外观，其平面只可能是一种：一个按照可能得到的最新知识作出合理的和科学的平面布置。作为平面的产物，立面自然不能不是现代主义的。”[65]这一系列文献表明，随着现代建筑思想的宣传与介绍，现代主义所提倡的真实反映内部功能以及真实表现结构和材料的理性主义建筑观已经开始被中国建筑师所理解和接受。

2. 对创造性与时代性的追求

现代建筑运动的先驱者激烈地批判对旧形式的模仿，反对与旧形式妥协的折中主义，建筑形式创新和时代精神表达成为现代建筑运动的主旋律。

1920～1930年代登上历史舞台的刚健有为的中国建筑师已经具备了欧美的现代建筑运动先驱者的激进的创新精神，强调建筑形式的创造性与时代性，反对因袭模仿已经成为一条不可逾越的艺术法则。

新文化运动中，对传统的反叛和对创造性的崇尚成为一种强烈的时代精神。郭沫若在他的成名作《女神》中发出了打碎偶像的呐喊，他宣称：

“我崇拜创造的精神，崇拜力，崇拜血，崇拜心脏；

我崇拜炸弹，崇拜悲哀，崇拜破坏；

我崇拜偶像破坏者……"

丰子恺在《西洋美术史》中指出，新旧交替是不可抗拒的历史法则，"凡历史，没有始端与结末，一切皆在时间中从无限流向无限。昨日的新在今日是旧；今日的真又可为明日的伪。"[66]

美学家向培良则认为："没有一条艺术上的法则是历久不变的。每一大师，都从破坏既成的法则出发；每一流派，都因创造新的法则而成立。事过境迁，就只剩糟粕；时代推移，神奇终成腐臭。"[67]

在这种时代精神的熏染下，中国建筑师摆脱了"祖宗之制不可改"的陈规，追随时代与科学进行创新与创造，成为至高无上的道德律令。

建筑师黄钟琳认为："科学一天一天的发达，文化一天一天演进，建筑也一天一天的向前迈步，同样没有止境。建筑是一种活的学术，应保持它的生气与个性。抄袭与摹仿是不应该有的。"[68]

著名建筑师刘既漂指出：

"中国古式建筑好的地方自属不少，但缺点之处亦颇有之。总而言之人类的进化，时代文化表现为历史的本位。现在我们似乎可以假定古式作风是古人的，现代人去模仿它便是现代人不长进，艺术本身根本是进化的、革命的。如果失却进化和革命的精神，时代上决不会凭空生产出有价值的新艺术来……近代科学发达、交通便利，兼之建筑的材料几乎被科学左右。譬如现在罗马作风未尝不可为各地仿造，不过仿造的东西不能代表时代艺术及其文化。

现代作者应该合作起来，去尽心研究和苦心经营，希望离开古式范围作风以外，找出一条新路来……我们应该拉起自己的勇气和毅力像西洋科学家之醉心于发明一样，我们的创作便是发明，发明便是新艺术、新作风。"[69]

3. 技进于道——向科学理性倾斜的建筑美学

经典现代建筑思想就其本质而言，是西方工业革命以来生产方式、社会结构和文化精神"理性化"的产物。现代建筑美学观念的核心是"功能主义"和建筑形式诚实表现建筑结构和材料的观念，就是从功能出发，摒弃一切附加装饰，使建筑形式与内容统一到功能理性、技术理性乃至经济理性的标准。

在中国传统文化观念中，功能技术只是形而下的"器"与"技"，在有着"重道轻器"、"重道轻技"的传统的中国，功能技术只涉及生活世界的浅表，与意义世界根本无关。鸦片战争以后输入的西方先进建筑技术也只是"师夷之长技以制夷"的"技"。而中国 20 世纪初的早期现代美学家们的建筑美学阐述，或者把建筑等同于其他艺术，或者强调建筑的纯艺术性，对建筑审美价值的研究还没有从以艺术美为核心的研究中分离独立出来。中国第一代建筑学家和建筑师出现后，建筑美学出现了从艺术美学转向建筑本体并向科学理性倾斜的趋势。如林徽因宣称："中国建筑的美观方面，现时可以说，已被一般人无条件地承认了。但是这建筑的优点，绝不是在那浅现的色彩和雕饰，或特殊之式样上面，却是深藏在那基本的，产生这美观的结构原则里。"林徽因认为："一个好建筑必须含有实用、坚固、美观三要素，美观，则即是综合实用、坚稳两点之自然结果。"[70]梁思成也认为"建筑之真义，乃在求其合用、坚固、美。前二者能圆满解决，后者自然产生。"1930年代，在林徽因的美学观念中已经表现出对非建筑本体美的排斥，她宣称："建筑艺术是个在极酷刻的物理限制之下，老实的创作。人类由使两根直柱架一根横楣，而能稳立在地平上起，至建成重楼层塔一类作品，其间辛苦艰难的展进，一部分是工程科学的进境，一部分是美术思想的活动和增富……美术思想这边，常常背叛他们共同的目标——创造好建筑——脱逾常规，尽它弄巧的能事，引诱工程方面牺牲结构上诚实原则，来将就外表取巧的地方。在这种情形之下时，建筑本身常被连累，损伤了真的价值。"[71]林徽因把建筑创作失败的原因归咎为"美术"的"弄巧"和"背叛"，这些观点的提出标志着中国建筑美学已经开始摆脱传统的艺术美学向现代建筑的技术美学迈进。

4. 功能主义和注重实用功能

功能主义在中国最先是以表里如一的"真"的概念被接受的。黄钟琳在"建筑的原理品质述要"一文中对"真"的内涵作了明确阐释。他说："在建筑原理上，最重要之一点就是'真'，即不假。建筑须合乎自然美力的进展。好的建筑不应有欺骗观众目光之举。其内容与外表，应相符合，不得作任何假借，如把烟囱筑成支柱或小尖塔等形式。建筑物的形式，须能表示其内在与用途，教堂不应与市府相似，学校不宜与住宅相仿。故建筑格式，须与所计划之用途相切合……无论如何，虚假的式样，即不符合建筑真的原理；盲目地摹仿古代建筑，只可说是艺术诡谲。"[72]对这一"真"的概念的体认，可以看作是现代建筑的功能主义进入中国建筑思想领域的一个重要的信号。

1920～1930年代的绝大多数中国建筑师并不是唯美主义和形式主义者，他们始终把实用功能放在第一位。建筑师张至刚在"吾人对于建筑事业应有之认识"一文中主张："际此国难环迫，创痛剧增之时，须有简单之计划以收节省俭约之效，尤须有永久生利之建设，以为挽危救亡之图。"[73]梁思成在1930年代也多次强调建筑的实用性，并把它提升到民族和民生的高度来认识。他在"致东北大学建筑系第一班毕业生信"中告诫建筑系毕业生说："建筑的三原素中，首重合用，建筑的合用与否，与人民生活和健康、工商业的生产率都有直接关系的，因建筑的不合宜，足以增加人民的死亡病痛，足以增加工商业的损失，影响重大，所以保护他们的生命，增加他们的生产，是我们的义务，在平时社会状况之下，固已极为重要，在现在国难期中，尤为要紧。"[74]从使用功能出发、从功能分析入手是第一代建筑师杨廷宝始终坚持的设计方法。据张镈回忆，杨廷宝"在群体布置和个体设计上，都讲究功能的体量和功能分区以及最经济、最有效的交通流线……他（杨廷宝）为了要我有'量'的观念，经常要我把任务书上提出来的各厅室面积，先画成或剪成若干简单的几何形体，加以拼凑成块以求得出比较准确的概念……第一步先对各个功能分项总和的相互比例关系，弄清它们在总体布局中各占比重的比例关系……然后，用最合理、最有效的流线交通组织把它们有机地串联起来。"[75]

5. 建筑工业化理想与机器美学思想

中国20世纪上半叶有没有产生机器美学思想，是涉及到中国有没有真正接受现代建筑思想的问题。其实，现代建筑思想并不神秘，也不是高不可攀的理论。早在1910年代孙中山先生提出的中国第一个住宅工业化主张，就已经包含了效能至上的机器美学观念。他的这一主张的提出，比1922年勒·柯布西耶发表的《走向新建筑》早了近10年。

1913年，放弃了临时大总统职位的孙中山先生开始撰著《建国方略》，该书以伟大的政治家的气魄超前地提出了"居室工业"的设想。孙中山指出：

"今于国际发展计划中，为居室工业计划，必须谋及全中国之居室。或谓为四万万人建屋，乃不可能。吾亦认此事过巨。但中国若弃其最近3000年愚蒙之古说及无用之习惯，而适用近世文明，如予国际发展计划之所引导，则改建一切居室以合于近世安适方便之式，乃势所必致……依吾所定国际发展计划，则中国一切居室将于50年内依近世安适方便新式改造，是予所能预言者。以预定科学计划建筑中国一切居室，必较之毫无计划更佳更廉。若同时建筑居室千间，必较之建筑一间者价廉十倍。建筑愈多，价值愈廉，是为生计学定律。生计学惟一之危险，为生产过多，一切大规模之生产皆受此种阻碍……就中国之居室工业论，雇主乃有四万万人，未来50年中至少需新居室者有5000万，每年造屋100万间，乃普通所需要也。

吾所定发展居室计划，乃为群众预备廉价居室。通商诸埠所筑之屋，今需万元者，可以千元以下得之，建屋者且有利益可获。为是之故，当谋建筑材料之生产、运输、分配，建屋既毕，尚须谋屋中之家具装置，是皆包括于居室工业之内。"[76]

《建国方略》是一部在中国20世纪上半叶产生重要影响的名著，虽然孙中山的建筑工业化理想在当时的中国不可能实现，但是这个理想始终没有被人忘却。1936年商务印书馆出版了勒·柯布西耶著卢毓骏译的《明日的城市》，在陈念中所作的序言中，引述了孙中山的"居室工业"的主张，并宣称它与柯布西耶的住宅工业化主张不谋而合。他说："建国方略中提及居室问题，有下列几句话：‘居室之建造工事，务须以节省人力之机器为之，于是工事可加速、费用可节省也。’又曰：‘一切家具，亦须改用新式，每种以特别工厂制造之。’戈必意氏（即柯布西耶）所提倡几何形的大批制造的房屋及家具，正与此不谋而合。”陈念中在序言中进一步阐述了与建筑工业化相伴生的机器美学精神，他指出：“现在是机器的时代，从前不可能的事，现在‘不可能’三字，已无形消灭了。机器时代的精神，是几何形体，是秩序与准确，是事事物物有详细划一的规定……有了这种详细划一的规定，大量性生产才能实现。”[77]

柯布西耶在《走向新建筑》中宣称：“凭着轮船、飞机的名义，我们要求有康健、逻辑、大胆、协调和完善的权利”，柯氏以机器立论的潜台词是：把建筑作为一种工具和机器，从而导向他的机器美学。1930年代，同样的以机器立论的文字也频频出现在中国建筑师的著述中。童寯认为：“中国建筑今后只能作世界建筑一部分，就像中国制造的轮船火车与他国制造的一样，并不必有根本不相同之点。”卢毓骏也认识到：“凡一切艺术除内容与技巧外，工具实为重要之问题，科学发达始能发明工具，有工具方不至文化滞流。试从形式方面而言，欧美因科学发达而工商业发达，而机械发达，不得不讲求工作效率之增加，而努力于工商业建筑之改进。自第一次欧战后，机械化思潮更影响于欧洲现代建筑，如：‘房屋为住的机器’，‘营造须标准化、国际化、大量生产化’等语之提出，今日且已一一实现，如立体式建筑，合拢式建筑（即指建筑各部分可以从工厂中购现成者）均为吾人所目击而发生惊叹者。”[78]上述论述可以看出，机器美学精神已经进入了中国现代建筑先驱者的建筑思想与观念体系中。

6. 从民族文化本位到全球视野

中国的文化民族主义者和浪漫主义者试图在建筑的科学性与民族性之间寻找一种折中与平衡，强调科学技术是世界性、普遍性的，但是建筑风格是有民族性和特殊性的，从而为“以西洋物质文明发扬吾国固有之文艺精神”的“中国固有形式”的兴起提供了理论依据。随着中国建筑师科学理性精神的成长，建筑价值观念的天平也不断向普遍性、世界性倾斜。梁思成指出：“近代工业化各国，人民生活状态大同小异，中世纪之地方色彩逐渐消去。科学发明又不限于某国某城，所有近代便利，一经发明，即供全世界之享用。又因运输便利，所有建筑材料、方法，各国所用均大略相同。故专家称现代为洋灰铁筋时代，在这种情况下，建筑式样大致已无国家地方分别。但因各建筑物功用之不同而异其形式。”[79]1937年抗日战争爆发前夕，看到中国现代建筑的蓬勃发展，童寯在《建筑艺术纪实》中欣然写道：“无需想象即可预见，钢和混凝土的国际式（或称现代主义）将很快得到普遍采用……中国的重要城市中，国际式的建筑数量不断增加。与其他国家一样，这一风格实际上正在这个国家迅速普及……当我们理解，现代文明的首要因素——机器，不仅在进行自身的标准化，也在使整个世界标准化时，我们不会感到奇怪，人类的思想、习惯和行为正逐日调整以与之相适应。在人类生活中不论是变化抑或是变化不足，都会对生活的庇护所——建筑物产生深刻的影响。不论一座建筑是中国式的或是现代式外观，其平面只可能是一种：一个按照可能得到的最新知识作出合理的和科学的平面布置。作为平面的产物，立面自然不能不是现代主义的。"[80]总之，1930 年代，面对国际性的现代建筑运动，中国建筑师以坦然的心态接受了科学技术的普遍性和世界性带来的建筑国际化和建筑文化趋同潮流，开始走出中与西、传统与现代之间的困惑与徘徊，确立了中国建筑走向世界、走向现代化的大方向。

四、殊途同归——中国第一代建筑师建筑思想转变模式分析

20 世纪上半叶的中国建筑师从接受教育到成立事务所执业，始终处在一个高度开放的经济和文化环境中，他们始终与国际建筑潮流息息相通。现代功能、经济的需要、新的时代精神的呼唤与中国建筑师对现代建筑观念自觉的体认相结合，促使中国第一代建筑师在建筑实践和建筑观念上从不同立场转向了现代建筑，他们的转变可以概括为下列有代表性的模式。

1. 从西洋古典向现代建筑转变——庄俊、沈理源

中国第一代接受正规建筑教育的建筑师，其职业生涯的前期大多对西方古典建筑十分推崇，并视其为建筑艺术的正统和不朽典范。1930 年代，在时代潮流影响下又纷纷放弃西方古典主义而转向现代建筑。这种转变模式具有代表性的建筑师是庄俊和沈理源。他们都受过正统的学院派建筑教育，其中庄俊是 20 世纪上半叶中国最早的建筑师之一，也是中国建筑师学会的发起人之一，沈理源则是 1930 年代华北地区的著名建筑师。他们建筑生涯的共同点是，前期都以纯熟的古典风格著称，也都没有参加官方主导的“中国固有形式”建筑。而 1930 年代都逐渐趋向于简洁的现代建筑。庄俊设计的上海四行储蓄会虹口分行公寓大楼（图 3－35）、上海大陆商场（1933 年）、上海孙克基医院（1935 年）是他接受现代建筑思想。设计风格转向的主要标志。他在 1935 年 9 月的《中国建筑》上发表文章“建筑之样式”，以一种激进的姿态极力推崇现代建筑思想。他宣称：“凡建筑之合乎天时、地利、政治、社会、宗教、经济者，即是合理。设在哈尔滨而建置墙角窗者，是不合天时也。在青岛而采用苏石与在京沪而必采用平粤之琉璃瓦者，是不合地利也。设在民主政体之下，而必建造封建式之衙署者，是不合政治也……本无宗教性质之建筑，而必黄墙碧瓦、画壁雕梁、忍糜国帑，但壮观瞻者，是不合宗教而不合经济也。合理之建筑，必能成功而垂久。"[81]文章表达了对现代建筑的理性主义价值观的认同和对官方主导下的“中国固有形式”的反

感。沈理源的转变经历了装饰艺术风格的明显过渡，如新华信托银行（图3－36），立面处理简洁，突出贯通的窗间墙竖线条，在窗下槛墙处饰以铜制纹饰，呈现出艺术装饰风格的商业性特征，但是装饰母题已明显几何化、抽象化。他设计的天津王占元住宅采用不对称平面布局，轩敞明快的矩形钢窗和转角钢窗，二层上人屋顶平台挑出钢筋混凝土凉棚，已是典型的现代建筑作品。庄俊和沈理源的转变表明学院派的教育背景并没有束缚建筑师对现代建筑的追求。

图3－35　上海，四行储蓄会虹口分行公寓大楼，1932年（建筑师：庄俊）

图3－36　天津，新华信托银行，1934年（建筑师：沈理源）

2. 从“中西交融”向现代建筑转变——杨廷宝

“中西交融”是20世纪上半叶中西文化碰撞和新旧文化转折时期部分中国知识分子特有的文化心态，如王国维所指出：“异日发明光大我国之学术者，必在兼通世界学术之人，而不在一孔之陋儒，固可决也。”在当时，“学贯中西”、“博古通今”既是对知识分子的赞誉又是知识分子治学的目标和方向。杨廷宝的设计实践就是这种中西交融心态的体现，“既能设计出地道的西洋古典形式，也能作出合乎法式的大屋顶，改良式和现代式也能做得很像样”，这一评价对于杨廷宝可能是比较合适的。杨廷宝受过严格的学院派教育，设计作品注重整体和细部的比例和尺度，体现了学院派的深厚功力；他热衷于中国传统建筑文化，积极参与了“中国固有形式”建筑的创作，同时他也具有运用和理解现代建筑形式和思想的创新意识。1928年的京奉铁路沈阳总站（图3－37）是他回国后主持的第一项工程，设计“本欲采用‘西欧现代建筑'式样"，但由于业主力求仿造北京前门火车站而未能如愿。[82]该建筑虽然尚有一些西洋古典的细部，但是采用了半圆筒拱钢屋架的中央候车大厅，成为建筑体量的中心，候车大厅前后的大面积采光侧窗，使这座建筑具有了交通建筑和现代建筑的特征。其后设计的东北大学图书馆（图3－38），建筑立面上简化的都铎哥特式装饰线脚已经带有装饰艺术派特征。随着时间的推移，现代建筑在其建筑实践中的比重越来越大。1951年设计，1953建成北京和平宾馆，则是中国现代建筑的经典作品。杨廷宝向现代建筑的转变是一个折中主义的文化多元主义者在时代潮流的影响下，建筑价值观念的天平逐渐向现代性倾斜的典型。

图3－37　沈阳，京奉铁路沈阳总站，1928年（建筑师：杨廷宝）

图3－38　沈阳，东北大学图书馆，1930年（建筑师：杨廷宝）

3. 从文化民族主义者到现代主义者——范文照

范文照，1922年毕业于美国宾夕法尼亚大学建筑系，1925年参加中山陵设计竞赛获二等奖，1926年参加广州中山纪念堂设计竞赛获三等奖。他是"宫殿式""中国固有形式"建筑的积极参加者，他设计的国民政府铁道部（1929～1930年）是第一座"宫殿式"建筑。他还与赵深合作设计了励志社建筑群（1929～1931年）、八仙桥青年会大楼（1929～1931年）等"宫殿式"建筑。这一时期他醉心于中国传统建筑的美，他宣称"东西方的接触表现为效率与美之争。旧的形式正在被新的所抹除，后者更倾向于生活的舒适、方便和安逸，但是缺少那些古老方式中存在的调和之美。"他主张"中国建筑艺术的本质特征，在我们适应于现代要求时，这些特征应当不作更改地予以保留。从基本观点上说，一幢中国的建筑应当在其主要因素的各方面都是中国的。"[83]1930年代起，如《申报》、《时事新报》等地处中国现代文化中心上海的大众传媒开始面向社会介绍欧美新建筑的进展情况。范文照敏感地领悟到其先进性并进而转向积极提倡现代建筑思想。1930年代初，他设计的上海陈英士纪念碑（图3－39）风格上具有简化古典并向装饰艺术风格过渡的倾向。1933年初，美籍瑞典裔建筑师林朋加入范文照建筑师事务所，他竭力倡导“国际式”建筑。范文照专门召开记者招待会，将他介绍给上海建筑界。1934年，范文照撰文对自己早年在中山陵设计竞赛方案中“掺杂中国格式”的复古手法表示了深切反省，呼吁“大家来纠正这种错误”，并提倡与“全然守古”彻底决裂的“全然推新”的现代建筑。他倡导由内而外的现代主义设计思想，认为“一座房屋应该从内部做到外部来，切不可从外部做到内部去”，他赞成“首先科学化而后美化”。[84]1935年，范文照周游欧洲，更加深了他对欧洲现代建筑运动的体认，从而成为他设计生涯的根本性转折点，促使他从设计手法到建筑思想都彻底转向了现代建筑。范文照建筑思想的转变是在西方新思潮影响下执著的文化民族主义者向现代建筑师转变的典型范例。

图3-39 上海，陈英士纪念碑，1932年（建筑师：范文照）

4. 现代建筑师之群——华盖建筑师事务所赵深、陈植、童寯

作为一名职业建筑师，赵深为了取得官方委托而参与了“中国固有形式”建筑活动，设计了几座“宫殿式”建筑。对于“中国固有形式”，在很大程度上是不得已而为之，正如陈从周所评价：“赵深于南京亦曾设计若干运用古典手法建筑，更觉皮毛矣。赵氏设计颇重造价之低省，致多处未能符合古典要求，实则从营业观点出发，投其所好，于斯道则未深究耳，可谅也，其学不在此也。”[85]1933年，赵深—陈植建筑师事务所在童寯加入后改名为华盖建筑师事务所。华盖事务所的成立，标志着三位同样受过学院派教育又不约而同选择了现代建筑道路的建筑师走到一起，“相约摒弃大屋顶”，也使得华盖成为20世纪上半叶现代建筑作品最多的中国建筑师事务所。童寯是中国最早接受现代主义的建筑师之一。他在1930年离开美国赴欧洲考察期间，目睹了新建筑运动，回国后在写于东北大学的“建筑五式”一文中就明确指出：“近年因钢铁水泥之用日广，房屋之高度，已有超千尺以上者，又因经济限制，而生适用问题。希腊罗马建筑诸式，30年间渐归淘汰……现今建筑之趋势，为脱离古典与国界之限制，而成一与时代密切关系之有机体。科学之发明，交通之便利，思想之开展，成见之消灭，俱足使全世界上建筑逐渐失去其历史与地理之特征。今后之建筑史，殆仅随机械之进步，而作体式之变迁，无复东西、中外之分。”[86]在1930年代许多建筑师卷入官方倡导的“中国固有形式”的时候，他始终坚持现代建筑思想（图3-40）。在抗日战争爆发前夕，他预言：“无需想象即可预见，钢和混凝土的国际式（或称现代主义）将很快得到普遍采用。”而一位哲人说过：“真正的思想者是孤独的。”新中国成立后，童寯远离了建筑舞台的政治风云变幻，悉心于建筑教育和建筑理论，保持了一个纯粹的现代主义建筑师的学术品格和一个自由主义知识分子的完整人格。

5. 理智与情感之间——梁思成

对梁思成学术生涯影响最大的莫过于他的父亲梁启超。在梁启超的引导下，他走上了中国古代建筑研究的学术道路，家学的渊源使得梁思成有着强烈的传统文化传承意识。同时，他接受的西方建筑教育使他基本上属于西化的现代知识分子。据有关资料显示，1930 年代的梁思成、林徽因与胡适、闻一多、梁实秋、徐志摩等人同属于北平西化的上层知识分子阶层，梁思成夫妇还有一个属于自己的小圈子，他们的密友费慰梅在《梁思成与林徽因》中指出，这群人包括“哈佛出身的人类学和考古学家李济，带领中央研究院小组在安阳发掘殷墟；社会学家陶孟和曾在伦敦留学，是中央研究院社会研究所所长。这些人如同建筑学家梁思成和逻辑学家金岳霖，无一不是现代主义者。立志要用科学的方法研究中国的过去和现在的现代化主义者。”[87]梁思成同当时中国其他领域的知识分子精英一样，保持了对西方新思潮的高度敏感，这使他成为中国现代建筑思想和城市规划思想的早期传播者。强烈的传统文化传承意识与现代性精神集于一身，使他的建筑思想成为中国社会急剧转型时期的现代性与传统之间矛盾与困惑的缩影（图 3-41）。

图 3-40　上海，西藏路某公寓方案，1937 年（建筑师：华盖建筑师事务所）

图 3-41　吉林，吉林大学校舍配楼，1929-1931 年（建筑师：梁思成）

在 1930 年代的中国建筑界，梁思成扮演了一个矛盾的角色：他既是一个现代主义者，又是一个文化民族主义者；他既要传播现代主义思想，又承担着延续传统建筑生命的历史使命；在他身上可以看到现代主义的理性主义又能看到前现代的浪漫主义的影子（如他提出的“建筑意”）。不可否认他的中国古代建筑历史研究对于“中国固有形式”建筑有推波助澜的作用，但是，他对古建筑的赞扬中又表现了对现代建筑价值观念的认同。例如，他认为建筑的美不能脱离合理的、有机能的、有作用的结构而独立。他在宝坻广济寺三大士殿的调查报告中说：“在三大士殿全部结构中，无论殿内殿外的斗栱和梁架，我们可以大胆地说，没有一块木头不含有结构的机能和意义的。在殿内抬头看上面的梁架，就像看一张 X 光照片，内部的骨干，一目了然，这是三大士殿最善最美处。”[88]林徽因也认为：“结构上细部枢纽，在西洋诸系中，时常成为被憎恶部分。建筑家不惜费尽心思来掩蔽它们……独有中国建筑敢袒露所有结构部分，毫无畏缩遮掩的习惯……几乎全部结构各成美术上的贡献。这个特征在历史上，除西方高矗式建筑外，惟有中国建筑有此优点。"[89]梁思成对现代建筑思想的理解几乎达到了一个纯粹的现代主义者的高度，但是他身上沉重的文化民族主义的甲胄又使他无法成为一个真正的现代主义者，梁思成理论的这种内在矛盾为其1950年代建筑思想的反复和倒退埋下了伏笔。在1950年代初以"社会主义内容，民族形式"为口号的传统建筑复兴浪潮中，梁思成比其在1930年代的"中国固有形式"建筑中的表现更为活跃。但是在紧随其后的反浪费运动中，大屋顶成为反浪费的靶子，而梁思成作为复古主义的典型而成为众矢之的，他对中国传统建筑文化的热情成为了政治祭坛上的牺牲品。

本章小结

本章从中国式折中主义的产生与演变和现代建筑思想体系的初步形成两条线索深入探讨了20世纪20～30年代的中国建筑设计思想的发展演变轨迹。

西方建筑历史上的折中主义是传统建筑体系向现代建筑体系转型和过渡时期的重要建筑文化现象，它的出现是旧建筑体系开始瓦解、失控、陷入混沌状态的表现，也是从传统建筑体系向现代建筑体系演变的过渡时期的过渡产物。综观整个西方现代建筑史，如果说现代建筑运动是一场狂飙突进的革命，那么，折中主义则代表了一种渐进、温和的演化历程。

折中主义是中国清末民初的重要社会文化思潮，以"西洋物质文明，发扬我国固有文艺之精神"的折中主义建筑观念就是"中西互补"、"中西调和"的思想观念在建筑文化中的体现。"中国固有形式"建筑作为与现代建筑同时兴起的中国式"折中主义"，其内涵在不断的新陈代谢和自我否定中向现代性倾斜和演变，走过了从"宫殿式"、"混合式"到作为有中国特征现代建筑的"现代化的中国式"的变迁轨迹。

1920年代后期到1937年抗日战争爆发，是中国建筑活动的黄金时期，形成了中国第一次现代建筑实践的高潮。这一时期，既是中国第一代建筑师登上历史舞台的"第一实践期"，也是现代建筑思想初步形成的时期；中国建筑师不仅完成了从西洋古典和"中国固有形式"向现代建筑风格的转变，其对于现代建筑思想的认识也不断深化，现代建筑的创新精神、科学理性精神、功能理性精神等现代性内涵，已经逐渐为中国建筑师所把握，他们开始走出中与西、传统与现代之间的困惑与徘徊，确立了中国建筑走向世界、走向现代化的大方向。

注释

1 中美联合编审委员会．简明不列颠百科全书．中国大百科全书出版社，1986．

2 范文照．中国建筑之魅力//王明贤．中国建筑美学文存．天津科技出版社，1997：225．

3 宋剑华．胡适与中国文化转型．哈尔滨：黑龙江教育出版社，1996：35．

4 白寿彝．史学概论．银川：宁夏人民出版社，1983：310~311．

5 列文森．儒教中国及其现代命运．北京：中国社会科学出版社，2000：序12．

6 金耀基．从传统到现代性．北京：中国人民大学出版社，1999：65~70．

7 邹德侬．中国现代建筑史．天津科学技术出版社，2001：72．

8 梁思成．天津特别市物质建设方案（1930）．梁思成全集（第一卷）．中国建筑工业出版社，2001：32~34．

9 梁思成．建筑设计参考图集序．梁思成文集（第二卷）．中国建筑工业出版社，1984．

10 梁思成．为什么研究中国建筑，凝动的音乐．天津：百花文艺出版社，1998：210．

11 梁思成．天津特别市物质建设方案（1930）．梁思成全集（第一卷）．中国建筑工业出版社，2001．

12 彼得·柯林斯．现代建筑设计思想的演变．中国建筑工业出版社，1987：138．

13 沈麋鸣．建筑师新论．时事新报，1932－11－23．

14 范文照．中国建筑之魅力//王明贤．中国建筑美学文存．天津科技出版社，1997：220．

15 转引自：焦润明．中国近代文化史．沈阳：辽宁大学出版社，1999：168．

16 转引自：李树声．“五四”与新美术运动．美术，1989（6）．原载于1934年9月10日《文化建设》月刊。

17 鲁迅．1925年2月9日，看镜有感．鲁迅杂文选集．北京：人民文学出版社，1996：22．

18 张至刚．吾人对于建筑业应有之认识．中国建筑，1933，1（4）．

19 沈麋鸣．怎样踏上新建筑的路程．时事新报，1932－12－7．

20 转引自：罗荣渠．从“西化”到现代化．北京大学出版社，1997：7~8．

21 段治文．中国近代科技文化史论．杭州：浙江大学出版社，1996：151~153．

22 转引自：罗荣渠．从“西化”到现代化．北京大学出版社，1997：8．

23 李辉．梁思成——永远的困惑．大象出版社，2000：22~23．

24 张君劢．明日之中国文化．济南：山东人民出版社，1998：103．

25 张熙若．全盘西化与中国本位//罗荣渠．从“西化”到现代化．北京大学出版社，1997：440~442．

26 范文照．中国建筑之魅力，//王明贤．中国建筑美学文存．天津科技出版社，1997：220．

27 麟炳．为中国建筑师进一言．中国建筑，1934，2（11）．

28 关志钢．新生活运动研究．深圳：海天出版社，1999：94．

29 关志钢. 新生活运动研究. 深圳：海天出版社，1999：93.
30 刘俐娜. 中国民国思想史. 北京：人民出版社，1994：167 ~174.
31 王新命等. 中国本位文化建设宣言//罗荣渠. 从“西化”到现代化. 北京大学出版社，1997：391 ~396.
32 孙科《首都计划序》。参见：国都设计技术专员办事处. 首都计划. 南京：国都设计技术专员办事处，1929.
33 张燕. 清末及民国时期南京建筑艺术概述. 民国档案，1999（4）.
34 刘先觉. 中国近代建筑总览·南京篇. 中国建筑工业出版社，1992：113.
35 董大酉. 上海市政府新屋之概略. 中国建筑，1933，1（4）.
36 董大酉. 上海市政府新屋之概略. 中国建筑，1933，1（4）.
37 董大酉. 上海市政府新屋之概略. 中国建筑，1933，1（4）.
38 参见：李海清. 中国建筑现代转型. 南京：东南大学出版社，2004：325.
39 根据郑祖安. 百年上海城. 上海：学林出版社，1999：284 编制.
40 转引自：赖德霖. “科学性”与“民族性”——近代中国的建筑价值观. 建筑师总第 63 期.
41 转引自：卢海鸣. 南京民国建筑. 南京大学出版社，2001：128.
42 转引自：赵立瀛. 我国建筑“民族形式”创作的回顾. 建筑师，总第 9 期.
43 转引自：侯幼彬. 难忘的 1965. 建筑百家回忆录. 中国建筑工业出版社，2000：153.
44 胡适. 试评所谓“中国本位的文化建设”//罗荣渠. 从“西化”到现代化. 北京大学出版社，1997：417 ~422.
45 梁实秋. 自信力与夸大狂//罗荣渠. 从“西化”到现代化. 北京大学出版社，1997：500 ~505.
46 谭嗣同. 兴算学议—上欧阳中鹄书. 谭嗣同全集（上册）. 湖南人民出版社，1987：153 ~154.
47 鲁迅. 热风·随感录三十六. 鲁迅杂文选集. 人民文学出版社，1996：5.
48 转引自：张慧剑. 辰子说林. 上海书店出版社，1997：124.
49 转引自：罗志田. 物质与文质——中国文化之世纪反思. 光明日报，2000 -12 -26.
50 张君劢等. 科学与人生观. 济南：山东人民出版社，1997：310.
51 龚书铎. 中国近代文化概论. 北京：中华书局，1997：81.
52 转引自：邱志华. 陈序经学术论集. 浙江人民出版社，1998：255.
53 [美] 列文森. 儒教中国及其现代命运. 北京：中国社会科学出版社，2000：94.
54 梁思成. 建筑设计参考图集序. 梁思成文集（第二卷）. 中国建筑工业出版社，1984.
55 赖德霖. “科学性”与“民族性”——近代中国的建筑价值观. 建筑师，总第 63 期.
56 赖德霖. 从宏观的叙述到个案的追问——近 15 年中国近代建筑历史研究评述. 建筑学报，2002（6）59 ~61.

57 赖德霖．“科学性”与“民族性”——近代中国的建筑价值观．建筑师，总第63期．
58 丰子恺．西洋美术史．上海，上海古籍出版社，1999：110～119．（1928年开明书店初版）
59 丰子恺．店的艺术．西洋建筑讲话．上海开明书店，1935：67～84．
60 沈潼．林朋建筑师与“国际式”建筑新法．时事新报，1933－2－15．
61 林朋建筑师谈室内装饰．申报，1933－8－15．
62 赖德霖．“科学性”与“民族性”——近代中国的建筑价值观．建筑师，总第63期．
63 麟炳．建筑循环论．中国建筑，1934，2（3）．
64 何立蒸．现代建筑概述．中国建筑，1934，2（8）．
65 童寯．建筑艺术纪实．童寯文集．中国建筑工业出版社，2000：88．
66 丰子恺．西洋美术史．上海古籍出版社，1999：119～120．
67 向培良．艺术形式论．艺术通论．上海：商务印书馆，1940：47～63．
68 黄钟琳．建筑的原理品质述要．建筑月刊，1933，1（9）～（10）合订本．
69 刘既漂．中国新建筑应如何组织．东方杂志，1927，24（24）．
70 林徽因．论中国建筑之几个特征．林徽因文集·建筑卷．天津：百花文艺出版社，1999：2．
71 林徽因．论中国建筑之几个特征．林徽因文集·建筑卷．百花文艺出版社，1999：4．
72 黄钟琳．建筑的原理品质述要．建筑月刊，1933，1（9）～（10）合订本．
73 张至刚．吾人对于建筑事业应有之认识．中国建筑，1933，1（4）．
74 梁思成．致东北大学建筑系第一班毕业生信．凝动的音乐．百花文艺出版社，1998：370．
75 张镈．我的建筑创作道路．北京：中国建筑工业出版社，1997：16．
76 孙中山．孙中山全集·第六卷·建国方略·建国方略之二·实业计划（物质建设）．北京：中华书局，1985：384～387．
77 勒·柯布西耶．明日的城市．卢毓骏译．商务印书馆，1936：1～2．
78 卢毓骏．三十年来中国之建筑工程//杨永生．建筑百家评论集．中国建筑工业出版社，2000：290．
79 梁思成．梁思成全集·第一卷．中国建筑工业出版社，2001：32～33．
80 童寯．建筑艺术纪实．童寯文集·第一卷．中国建筑工业出版社，2000：85～87．
81 庄俊．建筑之式样．中国建筑，1935，3（5）．
82 杨永生等主编．20世纪中国建筑．天津科学技术出版社，1999：118～119．
83 范文照．中国建筑之魅力//王明贤等．中国建筑美学文存．天津科技出版社，1997：218～225．
84 伍江．上海百年建筑史．同济大学出版社，1997：154．

85 陈从周. 梓室遗墨·卷三. 北京：三联书店，1999：206.

86 童寯. 建筑五式. 童寯文集·第一卷. 中国建筑工业出版社，2000：2.

87 刘小沁. 走进徽因的客厅. 中国文艺家，2000（6）.

88 梁思成. 宝坻县广济寺三大士殿，中国营造学社汇刊，1932，3（4）.

89 林徽因. 论中国建筑的几个特征. 林徽因文集·建筑卷. 天津：百花文艺出版社，1999：1～15.

第四章

1937～1949：不应被遗忘的现代建筑历史——抗战爆发后的现代建筑思潮

1937年抗日战争的爆发是改变中国历史命运的重大历史事件，也是中国现代建筑史的重要分水岭。从1926年沙逊大厦的兴建为标志的中国第一次现代建筑高潮到1949年新中国成立的23年间，如果以1937年为界线可以划分为1926～1937年及1937～1949年的分别为11年和12年的两个历史时期。前一时期是20世纪上半叶中国建筑活动的鼎盛时期和第一次现代建筑的高潮期；而后一时期则通常被视为建筑活动的停滞期与凋零期。战争的涂炭以及资料的散乱与缺失，使得对这一时期的中国建筑历史的研究几乎成为学术空白和断裂带。着眼于这个历史时期来探索中国现代建筑史，将是一件困难却十分有意义的事情。

一、抗战爆发前的国际与国内建筑

两次世界大战之间的时期对于现代建筑来说是挑战与机遇并存的时期。如果说1919年包豪斯的成立标志着现代建筑运动走向成熟的开始；那么，在欧洲，第一次世界大战的战后恢复则给现代建筑以历史机遇，空前的房荒使得住宅问题成为建筑革命的诱因之一，正是在此需要为普通人解决大量住房的时刻，现代主义得到了大规模实验和实施的机会。前苏联十月革命和国内战争之后，共产主义理想赋予建筑以新的使命，催生了新的居住和公共建筑类型以及新的城市规划，苏维埃的先锋建筑师们进行了大量现代主义的尝试并取得了卓越成果。但是一战以后的西方也孕育着现代性的巨大危机。斯宾格勒（1880～1936年）的《西方的没落》（1918年出版）突出地反映了一战后西方知识界对西方文明的动摇和幻灭，标志着西方现代性的危机的到来。1929～1933年间欧美爆发了资本主义经济危机，加之法西斯极权主义在欧亚资本主义世界的崛起，西方自由资本主义受到了来自法西斯主义和社会主义的双重挑战。1925年，前苏联在“社会主义内容，民族形式”的口号下，把“以构成主义为代表的活跃的俄国现代建筑潮流置于死地”。[1]1927年，日内瓦国联总部的国际设计竞赛中，勒·柯布西耶的方案被新古典主义的方案所取代；1931年，在莫斯科苏维埃宫的设计竞赛中，勒·柯布西耶的现代主义再度被拒绝；1933年包豪斯被迫关闭。现代建筑运动所遭受的一系列挫折表明，现代建筑还远未为被官方意识形态所接受。随着第二次世界大战的迫近，从德国到日本，建筑领域又被徘徊在民族主义与民族沙文主义之间的古典复兴所笼罩。

1927年南京国民政府成立后，蒋介石在训政时期"以党治国"的名义下，竭力限制人民的民主权利。1931年南京国民政府颁布了《中华民国训政时期约法》，这部约法名义上允诺人民有言论、出版、集会、通讯、居住等自由，却又规定国民政府有制订法律"停止或限制之"的特权。著名的自由派知识分子罗隆基在《新月》杂志上发表文章尖锐地批评说："这次约法，只有'主权在民'的虚文，没有人民行使主权的实质。"而所谓的五权分立的体制，在一党专制之下，完全是"一个独裁专制的政府，或成一个多头专制的政府。"[2]中国知识阶层的政治抗议很快被国民政府所镇压，罗隆基因此被捕入狱，《新月》杂志被查封。

1930年代，蒋介石受到意大利和德国法西斯主义思潮的影响，积极扶持法西斯团体，如复兴社、力行社。这些团体指责国民党和国民政府已经失去了"革命精神"，"腐败，争权夺利，效率低下"，认为"在中国实行民主还不成熟"，主张采用类似法西斯的威权主义手段，以暴力、恐怖活动和中国传统文化重振国民党，"复兴民族和民族文化"。复兴社的机关刊物《中国革命》和机关报《中央日报》等报刊，大力鼓吹法西斯理论，宣称"我们无需隐瞒，我们正需要中国的墨索里尼，中国的希特勒，中国的斯大林！"[3]"这是一个新的时代，独裁是这个时代进步的手段！"[4]这些团体主张对领袖的绝对服从，主张个人品质的节俭、清廉和保密，提倡极端民族主义，要求取消自由主义和个人主义，实现社会的军事化。在经济领域，面对世界性的资本主义经济危机和内忧外患的挑战，蒋介石试图以法西斯德国作为现代化模式，建立国防经济体制，反对资本主义自由经济，鼓吹国家垄断资本主义的"统制经济理论以一种官方学说受到倡导"。[5]而这一时期官方倡导的"中国固有形式"建筑在某种意义上正是国民党一党专政的"训政时期"的历史缩影。

二、战争与战时建筑

1937年"七七事变"爆发后，日本帝国主义悍然发动了全面侵华战争，中国沿海、沿江的大部分通商口岸和经济最为发达的地区沦陷于敌手，其中上海、南京、武汉等政治、经济、文化中心的损失尤为惨重。战争造成了国民经济的超负荷运转，巨大的战争赤字造成了惊人的通货膨胀，并一直持续到1949年国民政府全面瓦解。建筑业从1920~1930年代的空前繁荣跌入1937~1949年长达12年的衰退时期。战争期间，除了1941年太平洋战争爆发前上海、天津租界的"孤岛时期"短暂的繁荣以及日本在沦陷区的少量建设，建筑活动基本陷入停滞。抗战爆发后，大批工厂内迁到西南、西北大后方，大批中国建筑师也迁往后方城市重庆、成都和昆明等地，在极其艰苦的物质条件下惨淡经营。中国营造学社先迁至云南昆明，1939 年辗转迁至四川李庄。同时西方投资者也大量抽逃资金，外国房地产商也大量抛售地产和房产，如 1930 年代曾经掀起上海高层建筑热潮的沙逊洋行从 1937 年开始停止在华业务，有计划地向海外转移资产。西方建筑师事务所也纷纷停业，建筑师归国，如西方在华最大的设计机构公和洋行于 1939 年关闭了在大陆所有的事务所。

战争的爆发首先给建筑活动蒙上了浓厚的战争色彩。在中华民族生死存亡的危急关头，一切服从战争需要，“军事第一，经济第一”成为战时建筑的基本出发点。建筑材料和建筑结构的抗炸能力、建筑的防空问题、物资匮乏条件下地方材料的运用等实际问题成为人们关注的焦点问题。1939 年国民政府颁布的《都市计划法》以法律的形式确立了防空在城市规划中的地位。卢毓骏编著了《防空建筑工程学》、《防空都市计划学》等著作以应时需。抗战爆发后不久，中央大学建筑系 1934 届毕业生费康收集、整理了英法德日等国的有关炮台、飞机种类和型号、各种炸弹对不同建筑材料的破坏程度以及战时各种防空设施、医院、住宅的规划和设计资料，编著了《国防工程》，受到欢迎。[6]

许多中国建筑师从沦陷区内迁到大后方，投身到民族解放战争中，杨廷宝、童寯、徐中等投入到了防空洞、地下工厂、军事工业设施的建设中。中央大学建筑系 1934 届毕业生唐璞，参加了巩义兵工新厂内迁入川的厂房建设，在缺乏建筑材料、熟练建筑工人以及机械设备的条件下，就地取材，用竹编墙、竹筋混凝土圈梁和条石基础，快速建成厂房并投入生产。1940 年重庆遭到大轰炸后，唐璞还设计了中国第一座地下工厂（图 4－1）。[7] 抗战时期建筑工程问题成为人们关注的焦点，从战时的舆论可以清晰地推断出当时社会的建筑价值导向的转变。知名作家李健吾在一篇建筑评论中写道：“忘记看什么报了，有一篇战地通讯，记载某师参谋的谈话，以为上海北站铁路管理局的大楼不能安置炮位，没有军事价值，反而成为敌方射击的明显目标，看完这段谈话，我惘然如有所失。我常常经过这个地方。从这座大楼起造一直到它落成，我都看在眼里，和朋友谈天，我总在推崇它军事的价值。这不能怪我无识，其实就我门外汉看来，觉得那样坚厚的石墙，那样窄小的铁窗，狮子一般，牢狱一般，堡子一般，蹲在车站东首，完全是‘一・二八’之后应有的一种工程……然而‘八・一三’爆发了，某师参谋一语道破它的行藏。我收回我的赞美，好像上了当，觉得自己浅薄可哀。”李健吾联想到了中国传统建筑结构的脆弱，他

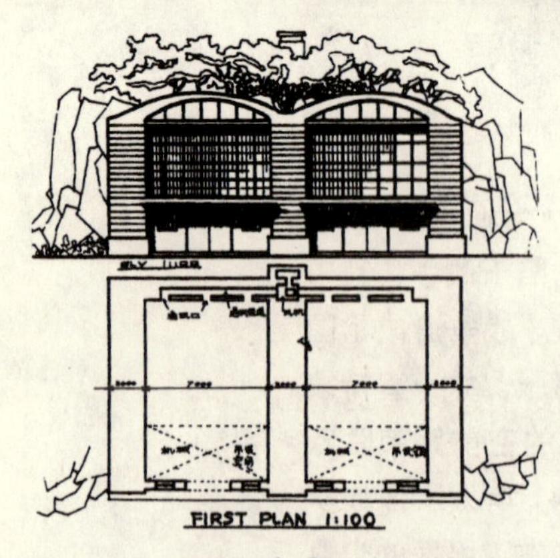

图 4–1　1940 年唐璞设计的地下工厂

说："我不想替我们固有的建筑回护。因为材料柔弱，我们缺乏欧西建筑的坚固性，是谁也一望而知的。写一部欧洲建筑史，实例多在，不算十分困难。在中国，就不然了。只要向梁思成、林徽因夫妇打听一声，便清楚他们内地旅行的收获和建筑史的渺茫了。"他进而对1930年代建造的所谓"中西合璧"式建筑提出了批评，他说："如若北站的管理局不大合军事的条件，至少质朴结实四个字还担当得起。它缺乏精密的军事的计算。但是，在'一·二八'炮火之后，同样不合军事的条件，不中用又不中看的，便是上海，岂止一所高楼大厦！我们一闭眼睛，不期然而然，会有许许多多新近落成的'中西合璧'的建筑（如今已然残毁了）摆在眼边。"我们"忽略了时代，不晓得什么叫做战争。建筑是一个伤心的说明，'焦土'是我们有力的忏悔。"[8]

抗日战争爆发后，在战争条件极其艰苦和设计市场萧条冷落之时，许多建筑师开始以冷静的心态对战前的建筑活动进行严肃的总结和深刻的反思。卢毓骏在"三十年来中国之建筑工程"一文中指出："自二十六年抗战军兴后，以人力物力之缺乏，对于建筑进步不无阻碍；但自另一方面言，实予吾人以检讨与刺激之机会……而对于抗战后之建设，当更有裨益。""溯自第一次世界大战，欧洲新艺术运动，以巴黎为中心，以肇其端倪；战后更达其高潮，而传播于各国，使立体式建筑之创作，由理想达于成功，实为文艺复兴后之最大更新。然经此世界大战后，艺术与技术之受影响，又不知将若何。愚意在建筑方面，必另有一新趋势。"[9] 童寯也在发表于同一年的"我国公共建筑外观的检讨"中指出："若干建筑师赋闲，固然为社会之累，但如建筑工程——尤其是公共建筑——发展像潮涌一般，使每个建筑师感觉手忙脚乱，急于完成施工图样，只求平面布置可以通顺，而无暇对建筑各立面加以深刻思考，使之成为精心之构，岂能说是建国百年大计正轨！"[10]

抗战爆发后，建筑活动总体上陷入衰退和停滞，但是，国际、国内的军事、政治、经济和文化环境开始不可逆转地朝着有利于现代建筑运动的方向演变。

三、从文质到物质——社会价值观念的转变

抗日战争的爆发导致了中国社会价值观念的整体转变。中国文化民族主义的主要特征在于它始终从文化上来探讨民族救亡问题，这是中国传统文化思维模式在起作用。按照儒家的中国观，"华夏"与"夷狄"的区分一直是从文化上来强调的，因而他们把文化的延续性和独立性看成是中华民族生存的前提和条件。因此，鸦片战争以来西学东渐引起的冲突在士大夫阶层中的反映，首先是中国文化的危机。"中国的失败自然是文化的失败，西洋的胜利自然亦是文化的胜利。"20世纪初的国粹主义所主张的文化救亡论在中国

知识分子中一直有很大影响，主张“用国粹激动种性，增进爱国的热肠”，把救亡运动与维护民族文化独立性紧密联系起来，这种文化民族主义思想是“中国固有形式”兴起的重要社会基础。1930 年代在中日战争幽灵的笼罩下，一些知识分子已经清醒地认识到战争终归是国家之间现代化程度、经济和科学的较量，因而对于国粹救亡论产生了怀疑。国民政府外交部次长、历史学家蒋廷黻在作于1938 年的《中国近代史大纲》中指出：“近百年的中华民族根本只有一个问题，那就是：中国能近代化吗？能赶上西洋人吗？能利用科学和机械吗？能废除我们家族和家乡观念而组织一个近代的民族国家吗？能的话，我们民族的前途是光明的。因为在世界上，一切的国家能接受近代文化者必致富强，不能者必遭惨败，毫无例外。并且接受得愈早愈速就愈好。”[11]醉心于传统文化的“性灵文学”倡导者林语堂，在抗日战争爆发后也深刻地指出“只有现代化才能救中国”。他说：“现在面临的问题，不是我们能否拯救旧文化，而是旧文化能否拯救我们。我们在遭受侵略时只有保存自身，才谈得上保存自己的文化。”[12]“同时我们认识到不是我们的旧文化，而是机枪和手榴弹才会拯救我们的民族。”“事实上，我们愿意保存自己的旧文化，而我们的旧文化却不可能保护我们。只有现代化才能救中国。11 世纪米芾精妙绝伦的绘画和苏东坡炉火纯青的诗篇皆不足以阻止半世纪后金人对北部中国的入侵，宋徽宗的绘画艺术也不能保障在他作为野蛮侵略者的人质时幸免于死。”[13]

这一时期社会文化氛围的转变被中国现代思想史研究者称为“从文质到物质”的社会思潮转向。[14]这一转向标志着中国的知识分子从浪漫主义到现实主义、从文化救亡论到追求现代化的思想转变。在这种文化氛围下，1930 年代的“科学与玄学论战”中因提倡“玄学”而被丁文江称为“玄学鬼”的张君劢也逐渐转向了“科学”的一方。他于1934 年声明其“受过康德的洗礼，是不会看轻科学或反对科学的”。到1940 年代后期，张君劢更强调“现在国家之安全、人民之生存无不靠科学，没有科学便不能立国。有了科学虽为穷国可以变为富国，虽为病国可以变为健康之国，虽为衰落之国也可以变成强盛之国”，只要“在科学上用大工夫，我们大家就不怕没有好日子过，不怕没有饭吃；不怕政治不走上正轨”。[15]这说明他已经从1920 年代追随严复、梁启超等人的科学悲观主义转变为一个科学乐观主义者，张君劢的转变反映了抗日战争期间科学主义在中国的胜利。

四、走下神坛——对“中国固有形式”的反思与批判

建筑批评的缺席是战前中国建筑实践和建筑理论的重大缺憾。没有建筑批评就没有建筑的健康发展，建筑批评是建筑学术生态中不可或缺的有机组成部分。1920 年代中国第一代建筑师登上历史舞台后西方的建筑评论机制并

没有同时建立，1928 年成立的中国建筑师学会是以职业关系为主发起的组织，业界同仁间的相互批评被认为是有悖于职业道德的行为。在 1928 年 6 月颁布的《中国建筑师学会公守诫约》中明文规定了“建筑师对于同业不宜加以无诚意之批评，更不宜有意诋毁，无论直接或间接致使他人受名誉上或营业上之损失。”“不宜损害同业人之营业及名誉，不应批判或指责他人计划及行为”成为一种职业道德与规范。由于缺乏建筑批评的氛围，战前中国建筑界看不到有生气的探讨、争论，使得建筑理论的发展受到了局限。另外，战前十余年是中国建筑历史上的一个黄金时代，虽然建筑的高度商业化和商品化成为现代建筑传播的重要途径，但是，大量的设计任务使得许多职业建筑师无暇细究现代建筑思潮的理论内涵而实行“拿来主义”，仅仅取其商业化的外观和形式来迎合市场。

在抗战后方的建筑界，战前受到国民政府和文化民族主义倡导的“中国固有形式”受到了普遍质疑和批判。

战前中国建筑界有一种颇为流行的观点：中国传统建筑具备许多现代性因素，诸如与西洋古典的砖石结构迥异，而与现代建筑的框架结构原理相通的梁架式结构，与现代建筑思想相通的结构与构造的忠实表现原则等等，因而可以在不打断传统建筑文化延续性的前提下完成传统建筑的现代化更新。梁思成、林徽因夫妇就是这一论点的热衷者，他们曾乐观地宣称：“关于中国建筑之将来，更有特别可注意的一点：我们架构制的原则适巧和现代‘洋灰铁筋架’或‘钢架’建筑同一道理；以立柱横梁牵制成架为基本……中国架构制既与现代方法恰巧同一原则”，[16]因此，现在“正该是中国建筑因新科学、材料、结构，而又强旺更生的时期。”[17]持这种乐观主义观点的不止梁思成夫妇，著名建筑师范文照也认为“中国的建筑的构造中没有虚假的概念。每一构件均有其结构上的价值，各种装饰都有一种启示性的实用性。构架由梁、柱、斗栱组成，为一种开放式的木构造。屋顶构架用木柱支承，围护墙只是在立架之后才砌筑，这种古老的构造方式造就了钢架摩天楼的现代概念，后者在科学上实非新的发明。”因此，“中国的建筑风格……不是仅仅作为考古研究之对象，而且是一种活生生的建筑风格，可以予以保留并适应现代中国之要求。”[18]这种笼统地把中国传统的梁架式结构与现代框架结构进行牵强比附，进而认为传统建筑风格可以适应时代需要而复兴的乐观主义，反映了 1930 年代中国建筑师在科学理性与民族情感之间的徘徊——已经洞悉西方现代建筑的真谛所在，而民族情感又限制了进一步的理性思考。

在抗战时期建筑界对“中国固有形式”的反思中，科学理性之剑开始击碎这种民族主义的浪漫幻想。童寯一针见血地指出：“中国木作制度和钢铁水泥做法，惟一相似之点，即两者的结构原则，均属架子式而非箱子式，惟木架与钢架的经济跨度相比，开间可差一半，因此一切用料权衡，均不相同。

拿钢骨水泥来模仿宫殿梁柱屋架，单就用料尺寸浪费一项，已不可为训，何况水泥梁柱已足，又加油漆彩画。平台屋面已足，又加筒瓦屋檐。这实不能谓为合理。”“有人问，若把一所北平宫殿的木架，完全改为钢骨水泥，是否又坚固又科学化而美丽呢。不行，这部殿版西书要不得，因为材料不同，所以权衡和安排也不应无别，中国式的建筑，如以钢骨水泥为材料，其式样恐要大加时代化。”童寯还基于现代建筑的理性主义观念和现实国情，对“中国固有形式”建筑进行了批判，他指出：“将宫殿瓦顶，覆在西式墙壁门窗上，便成功为现代中国的公共建筑式样，这未免太容易吧。这种式样，在今后中国公共建筑上，毫无疑义地应当成为过去……一个比较贫弱的国家，其公共建筑，在不铺张粉饰的原则下，只要经济耐久，合理适用，则其贡献，较任何富含国粹的雕刻装潢为更有意义……建筑设计不能离开忠实原则，只要无所隐藏或削趾适履，或抄袭模仿，勉强凑成，则一个建筑物无论大小，无论经过多少时间，自会有地位而不磨灭的。”[19]童寯的言辞中已经显露出激进的现代建筑思想的锋芒。

抗战时期，面对国际性现代建筑潮流和中国的社会现实，一些战前“中国固有形式”的积极倡导者也从原来的立场上退却。梁思成一改原来对“中国固有形式”建筑的乐观态度，认为“在最清醒的建筑理论立场上看来，‘宫殿式’的结构已不适合于近代科学及艺术的理想……因为浪费侈大，它不常适用于中国一般经济情形，所以不能普遍。有一些‘宫殿式’的尝试，在艺术上的失败可拿文章作比喻。它们犯的是堆砌文字，抄袭章句，整篇结构不出于自然，辞藻也欠雅驯。”“世界建筑工程对于钢铁及化学材料之结构愈有彻底的了解，近来应用愈趋简洁。形式为部署逻辑，部署又为实际问题最美最善的答案，已为建筑艺术的抽象理想。今后我们自不能同这理想背道而驰。”[20]战前“中国固有形式”建筑活动的许多参与者也加入了批评的行列。卢毓骏，“宫殿式”的南京国民政府考试院的设计者，在“三十年来中国之建筑工程”一文中对1929年国民政府主导下制订的南京“首都计划”提出质疑。针对倡导公共建筑采用“中国固有形式”的“光线空气最为充足”的理由，他指出：“此点实不成为理由，因现代外国建筑之良好设计，光线与空气莫不充足，若我国固有建筑之设计不良者，亦常感日光空气之不足”。接着，他批评“宫殿式”的国民政府交通部建筑“虽属富丽，但仍采用外国传统之公共建筑平面，致内部有若干房间光线不足。实际上欧洲30余年来房屋设计废除内天井之运动已甚普遍，该设计仍沿用之，斯为憾事”。[21]林克明1930年曾任广州中山纪念堂建设工程顾问，1934年设计了大屋顶的广州市府合署。1942年，他在《新建筑》第7期发表了“国际新建筑会议十周年纪念感言”，积极倡导现代建筑运动，批判了作为“固有形式”倡导者的官方和只知迎合业主的建筑师。他指出：“我国向来文化落后，一切学术谈不到获取国际地位，建筑专门人才向无切实联合，即过去的十年间建筑事业略算全盛时代，然亦只有各个向私人业务发展，盲目的、苟且的只知迎合当事人的心理，政府当局的心理，相因成习，改进殊少，提倡新建筑运动的人寥寥无几，所以新建筑的曙光，自国际新建筑会议后已成一日千里，几遍于全世界，而我国仍无相继响应，以至国际新建筑的趋势、适应于近代工商业所需的建筑方式，亦几无人过问，其影响于学术前途实在是很重大的。"与卢毓骏相比，林克明对"首都计划"的批判更为尖锐。他列举了前者主张"中国固有形式"的四条理由之后指出："查以上所举理由，稍加思度已知其无一合理者，且离开社会计划与经济计划甚远，适足以做成'时代之落伍者'而已。"[22]

这一时期，中国建筑师对传统复兴与专制政治之间的内在联系也进行了深刻的批判。1941 年，童寯在重庆《战国策》杂志上发表的"中国建筑的特点"一文，对纳粹德国压制现代建筑、驱逐新派建筑师表示不满，他指出："德国自国社党柄政以来，德国的建筑已经改观了吗。国社党以为平顶素壁的立体式建筑，不合国策，乃驱逐新派建筑家于国外，不惜令建筑艺术，在德国倒退 50 年。"[23]在"我国公共建筑外观的检讨"一文中，他进一步指出："我们希望宫殿式洋房，在战后中国的公共建筑中，不再被有封建趣味的达官贵人们考虑到。以前很有几座宫殿式的公共建筑，是由业主指定式样而造成的。"[24]

战时中国建筑师对"中国固有形式"的反思和批判，表明中国建筑师已经打破狭隘的民族本位意识，对现实国情和世界建筑发展趋势有了更深刻的体认。

五、激进的现代建筑思潮的涌动

1940 年代初，在战争的大后方重庆，战时文艺界的思想交锋趋于白热化。著名的文艺评论家胡风强调文艺的时代性和世界性，他与主张文艺创作"以民族形式为源泉"的文学家之间爆发了现代文学史上著名的"民族形式"问题论战。论战主要是在胡风和向林冰之间进行的。向林冰谴责五四新文艺"无条件地割断了历史的优秀传统，割断了和人民大众的联系"。他认为"新的民族形式的创造，不以民间形式的批判的运用为起点，不从旧形式的内在的自己否定中来发现新形式的萌芽，这完全是纯主观性的腾云驾雾的文艺发展中的空想主义路线。"向林冰的文章引起了以胡风、冯雪峰等为代表的左翼作家的激烈反对。胡风引用了前苏联文艺批评家卢卡契的理论加以批驳，他认为，社会的发展、生活的需要导致新风格、新方法的产生，而不是由于艺术形式自身发展而产生的。他在《论民族形式问题》一书中指出："表现现实的新的风格、新的方法，虽然总是和以前的诸形式相联系着，但是它决不是由于艺术形式本身固有的辩证法而发生的。每一种新的风格的发生都有社会历史的必然性，是从生活里面出来的，它是社会发展的必然的产物。”胡风主张：“应该内容（现阶段的现实斗争和革命性质）决定形式。而这内容，从五四以来，却是现代的、‘国际的’。因此，文艺形式便不能是简单搬用和强调传统的或民间的‘民族形式’”，同时强调“民族形式不能是独立发展的形式，而是反映了民族现实的新民主主义内容所要求的、所包含的形式……它的实际的过程也非得通过五四的革命文艺传统，把这个传统当作基础不可……把这个本质的方法上的内容看做‘在中国文艺传统的发展上’的‘异民族’的外来影响，只能是‘中学为体西学为用’主义的再演。”[25]

在这场“民族形式”论战中，胡风坚决捍卫新文化运动的启蒙主义和激进反传统精神，强调文艺的时代性和世界性，这尽管是发生在文艺界，却具有广泛的思想文化意义。这场论战标志着左翼文化阵营的分化和更加激进的文艺思潮的兴起。

战前的中国建筑界，现代建筑无论在实践还是理论上都得到了很大程度的传播。但是，在具体的建筑实践中，中国建筑师往往根据官方建筑或商业建筑的不同委托，在“中国固有形式”和现代建筑形式之间进行选择和取舍。这种折中主义的态度，限制了对现代建筑思想的深层次的理解和把握。另外，欧洲的现代建筑运动不仅是一场建筑领域的革命，并且与左翼社会运动息息相通。而战前中国的现代建筑实践只局限在纯粹的专业领域，并没有与轰轰烈烈的社会运动发生任何关联。从抗战爆发到新中国成立前的一段时期，现代建筑思想的传播开始染上强烈的政治和意识形态色彩。

战争引发了革命，打碎旧世界、创造新世界的革命热情又催化了狂热的建筑探新运动和激进的现代主义思潮，第一次世界大战和十月革命后俄国构成主义兴起的一幕似乎又在中国重演，在战火和硝烟中，激进的现代主义建筑思潮在中国崛起。

《新建筑》创刊于1936年，是广东省立勷勤大学建筑系学生创办的一份较早倡导现代建筑思想的学生刊物。抗战爆发前它就主张“反抗现存因袭的建筑样式，创造适合于机能性、目的性的新建筑”。抗日战争爆发后，《新建筑》倡导现代建筑思想的姿态变得更为激进。该刊1941年第1期上刊登了霍然的长篇文章“国际建筑与民族形式——论新中国新建筑的“型”的建立”，文章把对现代建筑的理解和认识上升到政治和意识形态的高度。他宣称：“在意识形态战线上，要真正战胜反抗新建筑运动的敌人，我们的理论与思想必须与社会主义的实践合作着步调而前进。（因为适应于社会主义的意识形态的新建筑才是向着人类、向着太阳、向着更光明更现实的人类生活前进啊！）……我们今日提出新建筑的民族形式问题，不仅是艺术生活的问题；不仅是中国建筑技术水准的问题。我们应该把这个问题看作建设新中国的理论斗争的一部，它是不能被孤立地划分开来的。"[26]霍然对现代建筑思想的论述预示着更为亢进的、战斗性的现代建筑思潮的崛起。

现代建筑运动的先驱者们强调建筑的普遍性和世界性，格罗皮乌斯认为："建筑往往是具有民族意识的，同时也表达了个人风格。然而在个人、民族和人类的同心圆中，最后一个大圆却包容了前面两个小圆。"霍然的观点与格罗皮乌斯惊人地相似，他宣称："建筑虽然在独自地创造的文化形式的特性上是个人的民族性的，但在民族的特质向着国际的本质的发展过程上，结果在三个同心圆——个人、民族、人类——中，最大最后的一个便毕竟把其他两个包括着。"[27]

与旧世界、旧文化的决裂以及对新社会、新文化的憧憬和向往激发了建筑师探索新建筑的勇气，而激进的告别传统的现代建筑思想成为批判旧建筑文化的有力思想武器。与受西方学院派熏陶并曾经醉心于西洋古典主义的第一代负笈出洋的建筑学前辈相比，在1940年代，更吸引青年学子和新生代建筑师的是1920年代在欧洲崛起，其后又在美国蔓延的现代主义建筑理念。1942年毕业于中央大学的戴念慈，在新中国成立前后的一系列论文中显露出新生代建筑师激进的现代主义建筑思想锋芒。他宣称："现在，旧的一切没落了，腐朽了，病态的社会和病态的文化将跟着帝国主义和封建势力一同死亡。健康的文化即将获得正常的发育而壮大。"他先从中国画在旧形式与新题材之间的矛盾立论，"我们无法阻止公路和大烟囱侵入那闲逸的中国旧山水画，你觉得不调和吗？那么该否定的是旧山水的形式，却不是公路和大烟囱。能把公路和大烟囱赶出中国的山水，为了想保存中国的"国粹"吗？假如不，那么我们也就不必担心那旧有建筑式样的没落和死亡了！"他满腔热情地提出："新中国的新建筑应该是以真理为根据的建筑。新中国的新建筑应该是以人民的合理生活方式为基础的建筑。新中国的新建筑应该是表现高度艺术性的建筑。新中国的新建筑应该是适合中国国民经济的建筑。"他认为："真正的建筑美，它是外表形态和内部机能完全统一的'美'。它和大自然所创造的众生一样，是一切客观条件自然的结果，决无矫揉造作的状态。"从现代建筑思想的理性主义出发，他主张建筑应当说"老实话"，他批评"宫殿式"建筑是说谎："宫殿式的北京图书馆和宫殿式的金陵大学，都是'谎'。它们都是钢骨水泥的构造，然而都打扮成一副木构建筑的面貌，明明是一根钢骨水泥的大梁，都硬被做成了两根木质的大额枋和小额枋。"戴念慈还撰文对梁思成等人编写整理的《中国建筑参考图集》提出质疑，他写道："现在我们的建筑师们是否也想替今后建筑艺术的民族形式规定出一种标准？说：民族形式的建筑，它的门窗的形式是怎样的，屋顶形式是怎样的，柱子的形式是怎样的，乃至墙身、勒脚石、栏杆……又是怎样的。于是，今后的设计者只需顾到这些外表的架子，只要替新建筑戴上一副旧形式的假面具，便可成为民族的形式了……论中国绘画史的，莫不痛心那本害人的芥子园画谱。说‘芥子园画谱’断送了中国绘画的生动活泼的生命……我们将要编造一本中国新建筑的‘芥子园画谱’吗?"[28]

《新建筑》和戴念慈的一系列文章，反映了在中国社会急剧动荡的1940年代，现代建筑思想的时代性、进步性以及与它与社会革命潮流之间的紧密关联。

六、新的国际领域与中国建筑师的现代建筑理论探索

1932年，在约翰逊和希契柯克（R. H. Hitchcock）的主持下，纽约现代艺术博物馆首次举办现代建筑国际展览，陈列了欧洲和美国的现代建筑成就。为了配合这次展览，两人合著了《国际式：1922年以来的建筑》（International Style：Architecture Since 1922）一书，从此“国际式”这个名称不胫而走，成为现代建筑的同义语和代名词。嗣后，每隔几年便举办一次类似的展览，如1935年介绍勒·柯布西耶的作品，1938年介绍包豪斯。创建于1919年的包豪斯先后集中了一批著名的现代建筑师和现代艺术家。1934年，当包豪斯被纳粹政权解散后，他们纷纷出走，反而促进了现代建筑思想的国际性传播。包豪斯主要成员中大部分以美国为最后目的地，并对美国建筑产生了极大影响。1937年，格罗皮乌斯受聘于哈佛大学，任建筑系主任，将巴黎学院派作风一扫而光。密斯也于1937年主持了伊利诺伊理工学院建筑系。

以汪定曾、黄作燊、冯纪中、王大闳、陈占祥、金经昌等为代表的1930年代后期和1940年代留学归国的建筑学子，直接带回了西方最新的现代建筑思想和现代城市规划思想，也使中国与国际现代建筑运动更紧密地联系在一起。中国东北大学和中央大学的早期毕业生如张开济、张镈、唐璞等，在战争时期也开始独立工作，他们的设计生涯都是从现代建筑开始的。这些新生代建筑师的成长和战前开业的中国建筑师向现代建筑思想的转变，共同标志着抗日战争和战后时期中国现代建筑已经占据了主导地位。

抗战期间，许多著名建筑师撰文从科学技术的普遍性立论，强调现代建筑的世界性和国际性。沈理源在其编译的《西洋建筑史》后记中指出：“第19世纪为科学大昌明之时期也，前人所未见之物而今俱次第发明，人类生活日新月异……因此种种发展而近代建筑乃日趋于复杂矣。前代建筑往往受地理地质等之影响，今则无关紧要矣。盖以交通便利各地材料运输甚易，就地取材已成过去名词，故不受地理之影响且因利用人工制造之材料而地质之影响亦微，虽气候之影响于建筑尚保持原状，如门窗大小屋顶高低烟突设置无甚差别，但因蒸汽和最近冷气之发明以及各种隔热材料之应用，其关系亦甚微细也。"[29]童寯在“中国建筑的特点”一文中认为，传统建筑体系已经不能

适合中国现代生活的需要，“中国式的平面布置，许多统间用廊子联起，作住宅既不合近代小家庭享用，作工厂银行办公楼都感觉分间不经济，组织不谨密，令人多跑冤枉路，现代文化是集中的、膨胀的，建筑外观日趋高大，内部则隔成无量数的蜂窝，中国人的生活，若随时代潮流迈进的话，中国的建筑，也自逃不出这格式。”[30]童寯进一步指出：“中国建筑今后只能作世界建筑一部分，就像中国制造的轮船火车与他国制造的一样，并不必有根本不相同之点。”[31]梁思成也认为：“最近十年间，欧美生活方式又臻更高度之专门化、组织化、机械化。今后之居室将成为一种居住用之机械，整个城市将成为一个有组织之 working mechanism，此将来营建方面不可避免之趋向也。我国虽为落后国家，一般人民生活方式虽尚在中古阶段，然而战后之迅速工业化，殆为必由之径，生活程度随之提高，亦为必然之结果，不可不预为准备，以适应此新时代之需要也。”[32]

面对现代建筑运动的国际性潮流，中国建筑师对于建筑文化的全球化与地方性、世界性和民族性问题也进行了深入的思考。卢毓骏撰文明确提出了建筑文化的趋同问题，他说：“建筑艺术之‘国际化’，是否将有碍固有‘民族化’之发展……一切纯粹科学固多为国际性，而建筑艺术亦将求进于大同之域欤?”梁思成也强调了这个问题，指出：“无疑地将来中国将大量采用西洋现代建筑材料与技术。如何发扬光大我民族建筑技艺之特点，在以往都是无名匠师不自觉的贡献，今后却要成近代建筑师的责任了。如何接受新科学的材料方法而仍能表现中国特有的作风及意义，老树上发出新枝，则真是问题了。”[33]在没有官方意识形态干预的条件下，中国建筑师对中国的现代建筑道路进行了积极探讨。童寯反对刻意地追求传统建筑的复兴，他认为：“中华民族既于木材建筑上曾有独到贡献，其于新式钢铁水泥建筑，到相当时期，自也能发挥天才，使观者不知不觉，仍能认识为中土的产物。”[34]而梁思成则主张中国现代建筑走多元化的地域主义道路。他说：“艺术研究可以培养美感，用此驾驭材料，不论是木材、石块、化学混和物，或钢铁，都同样地可能创造有特殊富于风格趣味的建筑。世界各国在最新法结构原则下造成所谓‘国际式’建筑，但每个国家民族仍有不同的表现。英、美、苏、法、荷、比、北欧或日本都曾造成它们本国特殊作风，适宜于它们个别的环境及意趣。以我国艺术背景的丰富，当然有更多可以发展的方面。新中国建筑及城市设计不但可能产生，且当有惊人的成绩。”[35]关于这个问题，卢毓骏的观点似乎更有见地，他主张建筑式样应当因地制宜，尊重地方性。他认为：“立体式建筑之横向长窗，其理论基础为今日新材料时代（钢铁与钢筋混凝土时代），窗之作用可不限于通风，而可尽量作透光之用，然以中国版图之大，各地气候之悬殊，是否到处相宜，抑应因地修改，此点至堪研究。”同时，他把建筑的地域性提升到为大多数人服务的民生主义，进一步指出：“式样尽可谈国际化，但仍须顾及适应地方性。或者谓今日科学发达，保温御热均有办法，何其郑重语此。吾将答以：‘吾人之要求其为代表十分之一之住民谋幸福乎？抑为十分之九住民谋幸福乎？’”[36]

从战时中国建筑师对现代建筑理论的主动探索可以看出，这一时期中国的现代建筑不是强弩之末，而是蓄势待发。可以预见，如果没有后来官方意识形态的干预，中国现代建筑的发展将会走上一条更为健康的道路。

七、播种未来——现代建筑教育思想的奠定

战时，一批著名建筑师转向建筑教育。1938 年陈植任教于上海之江大学；同年，沈理源任国立北京大学工学院建筑工程系教授和天津工商学院（1949 年改为津沽大学）建筑系主任、教授，培养了龚德顺、虞福京等著名建筑师。童寯1944 年起兼任中央大学教授；夏昌世在 1942 ~1945 年期间任中央大学、重庆大学教授；林克明于 1945 ~1950 年任教于中山大学工学院建筑系。这些具有鲜明现代建筑思想的建筑师对于改变战前占主导地位的学院派建筑教育发挥了积极作用。台湾著名建筑师林建业，1942 年进入内迁重庆沙坪坝的中央大学建筑系学习，他后来回忆说，这一时期“功能主义是设计的指导原理，美学上则以摒弃古典的对称构图及石构造比例，通向 Neo－plastism 为尚，菲利蒲强生在国际式一书所提出的以规律对代对称（Regularity Versus Symmetry），体积对代量体（Volume Versus Mass），水平对代垂直（Horizontal Versus Vertical），构架对代承重（Skeleton Versus Bearing Wall）也在我们的设计意象中出现，赖特挑出深远的屋檐、阳台、三角六角的平立面模距也是大家乐意采用的手法。”[37]

在沦陷区的上海，现代建筑大师格罗皮乌斯的第一个中国学生黄作桑，于 1940 年创办了圣约翰大学建筑系，并将包豪斯的现代建筑教学体系移植到中国。在圣大建筑系任教的还有包豪斯毕业的德国人鲍立克（R. Paulick），这些因素决定了圣大建筑系强烈的现代主义教育倾向。

抗战胜利后，梁思成致函清华大学校长梅贻琦，提议创办清华大学建筑系。他主张摒弃学院派建筑教育体系，引进包豪斯教育体系。他在信中指出：“国内数大学现在所用教学方法（即英美曾沿用数十年之法国 Ecole des Beaus－Art 式之教学法）颇嫌陈旧，过于着重派别形式，不近实际。今后课程宜参照德国 Pro Walter Gropius 所创之 Bauhaus 方法，着重于实际方面，以工程地为实习场，设计与实施并重，以养成富有创造力之实用人才。德国自纳粹专政以还，Gropius 教授即避居美国，任教于哈佛，哈佛建筑学院课程，即按 G 教授 Bauhaus 方法改编者，为现代美国建筑学教育之最前进者，良足供我借鉴。”[38]在梁思成于 1946 至 1947 年出国考察期间，出席了普林斯顿大学召开的“人类环境设计”讨论会，还会见了诸多现代建筑大师如柯布

西耶、格罗皮乌斯、沙里宁等人。回国后，他在一年级建筑初步课中仿照包豪斯增加了“抽象图案”的训练，而到1949届学生的教学计划中已完全删除西洋五柱式，加重了“抽象图案”的分量。此外还设置木工课和“视觉与图案”课，使课程变得更加“包豪斯化”。在筹组教学师资方面，梁思成刻意选择现代建筑师任教，他在“建筑设计学教授”的人选上建议“宜延聘现在执业富于创造力之建筑师充任”。而著名现代建筑师童寯是他最心仪的人选。在1949年梁思成致童寯的信中，求贤若渴之情溢于言表，他说：“清华及我个人的立场说，我恳求你实践我们在重庆的口约，回来提携母校的后进。我对学生说了多次你早已答应过来清华，他们都在切盼。清华建筑系的师资太缺乏了，你若肯来，可以给我们无量的鼓励。”[39]虽然最终未能如愿，但是梁思成和学生们对童寯的盼望可以看作是对他长期坚持现代主义立场的肯定。

八、安得广厦千万间——建筑师社会责任感的升华

从1927年南京国民政府成立到1937年抗日战争全面爆发的这一时期是一个政治上相对稳定、经济上相对发展的时期。

抗战前十年的梁思成、林徽因夫妇，与徐志摩、金岳霖等人同属于北平西化的上层知识分子阶层，林徽因与胡适、徐志摩、闻一多又都是1920年代末一个影响较大的文学社团——新月社的成员。这是一个以唯美主义和形式主义为宗旨，宣扬“为艺术而艺术”的资产阶级文学社团。在1930年代整个社会动荡不安的环境中，梁思成、林徽因夫妇渡过了他们学术生涯中短暂而宁静的“北平时代”。梁思成的儿子梁从诫先生回忆说：“1930年代我家坐落在北平东城北总布胡同，是一座有方砖铺地的四合院，里面有个美丽的垂花门，一株海棠，两株马缨花。”“1930年代是母亲最好的年华，也是她一生中物质生活最优裕的时期，这使得她有条件充分地表现出自己多方面的爱好和才艺。除了古建筑和文学之外，她还做过装帧设计、服装设计；同父亲一道设计了北大女生宿舍，为王府井‘仁立地毯公司’门市部设计过民族形式的店面，单独设计了北京大学地质馆……”[40]

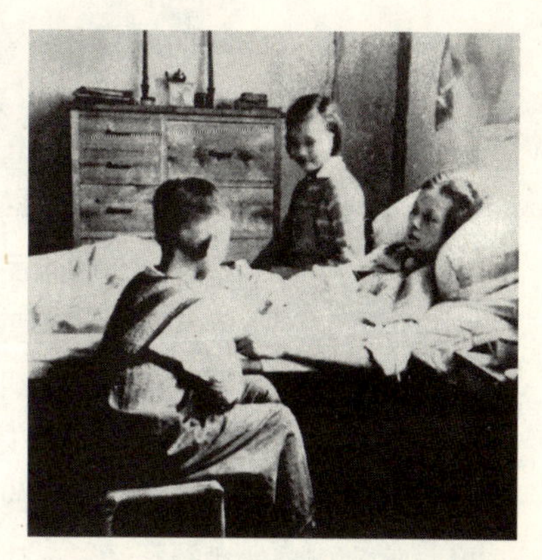

图4–2　抗战期间卧病的林徽因

1937年“七七事变”爆发，山河破碎，弦歌中辍，中国的主要城市相继沦陷在日寇铁蹄之下，不仅下层人民生活更为悲惨，就是高级知识分子的生活也陷入灾难。梁思成、林徽因夫妇开始了长达九年的颠沛流离的生活，1937年8月离开北平，1938年1月抵达昆明，1940年冬随营造学社迁往四川宜宾李庄。战时大后方艰苦流亡的生活和疾病，严重损害了林徽因的健康（图4–2）。梁思成、林徽因夫妇的境

遇是抗战期间中国知识分子的缩影。

抗日战争这场巨大的民族灾难加剧了社会矛盾，国民政府的专制腐败面目暴露无遗。国民党一党专政在失掉广大人民的支持的同时也把知识分子阶层推到了反对派的阵营，而后者则被认为是国民政府走向全面崩溃的前兆。抗日战争后期的国民政府已经面临赢得（抗日）战争却输掉中国的局面。1943年来华的中国问题专家，梁思成夫妇的朋友费正清，在他的《中国之行》中写道："1943年下半年，蒋介石政府的无能已日益明显。他极力加紧控制，实行个人领导，结果并未奏效，可能局面因而更加糟糕。通货膨胀日益严重，薪金阶层的人们，营养不良，失去希望。外国观察家们开始认为左派是一个可能的选择……委派陈立夫担任教育部长是加紧政治思想控制的一个步骤，它当即引起北京来的那批开明教育家的不满。他们对于国民党本来就不抱有多少热情。"[41]在抗战期间，以罗隆基、闻一多、朱自清为代表的战前属于新月社的自由派知识分子转向了与政府对立的立场。

抗日战争的爆发严重削弱了国民政府的统治，国民党一党独裁受到了严峻挑战，国内政治力量的对比发生了明显变化。在共同抗日的旗帜下，中国共产党取得了合法地位，并通过填补沦陷区国民政府的力量真空迅速扩充了自己的实力。进入1940年代，中国的政治版图出现了多极化的态势，其主要标志是以中国民主同盟为代表的一批独立的政党和社会团体的成立。1945年，民盟召开临时代表大会，提出了"民主统一，和平建国"的口号，大会通过的《政治报告》强调，"要把中国造成一个十足道地自由独立的民主国家"。并提出了实行民主代议制度，建立责任内阁，保证司法独立，实行军队国家化，实现劳工福利政策等政治纲领。另一党派中国民主建国会也通过了类似的政治纲领。[42]在国共两党对峙的政治条件下，这些以知识分子为主体，以英美式自由民主为诉求的政党和团体似乎有望成为国共之间的第三势力。他们的政治纲领受主张国家干预的凯恩斯主义（Keynesianism）和二战后欧洲国有化潮流影响，特别是受到了英国费边社会主义（Fabian socialism）的影响，主张兼采资本主义和社会主义两者之长，提出在中国实现政治与经济"双重民主"的目标。它们宣称："英美有政治民主而无或缺少经济民主。苏联有经济民主而无或缺少政治民主……英美人民有充分的权，而利则不足；苏联人民有充分的利，而权则不足。"[43]它们把经济民主化提升到与政治民主化同样重要的地位，主张缩小社会财富分配不均造成的社会经济差别。民主党派的政治纲领反映了饱经战乱的中国人民要求和平民主建设新中国的呼声。作为技术工作者，大多数建筑师和建筑学家虽然没有走上激进的政治抗议道路，但他们的思想也受到社会主义思潮的影响而转向左翼，经济上的平等社会福利问题、战后重建中的民生问题和普通民众的居住问题成为他们关注的焦点，现代主义建筑师的社会责任感和人道主义的光辉开始闪现。

第一次世界大战结束后的战后重建和“房荒”造成的大量住宅需求，带动了建筑工业化，也给现代建筑师提供了将理想转化为现实的契机。现代建筑运动把形式、技术、社会学和经济学的问题协同起来，使建筑学走出了建筑艺术的象牙塔，为平民建造大批量的住宅成为建筑师工作的重点问题。现代建筑运动为大多数人服务的思想不可避免地带上了社会主义和人道主义的色彩。十月革命之后的前苏联现代建筑师，对新建筑的追求更是超越了建筑本体而与人类崇高的社会理想结合起来，在他们设计的集合住宅、集体农庄中可以感受到以建筑为手段进行社会改造的理想主义的躁动。

相比之下，大多数战前有影响的中国建筑师缺少以格罗皮乌斯、勒·柯布西耶为代表的欧洲第一代现代建筑师的社会责任感和人道主义情怀，对于大规模建造的平民住宅缺乏关心和思考，现代建筑实践只出现在为官方、私人业主、房地产商建造的官厅、银行、舞厅、公寓和花园洋房等。1936 年上海建筑协会、中国建筑师学会和中国营造学社联合组织的“中国建筑展览会”上，针对展出内容，组织者之一上海建筑协会的谈紫电不无遗憾地说：“综观此次展览，出品自以营造学社为最丰富，惟趋重于古代建筑方面。而本会及中国建筑师学会之出品，则以现代建筑为多。大会方面对于平民之建筑，似欠注意。”[44]

抗日战争期间一些建筑学家和建筑师开始把注意力更多地投向民生问题，主要集中在战后重建和大规模住宅建设问题，而平民住宅研究成为这一时期建筑界关注的焦点。这标志着建筑师的社会关怀已经跳出了战前空泛的文化精神层面，而有了更加深刻的现实内容。梁思成提出“住者有其屋”，“一人一床”的理想，主张“建筑是为了大众的福利，踏三轮车的人也不应该露宿街头，必须有自己的家”。[45]在写于抗战胜利前夕的“市镇的体系秩序”一文中，梁思成指出：“我们为什么提出‘一人一床’的口号，现在中国有四万万五千万人，试问其有多少张床？无论市镇乡村，我们随时看见工作的人晚上就在工作室中，或睡在桌子上，或打地铺。这种生活是奴隶的待遇。为将来中华民国的人民，我们要求每人至少晚上须有床睡觉。若是连床都没有，我们根本谈不到提高生活水平，更无论市镇计划。”梁思成还呼吁“打倒马桶”，他说：“我们要使每个市镇居民得到最低限度的卫生设备，我们不一定家家有澡盆，但必须家家有自来水与抽水厕所。”[46]卢毓骏也特别呼吁关注住宅建设，他指出：“吾国战后建设，无疑地，当尊奉国父实业计划，工厂与民居将为战后建筑上之中心题材……至若民居问题，因吾国各城市经此敌之破坏，将成为吾国战后之极难解决的问题，故特提请注意。”[47]

抗战八年胜利后，“由于国家政体变革，学社人员分散，经费无来源的种种原因”，历时 17 年的中国营造学社活动停止。值得注意的是，在《中国营造学社汇刊》终刊的第 7 卷第 2 期上发表了林徽因的“现代住宅设计的参考”。一篇住宅社会学论文在《中国营造学社汇刊》这样一个古代建筑历史研究刊物上发表，似乎应当视为反映时代潮流的再清晰不过的信号了。在这篇文章中林徽因阐述了为劳工阶级大规模建造低租住宅的迫切性，她写道："战前中国‘住宅设计’亦只为中产阶级以上的利益。贫困劳工人民衣食皆成问题，更无论他们的住处。8年来不仅我们知识阶级人人体验生活的困顿，对一般衣食住的安定，多了深切注意……为追上建设生产时代，参与创造和平世纪，我国复员后一部努力必须注意到劳工阶级合理的建造是理之当然……复员后工业在各城市郊外正常展开的时候，绝不应仅造单身工人宿舍，而不顾及劳工的家庭。有眷工人脱离家庭群聚宿舍，生活极不正常。这个或加增城市罪恶因素，或妨碍个人身心健康，都必为社会严重问题。添造劳工家庭合理的低租住宅……必须为政府及工业家今后应负责任中之一种，亦无疑问。"[48]该文汇编了英美等国实验过的低租劳工住宅的案例，并对它们在中国应用的可能性做了评论和提示。林徽因认为现代住宅建设是全国社会政治、经济发展、公共卫生的重要方面。为了实现给予每个公民应得的健康便利的住处的理想，她主张必须先做两种努力：一是调查现存人民生活习惯及经济能力，以作为实际筹划的根据；二是培养专家，鼓励科学工程及艺术部署的精神，以技术供应最可能的经济美丽及实用的住宅。她还提出了大量的住宅社会学的问题希望引起社会各界的注意，如住宅内部面积的合理分配，住宅区与工作地点的联络关系，住区每平方公里内的人口密度，如何取得绿荫隙地，如何设立公共设备，如何使租金和房屋造价与人民经济条件相配合等问题[49]。

在林徽因的住宅社会学的研究中，我们既看到中国传统知识分子的那种“安得广厦千万间”的社会责任感，又看到了现代主义建筑师强烈的人道主义情怀。

九、现代城市规划思想的传播

从1929年的“大上海计划”到1946~1949年的上海“都市计划”三稿，中国城市规划理论经历了从西方传统城市规划到现代城市规划的转变。

从1927年南京国民政府成立到抗日战争爆发，中国城市规划领域进行了早期的三大城市规划实践：1928年的南京首都计划，1930年的上海市中心区域规划和同年的天津特别市物质建设方案。它们共同的特点是将城市划分为行政区、商业区、住宅区和工业区，商业区完全采用方格网对角线的道路系统及密集的小街坊，行政区则采用中轴对称的布局，建筑形式则要求采用“中国固有形式”。其中最有代表性的是上海市中心区域规划。

1927年上海特别市成立，受南京国民政府行政院直接管辖，1930年1月制订“上海市中心区域计划”，年底又制订了“大上海计划”。“上海市中心区域计划”受到美国方格网式城市的影响，道路网采用小方格加放射路的方式以增加沿街高价地块的长度。尽管“大上海计划”的范围也很广泛，几乎涉及了城市中的大多数物质空间要素，但还不是真正意义的现代城市规划。陈占祥后来（1991 年）将它评价为“没有城市规划思想的实质”。这一时期城市规划在具体实践中主要是建筑群体设计的扩大，城市规划的主要承担者还是开业建筑师，如 1929 年“大上海计划”便是由建筑师董大酉主持。[50]上海市中心行政区平面呈严谨的罗马十字形，空间布局中轴对称，“宫殿式”的市政府、“混合式”的市图书馆和博物馆组成中心建筑群，使得总体布局带有明显的形式主义倾向。

正如战争史上火炮的大规模使用削弱了城墙的防御功能和重要性，进而影响了城市规划一样，现代战争中陆战、空战的立体作战模式，也影响了抗战时期的中国城市规划思想，分散主义成为战争时期规划理论最明显的特征。战前成为“宫殿式”“中国固有形式”建筑温床的集中“政治区”受到了人们的质疑。卢毓骏在“三十年来中国之建筑工程”一文中对其进行了反思和检讨，他指出：“中国抗战前夕，建筑工程之蓬勃，随市政事业之建设而发展，若加以检讨，抗战中与抗战前之观念，显不相同，抗战前从提高行政效率着眼，适应合署办公之需要，从事设计兴工，依抗战中空防之经验，当知此种措施之非尽适切；抗战前几个新计划都市毅然划定政治区工业区，抗战后对此设计亦将抱怀疑与谨慎之态度。”[51]

现代战争客观上促进了现代城市规划思想的传播，有机疏散、邻里单位、卫星城、隔离绿带、取消市中心等分散主义理论由于适合于战时需要而大行其道。梁思成是 1940 年代西方现代城市规划思想的大力倡导者。抗日战争胜利前夕，他阅读了美国建筑师沙里宁的《城市：它的产生、发展与衰败》之后，撰写了“市镇的体系秩序”一文，对沙里宁的有机疏散理论进行了介绍。他指出：“最近欧美的市镇计划，都是以‘疏散’(Decentralization)为第一要义。然而所谓‘疏散’，不能散漫混乱。所以美国沙里宁（E. Saarinen）教授提出，‘有机性疏散’(Organic decentralization）之说。而我国将来市镇发展的路径，也必须以“有机性疏散”为原则。”[52]1946 年，梁思成提出在清华大学建筑工程系内设都市计划组，这是最早的高等城市规划教育的创议。新中国成立后，梁思成、林徽因撰写了《城市计划大纲》序，继续提倡现代城市规划理论。

1945 年，国民政府进行了重庆的“陪都十年计划”，这是中国首次运用现代城市规划理论进行完整的城市规划，它规划了 12 个卫星城，18 个预备卫星市镇。“陪都十年计划”是现代城市规划理论进入中国城市规划实践的先声。

抗战胜利后，国民政府收回上海租界，1928 年制订的与租界抗衡、以江湾为中心的“大上海计划”已经失去意义，国民政府再度考虑了上海市的规划问题。1946，上海市都市计划委员会正式成立。都市计划委员会在执行秘书赵祖康的主持下，由金经昌、钟耀华、程世抚等中国第一代城市规划师具体负责，于1946年8月完成了上海都市计划一稿，1947年5月完成报告书二稿，1949年春上海解放前夕，完成了三稿及有关文件和图表。

"大上海都市计划"与"大上海计划"相比，建设规模和目标更为宏大，规划更为周详而具有系统性，在规划理论与方法上也达到了世界先进水平，运用了有机疏散、卫星城镇、邻里单位、快速干道等最新的城市规划理论。运用沙里宁的有机疏散发展理论，该计划在中心城区外围布置了12个相对独立的分区，每个分区与中心城区通过高速道路连接，使分区与中心城区成为一个紧密相连的有机整体。该计划规定，现有市区外围为绿化及农田环形绿带，新区按分散的卫星城方式向外发展。在居住区规划上，设想以4000人组成"小单位"（即邻里单位），由"小单位"组成"中级单位"再组成"市镇单位"和"市区单位"。在城市的每一市区单位内，都包含有居住区、工业区、商店、绿地等，自成体系，成为类似有机体的社会单位。

"大上海都市计划"比1930年代的"大上海计划"在城市规划思想上有了巨大进步，虽然由于历史原因未能得到实施，但其在上海乃至中国城市规划史上都留下了不可磨灭的重要一页。

十、战后——汇入国际现代建筑潮流

第二次世界大战结束后，现代主义成为在世界范围内占统治地位的建筑潮流。1947年，联合国当局任命了一个由各国著名建筑师组成的顾问委员会，其中法国的勒·柯布西耶、巴西的尼迈耶和中国的梁思成负责联合国总部的规划和设计。1944~1945年杨廷宝受国民政府资源委员会的委托赴美国调查工业建筑，拜访了现代主义建筑大师赖特，塔里埃森、约翰逊制蜡公司等作品给他留下了深刻的印象。

抗战爆发后，一直被国民政府压制的中国政治民主化进程再度呈现高涨的态势，1939~1940年国统区先后爆发了两次民主宪政运动。随着抗日战争的结束，人民要求和平民主的呼声日益高涨，战前"中国固有形式"建筑存在的政治基础面临瓦解。

中国战后兴建的为数不多的重要建筑基本都采用了纯正的现代建筑风格。华盖建筑师事务所设计的美国顾问团公寓AB大楼（图4-3）于1935年设计，1945年竣工。公寓外观为平屋顶，立面简洁，大面积的带状钢窗形成横向线条和划分，是典型的现代建筑。华盖事务所1948年设计的浙江第一商业银行（图4-4），其流畅的横线条、简洁的外形和合理的内部空间处理，都显示了纯熟的现代建筑手法。上海杨树浦电业学校方案（图4-5）则是典型的功能主义作品。基泰工程司杨廷宝的南京下关火车站扩建（1946年）、南京傅厚岗的公路总局（1947年）、南京小营新生俱乐部（1947年）、南京招商局候船厅及办公楼（图4－6）、中央通讯社（1948～1949年）、孙科住宅延晖馆（图4－7）等均为纯粹的现代建筑，其中延晖馆强调自由的平面、流动的空间，是优秀的现代建筑作品。其他实例还有协泰洋行李德华、王吉螽设计，建于1948年的上海淮阴路姚有德住宅（图4－8）等。这些实例表明战后中国的现代建筑已经占据了统治地位。1937年日军攻占南京时焚毁的国民政府交通部的大屋顶，由于日本投降后国民政府无力也无意恢复原貌，最终被改建为今天所看到的平屋顶。总之，战后建筑活动虽然寥寥无几，但明显汇入了世界性的现代建筑潮流。

图4－3　南京，美国顾问团公寓AB大楼，1945年竣工（建筑师：华盖建筑师事务所）

图4－4　上海，浙江第一商业银行，1948年（建筑师：华盖建筑师事务所）

图4－5　上海，杨树浦电业学校，1951年竣工（建筑师：华盖建筑师事务所）

图4－6　南京，招商局候船厅及办公楼，1947年（建筑师：杨廷宝）

图4-7 南京，孙科住宅延晖馆，1948年（建筑师：杨廷宝）

图4-8 上海，淮阴路姚有德宅，1948年（建筑师：李德华、王吉螽）

抗日战争胜利后，中国正在孕育现代建筑的巨大高潮，然而，人民要求和平建设的愿望再度化为泡影，兄弟阋墙、手足相残的内战降临在中国的土地。当中国共产党以摧枯拉朽之势击败国民党，政权鼎革在即，大多数经过战争和现代建筑运动洗礼的中国建筑师都厌倦了国民政府的腐败与无能，而将自己的理想寄托在新兴的革命政权身上，从而奠定了新中国成立后中国现代建筑自发延续的基础。最为难能可贵的是，许多著名建筑师斩断了与旧政权的关系，毅然加入了新中国建设者的行列，成为新中国建筑事业的奠基人，他们包括著名建筑师梁思成、杨廷宝、庄俊、赵深、陈植、童寯、董大酉、沈理源等。

对于战后建筑的巨大变化，心情最为复杂的应该是梁思成，他对传统的衰败有一种剪不断理还乱的无奈与惋惜，他一方面清醒地认识到"世界建筑工程对于钢铁及化学材料之结构愈有彻底的了解，近来应用愈趋简洁。形式为部署逻辑，部署又为实际问题最美最善的答案，已为建筑艺术的抽象理想。今后我们自不能同这理想背道而驰。"另一方面他又痛心于传统的失落，"一个东方老国的城市，在建筑上，如果完全失掉自己的艺术特性，在文化表现及观瞻方面都是大可痛心的。因这事实明显的代表着我们文化衰落，至于消灭的现象。"[53]这种矛盾与困惑似乎注定了梁思成在建国后岁月中的悲剧性角色。

在这段历史即将结束之际，一段不引人注意的插曲却引人深思。1948年，在抗日战争创伤尚未医治，国共内战又起的灾难形势下，由南京国民政府资助的北平古建文物整理修缮工作受到了人们的普遍质疑。朱自清在"文物・旧书・毛笔"的文章中指出"拨用巨款"来修缮文物建筑是一种不急之务，应当等到人民丰衣足食后再办理，他说虽然"赞成保存古物"，但是反对"对文物建筑进行积极保护"，主张"保存只是保存而止，让这些东西像化石一样任其自然"，也就是说自生自灭。针对这种社会舆论，梁思成写了"北平文物必须整理与保存"一文，颇费唇舌地进行了论辩。[54]令人感兴趣的，并非是这桩公案的是非曲直，而是朱自清的文章似乎可以作为一个明确的信号——造成1950年代北京拆除城墙之举的要求急速工业化、现代化的心态已经成为普遍性压倒性的社会文化心理。果然，两年之后的1950年，由于中国共产党懂得古建筑保护而对其怀有知遇之情的梁思成刚刚兴奋地迎接了北平的解放，又不得不面对更令他痛心不已的城墙存废的争论。了解这一段历史发生的真实背景也许比今天事后诸葛亮式空泛的抱怨与惋惜更深刻一些吧！

20世纪上半叶的中国现代建筑历史在战争的硝烟和创伤中结束，又在希望和憧憬中孕育着新的开始。

本章小结

从1937年抗日战争爆发到1949年中华人民共和国成立，这一时期是榫接抗日战争爆发前中国第一次现代建筑实践高潮与新中国成立后的现代建筑自发延续的重要一环。缺少这一环，新中国成立后的现代建筑延续与发展就成了无源之水、空穴来风，必然导致诸如“现代主义没有来到中国”的虚无主义的观点。

抗战爆发前，面对文化民族主义和文化救亡论重视建筑象征意义的压力，与坐以论道的建筑界以外的非专业人士相比，职业建筑师采取了务实灵活的态度，许多建筑师在设计实践中已经娴熟地运用了现代建筑设计手法。抗战爆发后，战争的洗礼和战后重建的现实需要改变了整个社会文化氛围，要求现代化、科学救国的呼声压倒了空泛的文化救国论。战时中国建筑界对战前的“中国固有形式”进行了反思与批判，建筑活动的停滞并没有妨碍现代建筑思想的传播，激进的现代主义思潮异军突起，现代建筑思想与实践占据了主导地位，从而为新中国成立后现代建筑的自发延续与发展奠定了基础。

现代建筑运动在人类历史上第一次把造型、技术、社会和经济问题协同考虑，它体现了用新技术经济地解决社会和时代提出的新要求，尤其是平民住宅问题的人道主义情怀。在战争中，中国知识分子传统的以学术为济世之器的社会责任感与现代建筑思想中为大多数人服务的人道主义思想相结合。建筑师走出了建筑艺术的象牙宝塔，投身到战争现实需要与战后大规模重建的理论探索中，现代建筑思想在中国奏出了时代的最强音。

注释

1　邹德侬．中国现代建筑史．天津，天津科技出版社，2001：145．

2　转引自：高瑞泉．中国现代精神传统．上海：东方出版中心，1999：188．

3　邵泽：组织与领袖．社会新闻，1933，3（16）．

4　伊仁．民主与独裁．前途，1933，1（8）．

5 罗荣渠. 现代化新论. 北京大学出版社，1993：307.
6 张玉泉. 中大前后追忆//杨永生. 建筑百家回忆录. 中国建筑工业出版社，2000：45.
7 唐璞. 千里之行，始于足下//杨永生. 建筑百家回忆录. 中国建筑工业出版社，2000：31.
8 李健吾. 建筑是一个伤心的证明. 李健吾文集. 人民文学出版社，1981：35.
9 卢毓骏. 三十年来中国之建筑工程. 建筑百家评论集，中国建筑工业出版社，2000：281.
10 童寯. 我国公共建筑检讨. 童寯文集（第一卷）. 中国建筑工业出版社，2000：118.
11 蒋廷黻. 中国近代史. 海口：海南出版社，1993：5.
12 林语堂. 中国人. 上海：学林出版社，1994：343.
13 林语堂. 中国人. 上海：学林出版社，1994：354.
14 罗志田. 物质与文质——中国文化之世纪反思. 光明日报，2000－12－26.
15 罗志田. 物质与文质——中国文化之世纪反思. 光明日报，2000－12－26.
16 林徽因. 论中国建筑之几个特征. 林徽因文集·建筑卷. 天津：百花文艺出版社，1999：14～15.
17 梁思成. 建筑设计参考图集序. 梁思成文集（第二卷）. 中国建筑工业出版社,1984.
18 范文照. 中国建筑之魅力//王明贤. 中国建筑美学文存. 天津科技出版社，1997：219～222.
19 童寯. 我国公共建筑外观的检讨. 童寯文集（第一卷）. 中国建筑工业出版社，2000：120.
20 梁思成. 为什么研究中国建筑. 凝动的音乐. 天津：百花文艺出版社，1998：212.
21 卢毓骏.三十年来中国之建筑工程.建筑百家评论集.中国建筑工业出版社,2000:287.
22 转引自：赖德霖. "科学性"与"民族性"——近代中国的建筑价值观. 建筑师，总第63期.
23 童寯.中国建筑的特点.童寯文集(第一卷).中国建筑工业出版社,2000:109～111.
24 童寯.我国公共建筑外观的检讨.童寯文集(第一卷).中国建筑工业出版社，2000.
25 参见：吴中杰. 中国现代文艺思潮史. 复旦大学出版社，1996：277～288.
26 转引自：赖德霖. "科学性"与"民族性"——近代中国的建筑价值观. 建筑师，总第63期.
27 转引自：赖德霖. "科学性"与"民族性"——近代中国的建筑价值观. 建筑师，总63期.
28 戴念慈. 论新中国的新建筑及其他//张祖刚：当代中国建筑大师戴念慈. 中国建筑工业出版社，2000：229～240.
29 抗战期间，沈理源根据弗莱彻的《世界建筑史》编译了《西洋建筑史》，未正式出版。
30 童寯. 中国建筑的特点. 童寯文集. 第一卷. 中国建筑工业出版社，2000：109～111.

31 童寯．中国建筑的特点．童寯文集．第一卷．中国建筑工业出版社，2000：109～111．
32 梁思成．致梅贻琦的信．凝动的音乐．百花文艺出版社，1998：376．
33 梁思成．为什么研究中国建筑．凝动的音乐，百花文艺出版社，1998：209．
34 童寯．中国建筑的特点．童寯文集．第一卷．中国建筑工业出版社，2000：109～111．
35 梁思成．为什么研究中国建筑．凝动的音乐．百花文艺出版社，1998：209．
36 卢毓骏．三十年来中国之建筑工程．建筑百家评论集．中国建筑工业出版社，2000：290．
37 林建业等．年华似水建筑师节忆往事．国立中央大学、私立之江大学——中国最先设立的建筑系创办经过及其轶事．建筑师（台湾），1990（12）．
38 梁思成．致梅贻琦的信．凝动的音乐．百花文艺出版社，1998：379．
39 梁思成．致童寯教授的信．凝动的音乐．百花文艺出版社，1998：381．
40 梁从诫．倏忽人间四月天．林徽因文集文学卷．百花文艺出版社，1999：432．
41 转引自：陈明远．文化人与钱．百花文艺出版社，2001：226．
42 高瑞泉．中国现代精神传统．上海：东方出版中心，1999：188．
43 高瑞泉．中国现代精神传统．上海：东方出版中心，1999：190．
44 谈紫电．中国建筑展览会参观记．建筑月刊，1936，4（3）．
45 清华大学校史编写组．清华大学校史稿．北京：中华书局，1981：455～456．
46 梁思成．市镇的体系秩序．凝动的音乐．天津：百花文艺出版社，1998：220．
47 卢毓骏．三十年来中国之建筑工程．建筑百家评论集．中国建筑工业出版社，2000：281～284．
48 林徽因．现代住宅设计的参考．林徽因文集．百花文艺出版社，1999：251～314．
49 林徽因．现代住宅设计的参考．林徽因文集．百花文艺出版社，1999：251～314．
50 孙施文．城市规划哲学．中国建筑工业出版社，1997：258．
51 卢毓骏．三十年来中国之建筑工程．建筑百家评论集，中国建筑工业出版社，2000：281～284．
52 梁思成．市镇的体系秩序．凝动的音乐．百花文艺出版社，1998：219．
53 梁思成．为什么研究中国建筑．凝动的音乐．百花文艺出版社，1998：209．
54 梁思成．北平文物必须整理与保存．凝动的音乐．百花文艺出版社，1998：305～308．

第五章

十里洋场的商业话语——建筑商业化与商品化浪潮下的现代建筑实践

现代建筑是在同各种保守思潮的斗争中发展起来的。现代建筑来到中国之后，虽然面临着官方意识形态和文化民族主义的阻抗，但是生机勃勃的资本主义市场经济作为重要驱动力量，促成了中国现代建筑在1920年代后期至1937年抗日战争爆发约10年的高潮。建筑商业化和商品化带来的建筑文化世俗化和多元化，使现代建筑的传播绕开了官方政治化和民族本位意识的壁垒，无形中消解了建筑文化领域的中与西、传统与现代的二元对立，凭借着富有时代感和时尚感的形式和功能、经济的合理性受到业主和消费者的普遍欢迎，从而取得了市场的胜利。

资本主义市场经济对建筑的客观要求蕴涵了某些与现代建筑思想相契合的因素：商业文化的趋奇尚新与现代建筑倡导的创新精神相契合；追求建筑功能、经济效益的最大化与现代建筑倡导的功能理性、经济理性精神相共鸣。正是在商业性建筑的实践中，许多中国建筑师开始接受现代建筑风格，并在市场导向的现代建筑实践中完成了建筑思想的转变。

第一节　资本主义的商业先锋——1920～1930年代现代建筑在中国的传播模式研究

1920～1930年代，当社会主流文化还没有为接受现代建筑做好思想准备的时候，现代建筑实践已经首先从商业经营性建筑和房地产业开发的商品住宅起步。建筑的商业化和商品化将强劲的活力输入建筑文化中，一股别开生面的新鲜建筑文化潮流开始涌动。

商品和资本的跨国流动成为新的建筑文化传播的重要桥梁，如果说西方建筑文化的东渐与传统建筑文化之间构成了“最广泛意义上的文化冲突”，那么，正如马克思所说，资本主义在叩击古老中国的大门时，正是凭借“商品”的巨大优势，铸成了“摧毁一切万里长城，征服野蛮人最顽强的仇外心理的重炮”。进入20世纪，随着全球资本主义的扩张，中国被纳入了远东国际市场，大量剩余资本流入中国；同时，中国的民族资本也有较快的发展，并产生了栖身于弄堂、亭子间的都市大众。以沿海沿江开埠城市为中心，在1920～1930年代出现了大众文化的繁荣。伴随着外国资本的输入，欧美国家的大众文化产品也进入了中国市场，上海的一流影院放映着好莱坞的首轮影片，舞厅中则演奏着美国正在流行的爵士乐。在建筑领域，商业化现代主义风格的“装饰艺术”（Art Deco）和正统现代主义风格的“国际式”（International style）作为“摩登”与时尚异军突起，风靡沿海沿江开埠城市。正如有的学者所认为的，商业化和市场机制奠定了中国1920～1930年代城市文化的两个基本的取向：商业化的利益驱动和市俗化的大众导向。[1]正是在这一背景下，以商业文化和大众文化为载体，现代建筑带着浓郁的商业气息来到了中国。

1930年代寓居上海的丰子恺，敏锐地洞察到商业已经成为建筑文化的支配性力量，他在《西洋建筑讲话》一书中这样写道：“黄金之力与商业之道支配了资本主义社会的人心，只要从建筑上看，即可明知这变迁。前代的建筑主题是宫室，现代的建筑主题已变成商店。”[2]

一、现代建筑浪潮中的西方建筑师

第一次世界大战结束后，以格罗皮乌斯及其同事在包豪斯的教学和设计实践为标志，现代建筑运动在德国、法国、荷兰、苏俄蓬勃发展，席卷了整个欧洲并波及到与西方世界紧密联系的中国沿海沿江开埠城市。在这场国际性现代建筑的潮流中，西方在华建筑师，如上海的英国公和洋行、匈牙利邬达克、法国赉安公司、法商营造公司、哈沙德洋行等，以及天津的比商义品公司建筑师满德森、法商永和工程司建筑师慕乐等，由于自身不同程度的现代建筑倾向加之与母国的联系而得新建筑的风气之先，在中国的现代建筑实践浪潮中暂时走在了前列，成为时代潮流的引领者。

1925年，以鸦片贸易起家的沙逊家族的第四代继承人维克多·沙逊在上海投资兴建了英商安利洋行设计的华懋公寓（图5－1），从而开始了这个犹太家族以高层旅馆和公寓住宅为主要投资方向的新一轮商业冒险。华懋公寓高14层，钢框架结构，建筑立面上的钢窗排列整齐，窗樘外口为白色轩假石，墙面贴褐色面砖，钢窗和窗樘形成的重复韵律构成了立面构图的主要元素，体现出鲜明的功能理性精神。

图5-1　上海，华懋公寓，1929年（建筑师：［英］安利洋行）

1926年，维克多·沙逊在上海南京路外滩转角动工兴建由公和洋行设计，具有现代建筑风格特征的沙逊大厦（图5－2）。该建筑虽然仍有尖顶，腰线和檐口处有浮雕装饰，但是与周围沉重的西洋古典建筑相比，无论体型、构图还是装饰细部已有大幅度简化，给人以清新挺拔的现代感。由于地点优越、功能合理、形式新颖再加上不同风格的室内装修，该建筑虽然租价昂贵，但仍很受欢迎，不到10年沙逊洋行就全部收回投资，并在以后的每年净得767251两白银的高额利润。沙逊大厦的建成，宣示了建筑作为商品的市场魅力，拉开了20世纪中国第一次高层建筑兴建热潮的帷幕，同时也成为现代建筑在上海登陆的标志。1930年代，沙逊家族又陆续建成了汉弥尔登大厦、都城饭店、峻岭公寓等高层旅馆和公寓。这些高层建筑均由公和洋行设计，具有典型的装饰艺术风格特征，即层层跌落的建筑体量造成丰富的轮廓变化，入口、檐部和窗间墙等部位饰以装饰艺术风格的几何图样，与沙逊大厦相比，这些建筑更具有现代建筑风格特征。而河滨公寓（图5-3）平面布局自由灵活，取消了附加装饰，是一幢纯正的功能主义作品。沙逊洋行兴建的上述高层建筑成为公和洋行这个当时上海最大的建筑设计机构从古典主义向现代建筑转变的重要契机。

图5-2　上海，沙逊大厦局部，1929年（建筑师：[英]公和洋行）

图5-3　上海，河滨公寓，1933年（建筑师：[英]公和洋行）

匈牙利建筑师邬达克是1930年代上海的现代建筑先锋，与同一时期欧洲的现代建筑作品相比，其作品带有强烈的商业时尚特征。1933年落成的被称为远东第一流影院的上海大光明电影院，立面采用板片横竖交错的构图形式，高耸的长方形半透明乳白色玻璃灯箱上嵌有“大光明大戏院”的字样，形成夜间的广告灯箱。雨棚上的大广告牌用以展示正在放映的电影广告，与沙逊大厦的过渡性特征不同，大光明电影院是典型的商业主义的现代建筑。

装饰艺术风格起源于1925年法国巴黎的“艺术装饰与现代工业国际博览会”，其特征是兼有机器美学和商业时尚特征的简单几何形式装饰，常见图案有阳光放射型、闪电型、星星闪烁型等，被称为“流行的现代主义”和“商业化的现代主义”。其于1920年代末传入美国成为一种流行风格，并与高层建筑相结合而成为“飞翔的摩天大楼最重要的部分”。1920 ~1930 年代，纽约、芝加哥先后落成了一批装饰艺术风格的摩天大楼，成为美国这个金元帝国的象征。而邬达克的另一个重要作品——1934 年落成的上海国际饭店，则“几乎是美国 1920 年代摩天楼直接翻版”而“无不反映出美国装饰艺术主义摩天楼的特征”。[3] 平面布置成工字型，立面采取竖线条划分，前部 15 层以上逐层四面收进成阶梯状，外墙面为深褐色面砖，该建筑落成后成为当时上海最为豪华的饭店。而 1935 ~1937 年间设计建成的吴同文住宅体现了邬达克对现代建筑风尚的鲜明追求，更反映了业主追逐时尚的心态。这座四层钢筋混凝土结构的私人住宅，造型采用当时最为时尚的圆弧形体量和带形玻璃窗、流线形室外大楼梯及水平阳台，室内设有带玻璃天顶的日光室，安装弹簧地板的小舞厅，并有空调、电梯等先进设备。但在这座先锋性的现代住宅中却专门设置了一间佛堂，供女主人——一位虔诚的佛教徒使用，房间“室内装修一如庙堂”[4]，有佛龛供桌，佛像上有天花有藻井。这种极度的不协调十足反映了 1930 年代现代建筑浪潮的商业时尚特征。

图 5–4　上海，永安公司新厦，1933 年（建筑师：[美] 哈沙德洋行）

1932 年落成，哈沙德洋行设计的西侨青年会是由美国洛克菲勒财团赞助的西方在华青年娱乐活动场所。其墙面采用不同深浅的褐色面砖拼砌成图案，表现出简化古典装饰后的一种新的装饰时尚。1933 年竣工的永安公司新厦（图 5 –4）作为一幢钢框架的 19 层大厦，已经没有任何装饰，完全是一个现代高层建筑作品。另外 1930 年代新瑞和洋行设计的中国通商银行（1934 年）、泰兴公寓（1934 年）、五和洋行设计的新亚大酒店（1934 年）、马海洋行设计的上方花园（1938 年）等作品表明在上海执业的西方建筑师已经完成了向现代建筑风格的转变。

在 1930 年代席卷上海的摩登建筑浪潮中，赉安公司（由法国建筑师 A. Leonard 和 P. Veysseyre 组成）和法商营造公司（由法国工程师 Rene Minutti 主持）比公和洋行、哈沙德洋行甚至邬达克在风格的现代性上都更为前卫。1935 年建成的万国储蓄会公寓（图 5 –5）和道斐南公寓，立面中部做贯通上下的竖向线条处理，两侧水平带窗和水平阳台的横线条划分显示出“国际式”建筑的特征。法商营造公司设计 1934 年建成的上海回力球场和 1936 年建成的外滩法邮大楼（图 5 –6）则都是具有现代建筑风格时尚的作品。而 1935 年建成的毕卡地公寓（图 5 –7）的审美情趣已经转向阳台、窗户等建筑自身要素的韵律构图上。

图5-5　上海，万国储蓄会公寓 1935年（建筑师：[法] 赉安公司）

图5-6　上海，法国邮船公司，1936年（建筑师：法商营造公司）

图5-7　上海，毕卡地公寓，1935年（建筑师：法商营造公司）

天津的现代建筑时尚也是由西方建筑师引领的，建于1926年的百福大楼（图5-8、图5-9）是天津1920年代后期不可多得的优秀现代建筑作品。它占地3020m^2，建筑面积3973m^2，总建筑高度23.93m，5层局部带地下室。该建筑由比商义品公司法籍工程师满德森（L. Mendelssohn）设计，是一幢商业、办公兼公寓式住宅的综合大楼。采用钢筋混凝土框架结构，首层楼板为现浇钢筋混凝土密肋板，二至五层均为钢筋混凝土密肋空心砖楼板，屋顶采用豪式木屋架，陶土牛舌瓦屋面。建筑立面造型酷似船形，檐口、屋顶处理巧妙，寓意独特。其中，北段仿佛昂首挺立的船首，南段七个开间，开窗形式自由，有矩形窗、弧形窗和椭圆形舷窗，四块弧形墙面突出折坡屋顶形成梯形山花，建筑外观体现了欧洲表现主义特征。

图5-8　天津，百福大楼，1926年（建筑师：[比] 满德林）

图5-9　天津，百福大楼细部

天津的现代建筑实践具有明显的装饰艺术派特征。1931 年兴建的法国俱乐部（图 5 -10、图 5 -11），立面构图以几何形体进行组合，位于十字路口转角的门廊，由五层退凹的竖向线条组成，两扇金属镂空门，花饰具有浓郁的新艺术运动风格特征。1933 年兴建的意租界回力球场（图 5 -12、图 5 -13），由意大利建筑师鲍乃弟（P. Bonetti）和瑞士建筑师凯斯勒（Kessler）设计，强调垂直线条划分，入口门厅上有 36m 高的灯塔形塔楼，具有很强的雕塑感。建筑正、侧立面饰以回力球运动题材的浮雕带，这也是典型的装饰艺术派手法。回力球赛大厅高 15.6m，屋盖采用跨度 28m 的钢屋架，屋顶还建有露天游艺场。

总之，进入 1930 年代，具有时尚特征、朴素明快的现代风格建筑的不断出现，开始改变中国沿海沿江城市的天际轮廓线，给城市换上了现代建筑风格的时装。

图 5 -10　天津，法国俱乐部，1931 年

图 5 -11　天津，法国俱乐部大门细部

图 5 -12　天津，意租界回力球场历史照片，1933 年（建筑师：［意］鲍乃弟与凯斯勒）

图 5 -13　天津，意租界回力球场现状

二、商业化浪潮下中国建筑师的现代建筑实践

在这股商业化的现代建筑潮流中，中国建筑师并没有让西方建筑师独领风骚，许多中国建筑师在商业化浪潮中开始了现代建筑实践。当时许多中国建筑师对现代建筑的最初认识还只是表面的建筑形式，例如《中国建筑》杂志编辑石麟炳就曾把现代建筑当作一种“繁杂的建筑物又看得不耐烦”之后的摩登时尚。但是，对现代建筑的时尚层面的认识并没有妨碍它的传播，现代建筑以其风格的时尚性和经济实用的优越性受到普遍的欢迎。在1920～1930年代，现代建筑很快得以立足并找到了一个广阔的市场。这一时期从业的中国重要建筑师几乎都有现代风格的建筑作品问世。下面就这一时期的重要中国建筑师的代表性现代建筑作品进行介绍。

- 杨锡镠建筑师

百乐门舞厅（图5－14、图5－15）1933年落成。1920～1930年代的上海，举办舞会成为一种时尚的社交娱乐活动，随着经济的发展、人口的增长，新兴的舞厅业在上海似乎前途无限。百乐门的业主希望建造一个压倒沪上所有舞厅的最大、最新颖的舞厅，“为舞厅建筑开辟一个新纪元”。

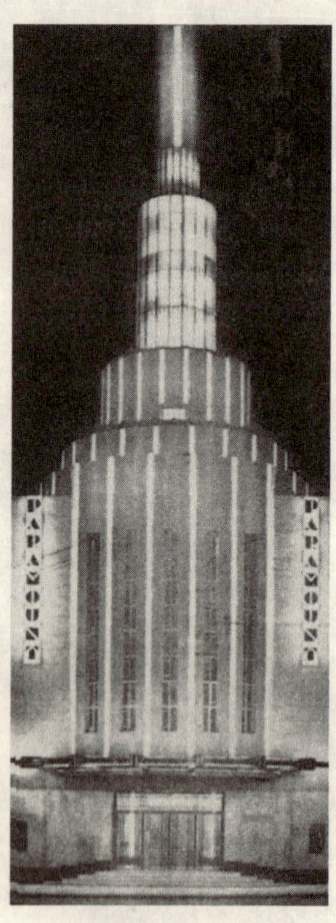

图5－14　百乐门舞厅外观及其夜景，1933年（建筑师：杨锡镠）

业主要求建筑出奇制胜与建筑师希望作品标新立异的共同目标，使得追求标志性成为百乐门舞厅建筑造型的首要目标。由于建筑主体只有3层，为了增加气势，在建筑转角增加了一座4节的层层收缩的玻璃银光塔，这是装饰艺术派常用的手法。银光塔安装了霓虹灯，使建筑夜景也具有很强的商业效果。最能体现业主商业雄心的是舞厅设备的现代化：宴舞大厅采用了当时最先进的弹簧地板；楼厅的小舞池则采用玻璃地板，下装电灯；舞厅安装了先进的空调设备，使室内空气始终保持清新。讲求实效与求新求异在百乐门舞厅的设计中取得了平衡与统一。面积的权衡一直是舞厅设计中的一个矛盾，如果面积过小，平时营业正合适，但是一到高峰就人满为患；反之，如果面积过大，平时则显得空旷寂寞，使客人望而却步。为了解决这个矛盾，建筑师将舞厅一分为三，一层开辟400余座的宴舞大厅，旁建两个75座的小型舞厅，二层设250座的楼厅，这样在营业中可以根据舞客人数灵活使用。百乐门舞厅落成后在上海娱乐界引起了轰动，被誉为“远东第一乐府”和“现代建筑学与装潢术上惊人进步”。[5] 百乐门舞厅设计的成功，说明了市场经济主导和商业利益驱动下建筑形式的摩登化与技术设备现代化的必然趋势。

图5-15　百乐门舞厅宴舞大厅内景

● 华盖建筑师事务所

华盖建筑师事务所设计建于1933年的上海恒利银行（图5－16、图5－17）是这一时期一向保守的银行建筑中的现代建筑先锋性作品。它摆脱了

图5－16　上海，恒利银行，1933年（建筑师：华盖建筑师事务所）

图5－17　恒利银行营业厅内景

图5－18　上海，大上海电影院，1933年（建筑师：华盖建筑师事务所）

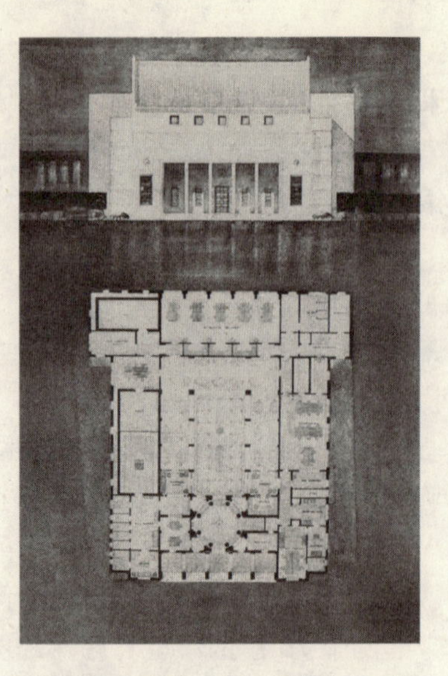

图5－19　南京，中国银行虹口分行平立面渲染，1933年（建筑师：陆谦受）

图5－20　上海，中国银行虹口分行细部

古典主义的外衣，“屋内外采用天然大理石和古色铜料装饰，外墙面贴深褐色面砖，并以假石面饰作垂直线条处理”，被当时的建筑评论称为“新厦优越之点，在十足显露德荷两国最近建筑之作风……尤有进者，建筑设计之巧，在立面能表现其平面之用途”。[6] 从这段评论可以看出，其建筑师已经能够熟练地运用现代建筑的设计手法和设计原则，而非将其作为时尚简单地摹仿。华盖建筑师设计的大上海电影院（图5－18）与邬达克设计的大光明电影院同年建成，外立面底层入口用黑色磨光大理石贴面，中部有贯通到顶的八根霓虹灯玻璃柱，“夜间放射出柔和悠远的光芒”，内部观众厅设计采用流线形装饰，被当时舆论誉为“醒目绝伦”、“匠心独具”，可以与大光明电影院媲美。华盖建筑师事务所作为中国最著名的倡导现代建筑的建筑设计机构，其作品充分反映出1930年代中国现代建筑的商业时尚特征。

● 陆谦受、吴景奇建筑师

陆谦受、吴景奇是1930年代上海最重要的现代主义建筑师之一。1933年建成的南京中国银行分行（图5－19），坡屋顶用青瓦，屋脊用人造石；墙面用泰山面砖，有色水泥嵌缝。入口为列柱门廊，没有任何多余装饰，是一个略带传统特征的现代建筑。上海中国银行虹口分行（图5－20～图5－22），1933年建成，是一座富有表现力的现代建筑作品。该建筑利用高耸的墙片与水平方向建筑体量的对比，形成了富有动势的不对称的构图，墙片上“竖以旗杆，悬以巨钟”，其新颖独特的造型被评论家誉为：“遥望之，如孤峰之独秀；而

图5－21　上海，中国银行虹口分行1933年（建筑师：陆谦受、吴景奇）

图5－22　上海，中国银行虹口分行转角入口

图5－23　上海，北苏州路中国银行11层办事所及堆栈方案，1932年（建筑师：陆谦受、吴景奇）

与邻房相映，更不啻鹤立鸡群。"[7] 上海北苏州路中国银行11层办事所及堆栈方案（图5－23），1932年设计，立面以水平线条和出挑阳台形成有韵律的构图，没有任何附加装饰，是一个典型的"国际式"风格作品。

● 沈理源建筑师

沈理源是当时华北地区最重要的中国建筑师，由他设计1934年建成的天津新华信托银行（图5－24）已基本具备了现代建筑的主要特征，立面构图强调贯通的竖向窗间墙，大楼主体6层，建筑转角为7层退台塔楼。建筑的外观真实反映内部结构和功能，仅外立面槛墙处铜质的装饰艺术风格纹饰显露出银行建筑的财富与豪华。

● 奚福泉建筑师

浦东大厦（图5－25）1936年由上海的浦东同乡会筹资兴建。先后有五位建筑师参加方案投标，业主聘请"专家中有世界眼光"的建筑师庄俊、李锦沛、薛次华、金丹仪四人为顾问，最后确定采用奚福泉的方案。由于基地平面不规则，平面呈东北—西南向的倾斜，奚福泉巧妙地顺应斜向的道路，从正面顶部开始把建筑划分为五个六边形垂直体量，体量的凹凸与阴影形成了强烈的韵律感；正中的体量贯通到底层入口，两翼则在底层由水平线条相联系，在构图上形成了垂直与水平线条的对比与统一。这是奚福泉继上海虹桥疗养院之后又一个现代建筑的力作。

● 庄俊建筑师

上海大陆商场（图5－26）1932年建成，这一作品是庄俊从西方古典主义向现代建筑转变的标志，建筑形象趋于简洁，立面采用了装饰艺术风格图案，同期建成的四行储蓄会虹口分会公寓大楼（图3－35，1932年）也有类

图 5 -24　天津，新华信托银行，水彩渲染图

图 5 -25　上海，浦东大厦，1936 年（建筑师：奚福泉）

图 5 -26　上海，大陆商场，1932 年（建筑师：庄俊）

图 5 -27　上海，美琪大戏院，1941 年（建筑师：范文照）

似特征。庄俊的上述两件作品可以看作两年后设计建成的“国际式”风格的上海孙克基产妇医院的前奏。

● 范文照建筑师

范文照是一位多产的建筑师，作为第一批“宫殿式”建筑的主要设计者，他在1920年代末1930年代初的“中国固有形式”建筑浪潮中是一位活跃人物。1930年代初，随着现代建筑的浪潮在上海掀起，范文照开始积极倡导现代建筑思想。1933年，他的建筑师事务所加入了一位美籍瑞典裔的建筑师林朋，范文照特别召开记者招待会将其郑重地介绍给上海建筑界，从而完成了从文化民族主义者到现代建筑思想积极倡导者的重大转变，其事务所设计的协发公寓（1933年）、上海美琪大戏院（图5－27）均显示出现代格调。

图5－28　上海，大新百货公司，1936年（建筑师：杨廷宝）

图5－29　上海，大新百货公司檐口细部

● 基泰工程司杨廷宝建筑师

1928年建成的天津中国银行货栈，在国内首先采用圆弧转角的横向长窗，表明了基泰工程司杨廷宝建筑师对现代时尚的敏感。同年建成的天津基泰大楼，略有装饰但已相当简洁。而1936年建成开业的上海大新公司（图5－28、图5－29），10层，采用钢筋混凝土结构，立面处理相当简洁，仅在屋顶女儿墙和顶部挂落处有中国式装饰，是一座有中国特征的现代建筑。杨廷宝在1940年代设计的重庆美丰银行、重庆农民银行等建筑，均表现出合理的功能布局和简洁的建筑造型。上述建筑实践表明，随着时间的推移，杨廷宝的建筑作品风格已转向经济、实用、简朴大方的现代建筑。

● 李锦沛建筑师

李锦沛早年曾经作为吕彦直的助手参与了南京中山陵工程建设。1930年代，他的一系列作品表现出现代建筑潮流的影响，如华业公寓（图5－30、5－31）、上海广东银行大楼（1934年）、南京新都大戏院（图5－32、图5－33）。

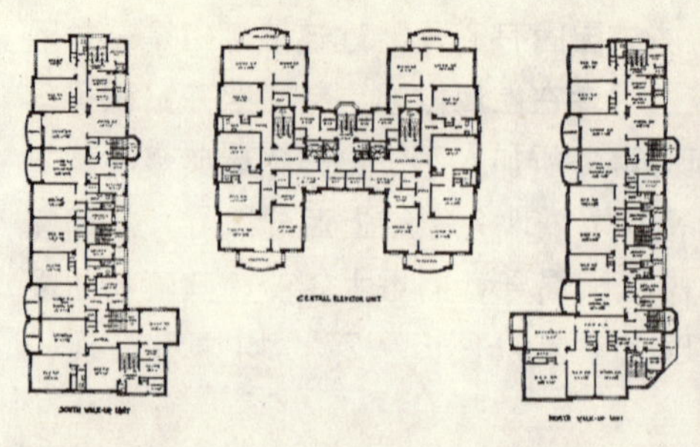

图 5 –30　上海，华业公寓平面图，1934 年（建筑师：李锦沛）

图 5 –31　上海，华业公寓模型

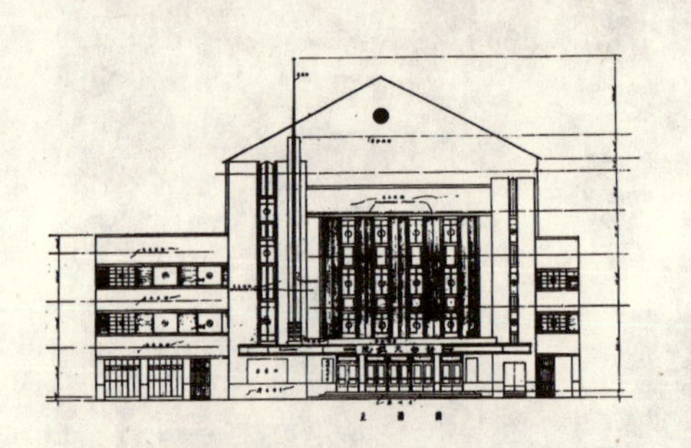

图 5 –32　南京，新都大戏院立面图

图 5 –33　南京，新都大戏院，1935 ~1936 年（建筑师：李锦沛）

● 凯泰事务所黄元吉建筑师

凯泰事务所黄元吉设计，1934 年建成的恩派亚大厦（图 5 –34）是这一时期手法最为前卫的建筑，转角的水平带窗与三条垂直线条形成对比，是可以与同一时期赉安公司的万国储蓄会公寓和道斐南公寓相媲美的现代建筑作品。

图 5-34　上海，恩派亚大厦，1934 年（建筑师：凯泰事务所黄元吉）

● 其他建筑师的现代建筑作品

李蟠建筑师事务所的上海伟达饭店及室内设计（图 5 –35 ~图 5 –38），该建筑 9 层，钢筋混凝土框架结构。外立面和入口有鲜明的装饰艺术派特征的图案和线脚，室内和家具陈设则极其简洁，表现出现代设计风格。

1930 年代，现代建筑潮流的影响还表现在建筑学专业学生的设计作业中，尤其是商业性建筑课题。如东北大学建筑系李兴唐的“新式住宅”，课题要求临街为店铺，内部为供出租的新式里弄住宅；中央大学戴志昂的繁华商业城市的公共办公室以及中央大学唐璞的邮政局（图 5 –39）等。

图 5-35　上海，伟达饭店，1932 年（建筑师：李蟠建筑师事务所）

图 5-36　伟达饭店入口细部

图 5-37　伟达饭店客房室内

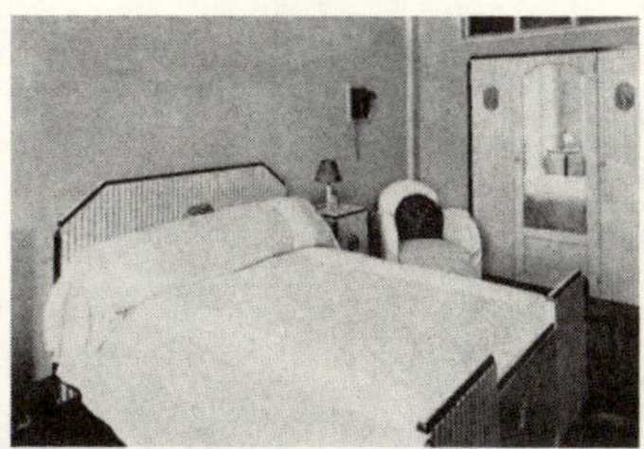

图 5-38　伟达饭店客房室内

图 5-39　中央大学建筑系学生作业邮政局设计

三、商业导向下现代建筑在中国的传播

就在上海掀起现代建筑浪潮的同时，上海的大众传媒对国外最新现代建筑和现代主义大师表现的充分的关注。《时事新报》及《申报》除了刊载国内的建筑消息，还对国外各种重要的新建筑进行报道，并刊登了许多介绍现代主义理论的文章和译著。《时事新报》1931 年 2 月 10 日刊登了美国著名建筑师 F·L·赖特和他设计的日本东京帝国饭店的模型照片，1933 年 4 月刊登了柯布西耶撰著、卢毓骏翻译的“建筑的新曙光”，并先后介绍了当时世界最高的纽约恩派亚大厦（即纽约帝国大厦）、芝加哥新报房屋、纽约人寿保险公司新屋和莫斯科新建旅行大厦等著名建筑。《申报》先后发表“论万国式建筑”（黄影呆著）、“论现代建筑和室内布置”（影著）、“机械时代中建筑的新趋势”（钦著）、“论现代化建筑”（琴译）等论文和译文。大众

传媒的介绍对现代建筑的广泛传播起到了推波助澜的作用。

商业利益的驱动和业主出奇制胜的心态，给 1930 年代上海的现代建筑带来了追求强烈视觉冲击力和商业广告效果的商业化特征。最常用的手法是在多层的主体上直接加上塔楼，如上海大世界（1924 年翻建，建筑师：周惠南）、新新百货公司、百乐门舞厅、新亚酒店；还有运用对比的手法，突出体量、横竖线条以及高低体量的对比，如中国银行虹口分行、大光明电影院、大上海电影院等。

1920 ~1930 年代中国现代建筑传播中影响较大的装饰艺术风格在十里洋场、霓虹闪烁的大上海表现得尤为突出，当时的上海甚至被称为“装饰艺术之都”。李欧梵在一篇回忆旧上海风情的文章中这样描述了这种风格：“虽然上海的摩天大楼不及纽约的高，但它们与纽约的大楼非常相像……装饰艺术是欧美在两次大战期间的一种典型建筑风格，它强调‘装饰、构图、活力、怀旧、乐观、色彩、质地、灯光，有时甚至是象征’……装饰艺术和摩天大楼的结合导致了一个古怪的美学风潮，这与城市的现代性有关，因为它们所包含的精神是‘又新又不同，激动人心又背离正统，以享受生活为特色，表现在色彩、高度、装饰或三者合一上’……这种建筑风格不再一味强调殖民势力，它更意味着金钱和财富。”[8] 上海的大量现代建筑作品如南京大戏院、国际饭店（图 5 -40）、大陆商场（图 5 -26）、国泰电影院（1932 年，建筑师：鸿达）等作品都具有鲜明的装饰艺术风格特征。直到 1948 年落成的交通银行（图 5 -41），其立面宽窄不一的竖向线条和旗杆形成的垂直

图 5 -40　上海，国际饭店，1934 年（建筑师：[匈] 邬达克）

图 5 -41　上海，交通银行，1948 年（建筑师：鸿达洋行）

向上的动势仍带有明显的装饰艺术风格特征。

● 南京的现代建筑

在1920~1930年代的中国现代建筑浪潮中，上海并非一枝独秀，在沿海沿江的主要城市都出现了向现代建筑风格过渡的趋势，并成为一种代表时代潮流的建筑趋势。

1920年代末到1930年代，现代建筑风格的设计倾向在南京的商业建筑中很快得到发展，出现了大量现代建筑作品。1929年落成的中南银行南京分行（图5-42），中国传统纹样作为装饰母题在槛墙上反复运用，具有装饰艺术风格特征。1930年开业的中央饭店（图5-43），建筑立面运用垂直线条构图，摆脱了柱式构图和传统装饰母题。建于1930年前后的玄武湖翠虹馆（图5-44）曾作为励志社招待所，以体量组合为主要造型手段，以垂直线条和水平线条作为线脚装饰。与上海现代建筑作品高度商业化的装饰艺术派特征相比，1930年代南京的现代建筑潮流更多地体现出理性创作作风。华盖建筑师事务所设计，1933年竣工的首都饭店（图5-45），建筑平面根据功能需要结合地形灵活布置，呈“7”字形，大楼主体为对称的两翼，中部为4层，窗间墙的水平线条和中部挑出的阳台以及入口雨蓬成为主要构图要素，没有任何多余装饰，是深得功能主义真谛的经典现代建筑作品。该建筑作为国民政府军政要员与国外宾客下榻之处，是南京国民政府时期首都最高档的宾馆，这说明现代建筑风格已经为官方所接受。建于1935~1936年的新都大戏院（图5-32）为钢架与钢筋混凝土结构，建筑体量组合反映剧院实际功能，立面由水平和垂直线条划分，属于纯正的现代建筑作品。新都大戏院采用最先进的冷气设备，放映和音质效果均为一流，是当时首都南京最有名的娱乐场所之一。国际联欢社（图5-46），基泰工程司梁衍1935年设计，1936年完工。立面入口为半圆形雨篷，垂直框架柱与弧形钢窗组成中间的圆形体量，造型轻盈欢快。杨廷宝设计，始建于1935年的大华大戏院（图5-47）是一个带有传统装饰细部的现代建筑作品。正立面上层为安装招牌的大面积实墙面和横向排列的采光高窗，下层为雨篷和大门，形成了强烈的虚实对比。观众厅可容纳1000余人，完全按照现代剧场的视线、声学要求进行舞台、天花、墙壁和楼座设计。

图5-42　南京，中南银行，1929年建成

图5-43　南京，中央饭店，1920年代末

图5-44　南京，玄武湖翠虹馆，1930年前后

图 5 -45　南京，首都饭店，1933 年（建筑师：华盖建筑师事务所）

图 5 -46　南京，国际联欢社，1935 ~1936 年（建筑师：基泰工程司梁衍）

图 5 -47　南京，大华大戏院，1935 年（建筑师：杨廷宝）

● 天津的现代建筑

天津是中国北方最重要的工商业城市，作为南京国民政府行政院直辖的特别市，天津是惟一没有为“中国固有形式”所波及的城市。天津城市以列强租界为主体，商业文化底蕴深厚。1920 年代，天津公共建筑以西方古典建筑形式为主导；进入 1930 年代，向现代建筑过渡则已经成为主流。法商永和工程司建筑师慕乐（P. Muller）是天津 1920 ~1930 年代最重要的西方建筑师，他设计的渤海大楼（图 5 -48）、利华大楼（1936 年）是中国现代建筑历史上的重要作品。乐利工程司设计，1930 年兴建的中国大戏院（图 5 -49）也是这一时期商业建筑中现代建筑的代表作品，立面极为朴素、简洁，

图 5 -48　天津，渤海大楼，1936 年（建筑师：［法］永和工程司慕乐）

图 5 -49　天津，中国大戏院，1930 年（建筑师：［瑞士］乐利工程司）

仅在局部加以简单的装饰。抗日战争爆发后的沦陷时期，天津仅有少量的建筑活动，但现代建筑在此时已经明显占据主导地位。1941 年，中原公司火灾后进行改建加固，外观改为现代建筑形式，垂直线条主宰立面，高塔层层收分，造型挺拔俊秀。1940 年竣工的维格多利餐厅，手法更为商业化，沿街立面入口处做密集的竖向线条，有装饰艺术的遗风，两侧翼做通长阳台形成更为时尚的水平线条，最为新颖的是以 45° 角凸出的侧面楼梯间以及竖向带形长窗。

● 青岛的现代建筑

青岛 1898 年被德国占领，并辟为自由商港。1914 年日本从德国手中攫取青岛，1922 年北洋政府收回青岛主权。1929 年，青岛被南京国民政府确立为特别市。1937 年抗日战争爆发之前，青岛由于偏于一隅，政局相对安定，外国资本大量涌入，城市建设形成繁荣的局面。作为一个建筑文化具有开放性和国际性的城市，早在 1900 年代的德据时期，新艺术运动对青岛建筑的影响就已经显现。青岛亨利亲王大街上的商业建筑（即今红房子餐厅，图 2－12、图 2－13）是很纯粹的新艺术风格的建筑，立面摒弃了古典柱式，门窗采用半圆、方额圆角、椭圆等自由曲线，周边绕以柔和优美的曲线贴脸，窗间墙垛通天，建筑形象生动活泼。

图 5–50　青岛，黄海饭店，1936 年（建筑师：上海新瑞和洋行）

1930 年代，现代建筑开始波及青岛。这场现代建筑浪潮主要来自上海建筑师的推动。1934 年建成，多名建筑师合作设计的青岛中山路银行建筑群由罗邦杰设计的大陆银行和中国银行、陆谦受设计的金城银行、苏夏轩设计的上海银行以及青岛建筑师刘铨法设计的山左银行等组成，除了金城银行尚有西洋古典柱式、三角形山花和钟楼外，其他建筑均从繁琐的细部装饰和柱式中解脱出来，仅仅在檐部和主入口做一些几何化的装饰，呈现出简化装饰的现代建筑倾向。上海新瑞和洋行设计的东海饭店（图 5－50）建于 1936 年，6 层钢筋混凝土结构，自由舒展的平面布局是顺随地形，最大程度满足使用功能要求的结果，说明建筑师已确立了功能理性主义思想，是 1930 年代中国现代建筑的重要代表作品。1930 年代商业建筑中现代建筑实例还有刘诠法设计的青岛物品证券交易所（图 5－51、图 5－52），许守忠设计的中国国货公司（1935 年）等。在抗战爆发后日据时期建成的青岛映画剧场（图 5－53），强调水平划分

图 5–51　青岛，物品证券交易所，1933 年（建筑师：刘诠法）

图 5-52　青岛，物品证券交易所入口

图 5-53　青岛，映画剧场，1939 年

图 5-54　昆明，南屏街聚兴诚银行 1942 年（建筑师：华盖建筑师）

和流线型构图，是当时青岛最新潮的建筑。

● 武汉的现代建筑

1930 年代引领武汉现代建筑潮流的是自学成才的建筑师芦镛标，他于 1930 年独立开业从事建筑设计，此前曾在汉口景明洋行学习建筑设计。其于 1934 年设计的四明银行尚带有早期现代建筑的装饰艺术风格，其后于 1935 年建成的中国实业银行和 1936 年建成的中央信托公司办公楼则表现出现代建筑的简洁明快的特色。芦镛标的这一系列作品"注意内部功能，率先接受欧洲新建筑运动的思想，采用西方先进的结构技术，在当时汉口曾引起轰动"。此外，由景明洋行于 1929 年设计的安利英洋行大楼以及 1935 年设计，1936 年建成的大孚银行大楼等都是武汉 1930 年代现代建筑的代表。

● 重庆、昆明等地的现代建筑

1934 年重庆金融巨子康心如聘请基泰工程司建筑师杨廷宝设计重庆美丰银行大厦，高 6 层，局部 7 层，全部钢筋混凝土结构，配有钢窗、电梯，这是重庆最早出现的现代建筑。其后陆续建成的重庆川盐银行、中国银行均为现代建筑风格。抗战爆发后，沿海和内地建筑师、工程师和建筑公司纷纷迁入西南地区，促进了现代建筑的传播。1939 年建成，华盖事务所设计的昆明南屏电影院和昆明南屏街聚兴诚银行（图 5 -54），1939 年基泰工程司杨廷宝设计的重庆孙科住宅圆庐，都是抗日战争大后方时期的现代建筑作品。

1930 年代的现代建筑代表作品，还有陈荣枝设计的广州爱群大厦（1936 年）和 1935 年建成的烟台金城电影院等。1920 ~1930 年代兴起，受商业文化主导的现代建筑浪潮，主要发生在沿海沿江的开埠城市，并有向内陆城市扩展的趋势。

四、商业噱头与现代建筑技术革命

建筑作为一种信息的载体，建筑特色可以给业主带来直接或间接的经济效益。高耸的体量具有强大的视觉冲击力并成为业主实力的象征，这种广告效应直接催生了建筑高度的竞赛。上海南京路四大公司之一的先施公司初建为 5 层，已是当时上海较高的建筑。随后在马路对面开业的永安公司规模更大，且为 6 层，遂又加建了两层，并修建了转角的塔楼，名曰摩星楼。而永安公司也不甘示弱，建造了更高的塔楼并命名为倚云阁。南京路第三家开业的大型百货公司新新公司的名字取商汤铭文上的“苟日新，日日新”之意。表达了商业文化的锐意创新。而大新公司的名字则取“规模大设备新”之意，其建筑高度更达到10层。如果去掉意识形态色彩，1936年上海外滩的中国银行与毗邻的沙逊大厦之间的建筑高度纠纷，可以称为中国第一次高层建筑之间的高度竞赛，本来公和洋行提交的34层的方案可以使中国银行成为远东第一高楼，但是由于上海房地产大王沙逊的诉讼，使得这一方案流产，最终采用了陆谦受与公和洋行合作设计的带有中国传统装饰的17层建筑。

建筑商业化和商业竞争在促使建筑向三维空间发展的同时，也刺激了建筑设备和材料的现代化。在激烈的竞争中，企业要立于不败之地就需要不断地开拓市场、刺激消费，新的功能、新的技术和新的设备成为商战中的王牌和噱头。1902年，上海外滩华俄道胜银行首先安装了从英国进口的电梯，1906年外滩汇中饭店也安装了电梯，到1930年代，上海安装电梯的大楼已相当普遍。1911年兴建的外滩东方汇理银行营业厅首先应用了铁框大玻璃顶棚，这种样式也为当时许多银行所效仿。1925年，刘锡基在上海南京路创办了名为新新公司的大型百货商场。在与老牌的先施和永安两大公司竞争中，为了商业宣传，新新公司别出心裁，在六楼开办了广播电台，播音室四壁标新立异地用玻璃建造，称为“玻璃电台”，既能吸引听众，又可为“新新”大做广告，起到了扩大公司知名度的作用。天津劝业场则聘用外国建筑师设计，采用钢筋混凝土结构和先进的设备，这自然也成为广告宣传的资本。它在商业广告中夸示道：“本场在法租界新建9层大楼，系由著名法国工程师永和营造公司绘图监造……全楼纯用洋灰铁筋筑成。内部装设楼梯八座，电梯三架；暖气卫生防火太平梯种种设备，异常周全。”劝业场“已有热气管之装置，但恐内容过宽，冬日暖气不足，因特由外洋购来新式放热回气风扇，使场内热气绝不外溢，此种装置在津门实为仅见。”“直通六楼以上美术展览所之升降机，其速特慢，谓因嗜好古书画者多为老年之人，登高固不胜劳，乘机则嫌其疾，故特设慢行电梯，使感安适，诸如此类之思想，是岂普通商人所得而有哉？故谓劝业场为科学的建设殊非过誉也。”[9]1936年落成的上海大新公司，在国内首次安装了两座轮带式自动扶梯，另外还安装了8座美国奥汀斯公司新出品的自平式快速电梯、电动货运机，成为南京路商业一景。《现代上海大事记》在1936年1月10日的内容中有这么一条记载：“大新百货公司开始营业，公司总监督蔡昌，为国内独家拥有自动扶梯装置的商场，开业三日，为争睹和乘坐自动扶梯的顾客如潮水涌来，后又首辟地下室商场，为沪上独创。”[10]这一时期，冷暖气设备、自动灭火装置、高级卫生设备以及内外装饰的新材料和新工艺也大量被采用，成为大型商场必不可少的设备。如果说这一时期建筑设备的现代化体现为建筑设备的高档化，那么，室外建筑装饰的现代化则体现为建筑材料和工艺更加简洁、朴素和实用。

1920～1930年代上海除了少数大银行、高档旅馆建筑如上海中国银行大楼、沙逊大厦等采用了昂贵的石材外檐饰面外，大部分商业、居住建筑采用的都是廉价的饰面材料，如面砖、水泥粉刷等，如百老汇大厦、国际饭店等一大批建筑的主体采用了面砖，而大陆商场和中央巡捕房则采用水泥饰面，充分体现了现代建筑简洁明快的审美趣味。

建筑商业化和商业竞争的另一个结果是商业建筑向多功能、综合化和现代化演进。天津、上海等地出现了一批集商业、娱乐为一体的大型商场，如天津的劝业场拥有号称“七天一大”的娱乐设施：天华影戏院、天宫影院、天纬台球社、天纬地球社、天露茶社、天乐戏院、天会轩剧场、天外天屋顶花园和大都会舞厅。上海南京路上的先施、永安、新新和大新四大百货公司，功能的复杂更是有过之而无不及，正如一位作家所描述的：“对外地游客而言，在南京路的百货公司里购买现代的奢华品是必要而令人神往的仪式。如果他们真去了，就可以在先施公司的114间客房里找一间住……虽说豪华的西洋饭店主要是为外国人服务的（不过国际饭店开张时，成千的中国人拥去观礼），公共租界的一批多层百货大楼却吸引了大量的中国人，尤其是‘四大公司’……里面的电梯会把顾客送往各个楼层，包括舞厅、顶楼酒吧、咖啡馆、饭店、旅馆及有各种表演的游乐场。因此这些商业大楼是兼有消费和娱乐功能的。”[11]建筑的商业化要求建筑师以具体的人（顾客）为出发点，从而摆脱了“文以载道”的传统文化思维模式和官方意识形态的政治羁绊，使建筑师的视角从抽象的“文化本位”转向以具体的“人”和“市场”本位，从而刺激了建筑功能、技术和形式的推陈出新。

五、商业建筑文化的延伸与扩展

市场经济带来的平等竞争精神和主体意识的觉醒，冲击着定于一尊的官方意识形态。文化的多样性取代了单一性，世俗化取代了政治化，反映到建筑领域则是商业化的躁动和大众对时尚文化的追求，这一切需要更加丰富多样的建筑形式来予以满足，从而推动了新风格和新的审美观念的形成。

1. 在先锋与保守之间的折中主义

商业文化是世俗文化，对于业主和消费者而言，所有历史风格不过是展现在面前供其选择的商品，政治性文化所要求的对某一风格的虔敬被消解，建筑风格呈现多样化和摩登化趋势。建筑的商业化是折中主义产生的温床，而折中主义则是大变革的先兆和过渡时期的过渡产物。以上海南京路的四大百货公司为例（图5－55），1910年代后期相继建造的先施公司、永安公司，均体现了集仿主义的商业化折中主义。1925年建成的新新公司（图5－56）虽属折中主义风格，但其外观简洁不尚华丽，仅在二层有水平腰线，六层挑出沿建筑周边的长阳台、铁栏杆使立面产生变化，已经具有早期现代建筑的

图 5 -55　1920 ~1930 年代上海南京路街景

图 5 -56　上海，新新公司，1925 年（建筑师：鸿达洋行）

特征。1933 年竣工的永安公司新厦（图 5 -4），已不见任何装饰，是一个完全现代的摩天楼。

2. 对“中国固有形式”的商业诠释和演绎

在商业建筑中，重要的不是官方意识形态倡导什么风格或建筑师信奉什么主义，而是业主、消费者和大众需要什么，建筑师必须迎合其审美趣味。因此，面对文化救亡论的社会压力，与坐以论道的理论家相比，职业建筑师们对“中国固有形式”的态度则务实得多。在没有官方指令的情况下，与同一时期官方主导下的“宫殿式”建筑的刻板沉闷相比，在商业建筑中“中国固有形式”被演绎的轻松自如。

1936 年建成的上海中国银行总行（图 3 -27、图 3 -28），建筑师陆谦受按照功能要求合理组织平面，表现出理性主义的设计思想。作为当时上海外滩惟一以中国建筑师为主设计的高层建筑，建筑主楼采用平缓的蓝色四方攒尖屋顶，檐下装饰石斗拱，各退台体量的檐口饰以中国式荷叶图案，墙面配置着镂空花格窗，作为一座近 70m 高的高层建筑，平缓的屋顶与女儿墙上的装饰并不引人注目，真正起作用的是错落退台的体量和垂直的线条，墙面除了重复的花格窗和门斗的细部外没有任何装饰，几乎是一座标准的现代建筑。同时，其对传统的诠释也显得既无拘无束又适可而止，很有分寸。南京国货银行（图 5 -57）由奚福泉设计，1936 年竣工。入口为大门廊，建有八棵方形立柱，上接挑台石栏，现代建筑的风格特征鲜明，立面只运用了六边形什锦钢窗、石栏杆、拼花窗棂等传统细部。该建筑被称为“综合现代建筑之趋势而仍不失中国原来之风味”，是“现代化的中国建筑”的代表之作。

图 5-57　南京国货银行，1934~1936 年（建筑师：奚福泉）

3. 现代建筑风格的延伸与扩展

金融建筑是西洋古典主义的大本营，而1930年代在现代建筑潮流的影响下，一向保守的银行建筑也开始接受现代建筑风格。1933年的《中国建筑》发表了杨肇辉的文章“银行建筑之内外观”，对当时银行建筑习惯采用古典主义表示不满，他说：“罗马希腊建筑之格调，诚能无疑地将银行之特质，如坚固诚实，明显表出；但就另一方面观之，因有异国之联想，遂觉此类建筑绝不能表出20世纪之新精神。故在今日我国，若仍沿用此一种类，殊属不宜也。”杨肇辉主张银行建筑形式应当体现其使用功能，“外部之计划，亦若内部计划，必须显示房屋之用途；亦须表明其所容纳之特殊机关之性质……此种设计原理，实为颠扑不破。”[12]以1930年代的上海恒利银行、浙江兴业银行以及1940年代的浙江第一商业银行等为代表的一批纯正的现代建筑的出现，标志着体现理性精神的现代建筑风格已经延伸到银行建筑领域。

在现代建筑浪潮的影响下，以中国式的局部装饰和简洁的现代建筑体量为特征的“现代化的中国式”建筑出现。它作为官方倡导的“中国固有形式”建筑的新形式，使早期以“宫殿式”表现中国固有特色的创作途径摆脱了困境，代表作品如北京交通银行（1931年）、南京原首都中央运动场（1933年）、南京中央医院（1933年）、南京国民政府外交部（1933年）等，这类作品具有装饰艺术风格特征，只不过装饰母题换成了中国式的。

六、对官方意识形态的僭越

1927年南京国民政府成立后，通过官方建筑文化政策有意识地倡导“中国固有形式”，此举在中国建筑史上开启了建筑形式政治化的先河。1920年代后期的中国建筑领域，现代建筑与“中国固有形式”建筑是两个同时起步的建筑潮流，商业化主导下的现代建筑实践构成了商业文化对官方意识形态的僭越。

商业文化表现为一种世俗性文化，它注重休闲消遣、消费娱乐，如果说政治性文化和精英文化还有神圣崇高的精神追求，那么商业文化则是纯粹的世俗性享乐主义文化。商业文化具有“瓦解正统意识形态”的作用，极大冲击了试图定于一尊的政治性文化，带来了建筑文化的多元化和民主化。与官方意识形态下建筑文化的政治化相比，商业文化的“趋新骛奇”与建筑师的主体性和创造性更为契合。在商品经济大潮的冲击下，建筑师眼中的艺术与商品不再是水火不相容，商业文化也不再是不入雅流的庸俗文化，相反地，建筑师积极参与“商战”，成为商业建筑文化的参与者与创造者。正如人们在评论新落成的上海百乐门舞厅时所称：“主其事者，为与同业竞争计，不得不殚思竭虑，出奇制胜，就经济可能范围之内，力求设备之完善与新颖，以广招徕焉，是以受委托设计此项建筑之建筑师，莫不勾心斗角，推陈出新，以实现彼等报纸之鼓吹所谓‘独霸’与‘权威’者。”“负此设计全责之建筑师，商战之胜利，实预有功也。”[13]

建筑商业化使中国现代建筑的传播成功地绕开了官方意识形态、文化民族主义的壁垒，凭借着富有时代感的新颖式样和功能经济的实用性受到业主和使用者的欢迎。许多建筑师在政府委托与商业委托的项目之间采取机会主义态度，根据政治区与经济区、官方建筑与商业建筑、文化建筑与一般建筑的类型区别，在“中国固有形式”与现代建筑风格之间做出选择，这种机会主义是建筑师职业商业化的必然现象。建筑师的这种价值分裂只是一种暂时的现象，正是在商业实践中，许多建筑师产生了对“中国固有形式”和古典主义的厌倦，开始了向现代建筑的转变过程。他们认识到“古典派建筑，如中国之骈体文稍有离题即画虎类犬……建筑家多有避之者”，而“宫殿式”建筑每失于太严肃而冷酷，缺乏愉快、进取的精神。“地位之不经济，造价之太耗费，不合时代需要，不易普及民间及其他繁盛区域。”[14]与西洋古典式和“宫殿式”相比，现代建筑风格脱颖而出。正如建筑师卢毓骏所评价：“立体式建筑之精神，系适应新时代材料之产物，得以尽量发挥几何形体之真美，表面可以自由形成，线条清晰，内容确切，房间之隔法得以曲直自如，切于实用，而设计者复得自由表现其天才与创作，而不因袭前人，以求作品之能达于自然美与永久美之价值；省去一切繁文缛藻，免除一切易于存垢纳土之虚饰，此为现代建筑之特征，亦即其优点。”[15]

七、商业时尚与新建筑文化的形成

1920～1930年代中国现代建筑浪潮中的商业化和时尚化特征经常会导致这样的结论：“中国的公众和建筑师们只是把它当作一种形式和风格的新变化，而并未从理论上认识现代主义的革命意义”。[16]今天看来，要求当时的中国公众去理解现代建筑的“革命意义”似乎并不现实，他们更多的是从感性的摩登时尚和经济实惠的优越性上认同了现代建筑。不过，仅凭这一点，已足够证明在那个时代现代建筑具有强大的生命力，代表了当时建筑发展的方向和潮流。

与工业建筑相比，商业建筑所展示的现代生活方式和新奇摩登的现代建筑风格对社会大众的建筑价值观念和审美观念的影响更为广泛，因而成为传播现代建筑文化的重要媒介和窗口。在上海、南京、广州、青岛等地，最新、最豪华的商业、娱乐等消费场所，往往是现代建筑风格。在上海的沙逊大厦、国际饭店或百老汇大厦等摩天大楼下榻或进餐，更被视为身份和地位的象征。这种时尚心理一直延续到新中国成立之后，主编过多种“鸳鸯蝴蝶派”刊物的作家周瘦鹃于1950年代两次下榻上海大厦（即百老汇大厦），心情十分兴奋，特地写文章表达对大厦的赞美。他写道："我曾在上海大厦先后住过 12 天，天天过着丰富多采的文化生活，在我 1956 年的生命史上记下了愉快的一页，这巍巍然矗立在苏州河畔的上海大厦，简直是我心灵上幸福的天堂。""老实说，我自有生以来，还是破题儿第一遭宿在这么一座高高在上的楼房里，俗话说'一跤跌在青云里'，我却是'一惚睡在青云里'。"[17]

流行时尚造成了现代建筑的广泛传播，虽然流于肤浅但是与官方主导的"中国固有形式"相比，毕竟代表了一种先进的建筑文化方向。同时，与抽象的理论相比，作为建筑师设计实践结果的建筑作品往往是建筑思想最有力的传播途径。贝聿铭的传记作家这样记述了上海的摩登建筑对少年时代的贝聿铭的影响：

"一天，贝聿铭和他的叔叔贝祖元去上海国际饭店旁边的大光明电影院看电影，突然，贝聿铭停下脚步，在一张纸上勾画出饭店的轮廓，然后举起那张纸给叔叔看，祖元深为贝聿铭未受专业训练就表现出的天赋所打动。

'我沉醉在建设一幢和饭店一般高的大楼的设想中'，贝回忆说，'当时这种想法对于我就像登月旅行对于今天的小青年一样令人激动。我断定那就是我想做的工作。'"

第二节　隐形的手——建筑商品化与现代建筑的兴起

17 世纪英国古典经济学家亚当·斯密在其"看不见的手"的著名论断中主张，市场机制具有一种自动调节经济运行，使经济达到均衡从而使经济资源得到最优配置的基本功能。美国经济学家萨缪尔森（Samuelson）进一步为我们描述了一幅奇迹般的市场秩序："整个体系运行过程中，没有任何人进行统一指导或强制运作。成千上万的企业和消费者自发地进行交易，他们的活动和目的通过看不见的价格和市场机制得以调节。"[18]在资本主义市场经济条件下，房地产经营者手中掌握的建筑物及其设施与土地构成不动产，成为资本的一种，并以商品、固定资本、贷款抵押品等形式加入资本的流动循环，房地产市场和建筑的商品化作为"隐形的手"自发地调节着建筑的发展，这只"隐形的手"在 1920 ~1930 年代的中国现代建筑实践中扮演了重要角色。

现代城市最基本的功能是为众多的人口提供集中的住宅和经济活动的场所。1840 年鸦片战争以来，中国由于西方势力入侵所带来的资本主义因素在刺激城市工商业发展和城市人口增长的同时，也刺激了城市土地和房屋建筑的总需求的增长，从而催生了房地产业——以赢利为目的进行房地产品经营、开发和建设的行业。无论是城市土地、生产经营用房还是住宅，在20世纪初中国资本主义市场体系逐步发育完善的情况下，都被卷入商品化的潮流。

20世纪上半叶的中国房地产业与建筑业息息相关，相互依存。两者之间形成了房地产业—建筑业—市政建设之间的良性互动关系。具体表现为：①房地产业为建筑业提供资金积累。②房地产业为城市当局交纳房捐和地税，促进了城市现代化。③房地产业中形成了建筑师—开发商之间的契约关系，使建筑设计纳入了商品化的轨道。

从1900年代到1930年代，中国资本主义经济经历了明显的增长。经济发展和城市化浪潮带动了城市土地和各种建筑的强劲需求，高额的利润吸引了大量的国内和国际游资。1920年代开始的席卷世界的资本主义经济危机，使中国成为跨国资本的避风港，它们以投资周期短、回报率高的不动产业为主要投资方向。同样为了规避金融风险，投资房地产业也成为银行金融资本重要的保值与增值手段。此外，1927年南京国民政府成立后，进行了一系列城市规划，如1929年南京“首都计划”、1930年代初的“大上海计划”、“天津特别市物质建设方案”、1935年的“青岛市施行都市计划”。厦门、广州、重庆、昆明等城市也按现代城市要求进行了局部的整理与规划。这些城市规划与改造计划对吸引房地产投资、扩大城市土地供给、活跃房地产市场起到了重要作用。建筑业与房地产业进入了共同繁荣的黄金时期。

图5-58　上海，都城饭店，1934年（［英］公和洋行）

进入1930年代，除了沙逊洋行兴建的华懋公寓、沙逊大厦、汉弥尔登大厦、都城饭店（图5-58）、峻岭公寓（图5-59）以及河滨公寓等高层旅馆和公寓之外，上海的其他房地产商也积极投资兴建高层大厦，如英商业广地产公司兴建的百老汇大厦（图5-60）、哈同洋行的迦陵大楼（1937年，建筑师：德和洋行）。除了专业房地产商，银行和金融业也直接向房地产业大量投资，其目的一是为资金谋得一条既保值又赢利的出路，二是以拥有一些知名建筑来显示其雄厚的实力。如四行储蓄会投资兴建了全高82m当时国内最高建筑的上海国际饭店，中国通商银行投资兴建的上海中国通商银行新厦（图5-61），万国储蓄会开发的上海皮恩公寓（1930年建筑师：赉安工程师）、毕卡弟公寓（图5-7）等。在1920~1930年代的这场房地产投资热潮中，上海共出现了31座10层以上的高层建筑，除了几座行政办公建筑，其余均为房地产商直接投资或以房地产开发为目的兴建

图5-59　上海，峻岭公寓，1934年（［英］公和洋行）

的。在其他沿海、沿江重要城市，房地产商也开始投资兴建高层建筑，如天津买办高星桥投资的天津渤海大楼、香港爱群人寿保险公司投资的广州爱群大厦（1937 年，建筑师：陈荣枝）。在这些房地产业经营开发的多层和高层建筑中，现代建筑风格包括带有商业化特征的装饰艺术风格占据了主流，现代风格开始取代西洋古典主义重新塑造中国的城市天际线，形成了 20 世纪中国建筑历史上第一次现代建筑的高潮。如果说 1920 ~1930 年代是中国建筑发生巨大变迁的年代，那么，作为房地产开发的投资者、决策者和组织者，房地产业无疑是这场变迁背后的重要操纵力量。可以说在中国现代建筑的发展演进的背后有一只隐形的手——房地产业在发挥着巨大作用。

图 5 -60　上海，百老汇大厦，1934 年（建筑师：英商业广地产公司建筑部）

图 5 -61　上海通商银行新厦，1934 年（建筑师：新瑞和洋行）

一、地价因素的影响

土地是财富之母。

土地作为最基本的生活和生产资料，是人类一切活动的物质基础。

当土地进入房地产市场后，作为一种特殊的商品，它与其他商品相比是一种稀缺的、不可再生的同时又是一种需求难以替代的商品，这就决定了随着城市经济的发展，土地价格的上涨是不可避免的。土地所有权经过房地产市场配置后，客观、普遍地要求更高效、更集约地使用土地，这就促使建筑层数增加乃至向高层化演进。

城市所产生的资本聚集效益，使得投入在城市土地上的资金能获得比农地高得多的巨大经济效益。因此，城市土地价格之高，上涨速度之快，常常令人惊讶不已。根据上海公共租界工部局为征收地捐所作的土地估价，1865～1933年的68年间，上海公共租界估价面积扩大了4.18倍，估价总值扩大了132.2倍，每亩平均地价增加了24.7倍，详见下表。

1865～1933年上海公共租界平均地价估价表　　表5－1

年份	估价面积（亩）	估价总值（两）	平均估价（两/亩）	每亩平均增价百分比（%）
1865	4310.000	5679.806	1318	100
1875	4752.000	5936.580	1459	110.70
1903	13126.102	60423.773	4603	349.24
1907	15642.625	151047.257	9656	732.62
1911	17093.908	141550.946	8281	628.30
1916	18450.870	162718.256	8819	669.12
1920	19460.174	203865.634	10476	794.84
1922	20338.092	246123.791	12102	918.21
1924	20775.992	336712.494	16207	1229.66
1927	21441.319	399921.955	18652	1415.17
1930	22131.379	597243.161	26909	2041.65
1933	22330.401	756493.920	33877	2570.33

（资料来源：张仲礼等．沙逊集团在旧中国．人民出版社，1985：36.）

上表仅仅反映了上海公共租界平均地价的上涨水平，而城市金融商业中心区的地价水平与地价上涨幅度则更令人惊讶。以20世纪上半叶中国地价之冠的上海外滩沙逊大厦用地为例，1844年11月，美商琼记洋行（一说英商义记洋行）向农民吴襄等人永租这块土地时，押租（即买价）每亩只有42两白银；到1869年，工部局的土地估价已达每亩6000两；1877年10月，沙逊洋行以每亩6730两的价格，将这块11.892亩的土地买进；1902年每亩估价升为3万两，1925年更为17.5万两，到沙逊大厦落成后的1933年又飙升为每亩36万两。从1844年到1933年，地价在90年间共增长了8570倍。[19]同一时期天津的地价水平与上海相比逊色不少，但是地价的上涨也非常迅猛。1900年以前，法租界劝业场一带的地价仅仅每亩3～4两至10两白银，1911年涨至每亩30～40两，至1920年代初每亩已涨至千两，而到1928年兴建劝业场时地价竟达每亩52000两，而1934年的渤海大楼基地的地价已达每亩75000两。[20]因此，在寸土寸金的城市中心，建筑向多层化、高层化演进是不可避免的趋势。

二、建筑多层化、高层化与建筑技术进步

科学技术发展的动力主要来源于社会需要，马克思说过："经济上的需要曾经是，而且愈来愈是对自然界的认识进展的主要动力"，并且"社会一旦有技术上的需要，则这种需要就会比十所大学更能把科学推向前进。"[21]

19 世纪与 20 世纪之交的芝加哥是现代高层建筑的故乡，高层建筑的钢框架结构就是在芝加哥诞生的。芝加哥学派建筑师沙里文在 1926 年发表的论文"一个观点的自传"中描述了那些导致建筑技术进步的强大力量：

"高层商业建筑出自地价的压力，地价出自人口的压力，人口出自外界的压力……但是一幢办公楼不可能在没有垂直交通手段下超出走楼梯允许的高度。因此，这些压力就转移到机械工程师头上，他们的创造性、想象力和孜孜不倦的努力产生了乘客电梯……然而，砌体建筑的特性又内在地限制了它的高度，因为人口的增加使越来越厚的墙体越来越多地吞噬了土地和楼板面积……芝加哥建造高楼的活动终于吸引了东部轧钢厂地方销售经理们的注意力，于是把他们的工程师打发去工作。这些工厂过去一直在为桥梁工厂生产型钢，因而已具备了基础。需要的只是在销售方面有些基于工程想象力及技术知识的远见。这样，采用一种可以承载全部荷载的钢框架的念头就出现在芝加哥建筑的面前……戏法变过来了，阳光白日下迅速出现了新事物——芝加哥建筑师们欢迎这种新框架并开始运用它，而东部的建筑师们却吓得目瞪口呆，无所作为。"[22]

30 年后，与芝加哥惊人相似的一幕又在远东的上海重演，昂贵的地价和追求高额利润的动机驱动着土地所有者提高土地开发强度，促使建筑向多层化和高层化发展，也带动了建筑结构、建筑设备和建筑材料的现代化。多层、高层建筑离不开钢筋混凝土和钢结构技术。20 世纪初，随着沿海沿江开埠城市的建筑层数的普遍提高，砖木混合结构房屋不断退出地价昂贵的区域。1908 年，上海滩出现了第一座钢筋混凝土框架结构建筑——6 层的上海电话公司（建筑师：新瑞和洋行）。随后，上海总会（1910 年，建筑师：马海洋行，高 6 层）、上海卜内门公司（1922 年，建筑师：格雷姆·布朗，高 7 层）、字林西报大楼（1923 年，建筑师：德和洋行，高 8 层）都采用了现浇钢筋混凝土框架结构。1916 年建造的 6 层有利大楼（建筑师：公和洋行）是第一座钢框架结构建筑。其后，钢框架结构成为 1920 ~1930 年代中国出现的高层建筑的主要结构形式，如上海的沙逊大厦、华懋公寓、永安公司新厦、国际饭店、中国银行总行和广州的爱群大厦等，上海的百老汇大厦为了减轻自重，还部分使用了铝合金轻钢材料。这一时期正值 1929 ~1933 年的世界性经济危机，随着中国建筑市场用钢量的剧增，欧美建筑市场大量滞销的各类建筑材料被源源不断地倾销到上海。"各种金属的进口量，特别是建

筑用结构钢、钢筋、钢条和软钢条的进口量有显著的增加。这类金属都由各建筑公司进口，它们在最近几年中，业务经营相当活跃。"[23]

基础工程是高层建筑的关键问题。以上海为例，上海的陆地是由江海泥沙淤积而成，地质非常松软，承载力很低，开埠以来地基问题成为长期困扰上海建筑业的难题。1867 年竣工的法国领事馆，完工后仅仅两年，房屋已经出现沉降，所有墙壁从上至下有了裂缝，地基由于潮湿而损坏，已经有坍塌的危险。1929 年竣工的华懋公寓，由于基础问题造成公寓整体下沉，底层几乎成为地下室。混凝土筏式基础的出现为上海高层建筑的兴起排除了技术障碍。1910 年建造的上海总会是筏式基础的首次尝试，到 1920 年代这一技术已经广泛运用于多层和高层建筑的基础建造上了。桩基也得到了广泛应用，国际饭店由丹麦康益公司承包打下了高密度的梅花桩，最深处达 36.6m。1934 年建造的上海中国银行使用了连锁齿槽的钢板桩，中国银行与沙逊大厦相邻，由于打桩技术高超，相邻建筑并未受其影响。天津的高层建筑也面临软土地基的问题，渤海大楼的基础采用了当时最先进的技术，基础为美国松方木梅花桩，碎砖混凝土垫层，带地梁满堂红钢筋混凝土基础。

房地产业不仅推动了包括建筑功能、建筑体量、建筑高度、建筑跨度、建筑材料、建筑结构和建筑设备等建筑活动中属于生产力和物质层面的进步，并且还推动了建筑活动中属于"上层建筑"和精神层面的建筑形式、建筑审美观念和建筑设计方法的演变。

房地产业不仅是建筑业兴衰的晴雨表，也是建筑风格、建筑美学和建筑思潮演变的催化剂。高层建筑每一层都由功能相同的单元重复组成，而垂直方向则由相同的标准层构成，结构上也是重复的框架柱网，这些因素需要在立面上有一个合乎逻辑的形式表达。19 世纪末，上海《点石斋画刊》刊登了一幅摩天大楼的臆想图，虽然由于出自非专业人士之手而略显稚拙，但其由重复单元构成的立面构图与早期的高层建筑异曲同工（图 5 -62）。高层建筑功能的复杂性和综合性又使得古典主义手法在立面处理上捉襟见肘，费力不讨好。19 世纪末，在美国高层建筑的故乡——芝加哥，正是在高层建筑的实践中造就了芝加哥学派（The Chicago Schools），诞生了形式追随功能的现代建筑思想。建筑历史学家 L·本奈沃洛是这样评价高层建筑出现的意义的："摩天大楼不是由线条和体量、实墙和开洞、力和反力组成的交响曲，而是数学运算，是一种倍增运动……它包含了从根本上改变传统建筑环境的种子，它们的基本原则和管理工业本身的基本原则相同，能促进新的城镇景观向工业化社会所需要的方向前进。"[24]

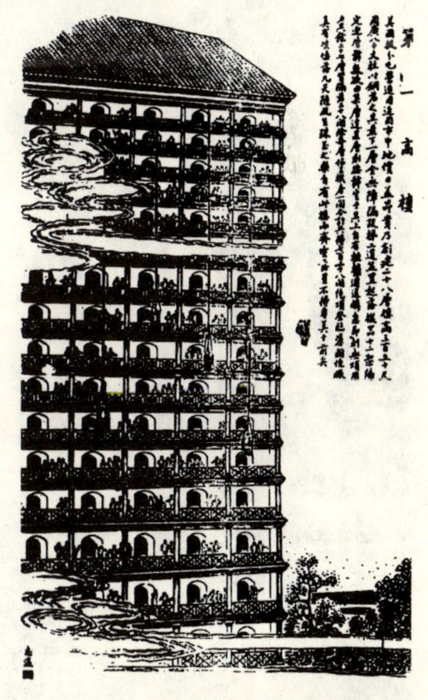

图 5-62　19 世纪末上海《点石斋画刊》登载的摩天楼臆想图

无独有偶，1920~1930年代的上海沙逊大厦就是建筑风格从西洋古典主义向现代建筑风格演进的重要转折点，其后上海、天津、广州等地兴建的高层旅馆、公寓建筑率先摒弃古典形式，采用吻合功能、简化装饰的现代风格。香港爱群人寿保险公司投资的广州高层酒店爱群大厦主体10层（图5-63），立面采用简洁的竖向线条，塔楼4层，层层向上阶梯形内收，其设计意念为“采用美国摩天式。此式最适宜于高度建筑物，且富有端庄明净简单和谐之表现。”[25]

图5-63 广州爱群大厦，1937年（建筑师：陈荣枝）

三、建筑商品化与城市住宅的演变

与西方第一次世界大战之后政府主导下的大规模住宅建设相比，由于20世纪上半叶动荡的政治局势和中央政府的相对弱势，中国的住宅产业基本上是在市场经济下运行的。在城市住宅的演变过程中，房地产业扮演了至关重要的角色。

城市住宅是房地产开发的主要商品，房地产业与城市住宅的演变有着密切的关系。房地产开发尤其是大量的住宅开发，要求建筑业不断生产出适合人们居住习惯、消费能力和审美观念的商品住宅。19世纪与20世纪之交，上海房地产商开发的住宅的主要形式还是三间两厢或两间一厢的早期石库门里弄住宅，它脱胎于传统四合院民居，占地面积大，房间多，符合传统大家庭的居住模式。1910年代，为了适应家庭规模小型化的需要，上海出现了后期石库门里弄住宅（图5-64），这种住宅户型以单开间、双开间为主，布局紧凑，占地小，经济实用。1920年代，旧式石库门里弄住宅已经不能适应中上层资产阶级和知识分子的需要，逐渐让位于新式里弄住宅，低矮的围墙取代了高大厚重的石库门，水、电和卫生设备逐渐齐全，标准高的还安装了煤气和水汀取暖设备，有的附设汽车房。典型的新式里弄住宅有：上海的静安别墅（图5-65）、万宜坊，天津的河北路285~293号住宅（俗称疙瘩楼，图5-66、图5-67）、增延胡同住宅等。其中，天津的疙瘩楼建于1937年，4层砖木结构，前后设有院落，底层为汽车房。入口台阶直通二层，二层设客厅和餐厅，三、四层为卧室，其中三层悬挑弧形阳台，外立面上用琉缸砖镶嵌的“疙瘩”作装饰。1920年代后期上海、天津等地还接踵出现了花园里弄住宅、公寓里弄住宅、多层和高层公寓住宅等住宅模式。其中，多层和高层公寓住宅往往备有二室、三室、五室等多种户型，在布局、结构和设备上已与现代集合住宅相近似。

图5-64 上海，石库门里弄住宅，渔阳里

图5-65　上海，新式里弄住宅，静安别墅主弄景观

图5-66　天津，疙瘩楼外观

1920年代开始，沿海、沿江开埠城市的住宅逐渐形成了花园洋房、公寓住宅、里弄住宅和简易棚户四类居住模式，反映了城市社会的阶层结构。花园洋房为外国富商、高级官僚、资本家等社会上层居住，公寓住宅的居民为城市的中上层包括收入颇丰的高级职员、商人、外籍雇员和高级知识分子，里弄住宅是大多数普通市民的居所，棚户和简易住所则是社会最底层贫民的栖身之地。其中里弄住宅和公寓住宅是批量化生产的城市商品住宅的基本类型。1930年代，在上海、天津等城市出现了里弄住宅衰落，公寓住宅兴起的趋势。

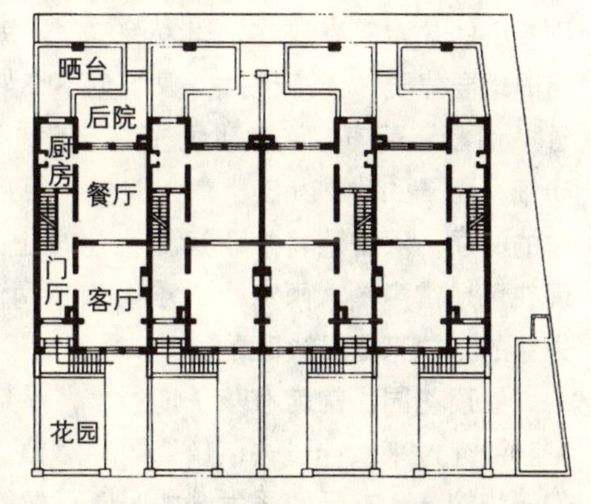

图5-67　天津，疙瘩楼平面图

房地产市场的供需要求对1920～1930年代城市住宅的演变起了决定性作用。大批的洋行外国职员和城市中资产阶级向往现代居住生活方式，地点适中、交通方便、设施齐全的公寓住宅受到他们的欢迎。美国作家霍塞的《出卖上海滩》描写了1930年代上海居住时尚的转变："（原先）白种人大都住在海格路、虹桥路、静安寺路或大西路上，大班阶级大都在这些地段有着别墅或花园。不过这时，大部分的上海先生们都已移居于近几年来所新造的大厦公寓里边。这种公寓，有几所就在市中心的附近，租价既很便宜，进出又甚便当，而设备上也很完全。里边的窗户很大，所以阳光和空气也很充足，里边并有着电冰箱、电风扇等装置。"[26]而此时里弄住宅已沦为低收入阶层住宅，"七十二家房客"、"二房东"现象普遍，房地产商收取租金困难。进入1930年代，里弄住宅虽屡有兴建但已成明日黄花，而多层、高层公寓则成为房地产开发商和投资者追捧的市场热门。1931年出版的一本建筑刊物对上海的公寓住宅评论道："从经济

上说，公寓是很成功的……没有其他房地产股票像公寓股票那么坚挺……因为它的投资回报率很吸引人，超过了市场利率。”“人们不再被偏好和技术限制在1层或2层高度的住宅上，建筑师和房地产公司开始更有进取性地在上海推销公寓住宅。”1926年，上海普益地产公司则预言“上海似乎必将成为一个公寓住户（包括外国人和中国人）的城市”。[27]

从张爱玲1940年代对于公寓生活略带矫情的描写，我们可以进一步领略上海白领阶层的居住生活方式。她写道：

“读到‘我欲乘风归去，又恐琼楼玉宇，高处不胜寒’的两句词，公寓房子上层的居民多半要感到毛骨悚然。屋子越高越冷。自从煤贵了之后，热水汀早成了纯粹的装饰品。构成浴室的图案美，热水龙头上的H字样自然是不可少的一部分；实际上呢，如果你放冷水而开错了热水龙头，立刻便有一种空洞而凄怆的轰隆轰隆之声从九泉之下发出来，那是公寓里特别复杂、特别多心的热水管系统在那里发脾气了。即使你不去太岁头上动土，那雷神也随时地要显灵。无缘无故，只听见不怀好意的‘嗡……’拉长了半晌之后接着‘訇訇’两声，活像飞机在顶上盘旋了一会，掷了两枚炸弹。在战时香港吓细了胆子的我，初回上海的时候，每每为之魂飞魄散，若是当初它认真工作的时候，艰辛地将热水运到六层楼上来，便是咕噜两声，也还情有可原。现在可是雷声磊，雨点小，难得滴下两滴生锈的黄浆……然而也说不得了，失业的人向来是肝火旺的……

屋顶花园里常常有孩子们溜冰，兴致高的时候，从早到晚在我们头上咕滋咕滋锉过来又锉过去，像瓷器的摩擦，又像睡熟的人在那里磨牙，听得我们一粒粒牙齿在牙龈里发酸如同青石榴的子，剔一剔便会掉下来……

恐怕只有女人能够充分了解公寓生活的特殊优点：佣人问题不那么严重。生活程度这么高，即使雇得起人，也得准备着受气。在公寓里‘居家过日子’是比较简单的事。找个清洁公司每隔两星期来大扫除一下，也就用不着打杂的了……

图5-68　上海，武康大楼

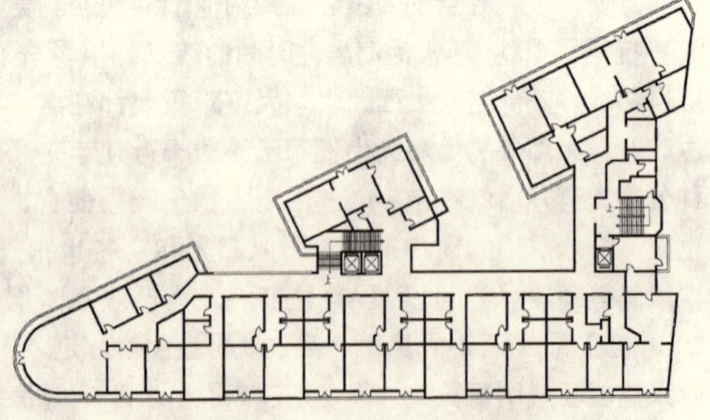

图5-69　上海，武康大楼标准层平面图

图5－70　上海，麦琪公寓，1937年

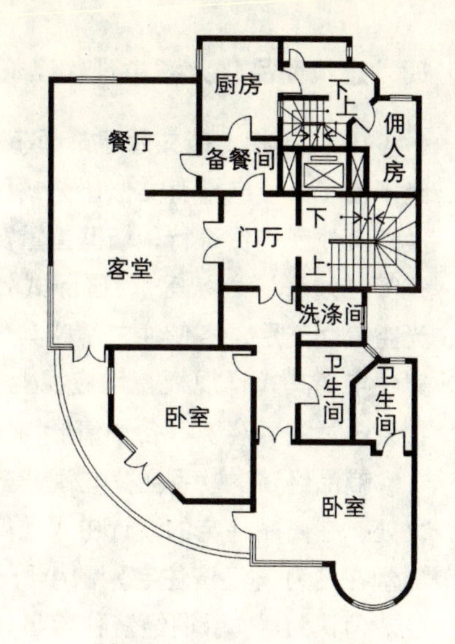

图5－71　上海，麦琪公寓，标准层平面图

公寓是最合理想的逃世的地方。厌倦了大都会的人们往往记挂着和平幽静的乡村，心心念念盼望着有一天能够告老归田，养蜂种菜，享点清福。殊不知在乡下多买半斤腊肉便要引起许多闲言闲语，而在公寓房子的最上层你就是站在窗前换衣服也不妨事……”[28]

1930年代具有代表性的现代城市集合住宅有上海的武康大楼和麦琪公寓。武康大楼8层高（图5－68、图5－69），位于武康路与淮海西路交叉口的锐角三角形场地，平面沿场地周边布置呈三角形，转角为圆弧形，总建筑面积约10800m^2。标准层12户，共81户，户型以一室户与三室户为主，平均面积分别为45m^2和85m^2左右，转角处的住户面积最大，约为175m^2。入口大厅内设有两台主电梯和一部主楼梯，通过公共走廊联系各住户。建筑立面为三段式构图，底层沿街商业骑楼为连续拱廊，顶层平屋顶，一、二层与顶层采用水泥砂浆抹灰，中间部分为红色清水砖墙。外观效果除了局部的西洋古典装饰，主要依靠功能需要的阳台和开窗取得，具有早期现代建筑风格的特征。麦琪公寓（图5－70、图5－71），1937年由荣康地产公司投资建造。这幢10层公寓也位于街道转角，场地狭小，平面布局紧凑。总建筑面积约2600m^2，一层设有门厅、车库和锅炉房，二层两户，标准层每层一户，顶部两层为一户跃层式住宅，共9户。弧形转角阳台将两间卧室与客厅联系起来，室内采光通风良好。建筑外形简洁，主立面外墙贴釉面砖，弧形转角阳台为水泥砂浆抹灰，突出强调了街道转角的曲面形态。建筑外观没有任何附加装饰，完全运用吻合功能的曲面与平面几何语言，具有“国际式”建筑风格的典型特征。

四、建筑商品化大潮中现代建筑思想的萌动

1933年初，范文照建筑师事务所的合作伙伴林朋宣称："新式住宅设计，绝不使私人住宅再有类似堡垒或纪念堂式之外观。旧式设计，建筑物不分种类，其外观均贵奇特，墙壁首重宽厚，门面装饰，尤求过分之富丽，以达建筑师'炫奇'之初旨，'国际式'新法，住宅构造，首贵简便，设计最重日光空气之充足，务使住户常感其生活之舒适，而业主则觉造价之经济，至自建住宅。其式样规模，均应视业主之日常生活情形而定——如起居、睡眠、饮食、沐浴、烧洗等各种情形均可采为决定新屋设计法之参考材料。"[29]

商品经济的功利主义与现代建筑的功能理性主义和经济理性主义的契合之处，在商品住宅的设计中表现得尤为明显。1930年代上海的开业建筑师徐鑫堂在名为《经济住宅》的小册子中明确把经济、实用放在了住宅设计的首位。他认为："所谓经济住宅者，即以最低廉之价值，而得最合实用最坚固最美观之住宅……实用较美观，尤为重要；美观只接触于眼帘，不若房屋各部之实用，无时不与居住者之舒适有关也。所谓合实用者，即住宅内各室及门窗等之地位，布置合宜。工人之住所，未必尽与农民相似，乡间之与城市住宅，亦有所不同，自造住宅与出租者又异。"[30]1930年代，天津最大的房地产商英商先农有限公司出版的《房舍建筑指南》是一本指导顾客置业的带有广告性质的小册子，它首先宣称："英商先农有限公司，能助君成为理想家宅的东翁，并听君自行挑选上等地段，定价公道，代君打样设计，监工督造房屋，及充分给予经济上的便利。"然后，小册子在使用功能和经济节省方面给客户以劝告，"会客室或居室，在家宅中，地位等愈大愈佳，实因此室用处最多，向南或向西南方向，应配有大窗……餐室晨昏时间均应有阳光直接射入，日中之阳光，亦应愈多愈佳，如设置凸窗一面，则所得结果，最为圆满……但各室不宜多开窗户，此节务须避免为要，因多设窗户，在春夏两季，固属甚佳，惟在严冬，煤费则增多矣！"[31]可以看出，房地产商和业主均把侧重点放在使用功能和经济的节省，建筑的风格形式问题并不在优先考虑之列。

在1920～1930年代的市场经济条件下，包括造价分析、施工经营管理乃至房屋的租售都已纳入建筑师的业务范畴，许多建筑师参与房地产的策划甚至直接进行房地产经营。如上海字林西报社的设计者雷士德是上海房地产巨贾，他在寸土寸金的上海南京路的地产仅次于沙逊洋行和哈同洋行而居第三位。在房地产业，商品住宅的设计程序与工业生产的流程基本相同，首先对市场进行分析，然后进行投入产出的分析，最后再投入资金进行商品住宅的生产。正像当时登载于《申报》的一篇介绍设计方法的文章中所说，做设计前"要用专家的眼光来研究，（房屋）所需要的性质是怎样，它是应该用哪一类的建筑来建造，它的可能的价格要多少……同时更把那可能的价格加

以分析。关于所希望的租金收入如何分配，也要加以考虑……然后再研究这样的决定，对于所需的目的，究竟适合到多少的程度，而其建筑的位置、形状、大小、地形、朝向等采用后有如何的利益与弊病也要考虑。"[32]这篇文章体现了建筑商品化对职业建筑师的务实要求。建筑专业杂志《中国建筑》发表的"住宅建筑引言"详细分析了业主与房屋承租者的心态："试考业主之投资，凡事莫不愿以最少之资本，换取最大之利益；而在租赁者言之，又莫不欲以最低之租价，居住最好之房屋。"最后文章对建筑师提的要求是："因须适合二者之需要，建筑师乃勾心斗角，殚精竭虑以赴之。对于设备，则力求完善，期以达到业主之愿望，并以迎合租赁者之心理也。对于材料，则力求经济，以期减少业主之成本，因而减轻租赁者之负担也。"[33]

五、建筑商品化与现代建筑风格的兴起

以赢利为目的的商品住宅一方面需要千方百计降低造价、缩短工期，不作无谓的浪费与浮夸；另一方面为了在商业竞争中脱颖而出，又需要不断推陈出新、标新立异。1920~1930年代市场经济这只看不见的手促使中国的商品住宅不断净化古典装饰，向着更加简洁、明快的现代建筑风格演进。

图5-72 天津，香港大楼，1937年（建筑师：盖苓）

城市住宅必须符合占地经济、功能合理、结构坚固、外观整齐有序的原则。1910年代出现的后期石库门里弄住宅虽然细部受西方建筑影响，采用砖砌发券、牛腿、壁柱和柱头等西洋装饰，石库门门头饰以半圆形或三角形山花，但是连成长排的石库门毗连重复的建筑体量形成了强烈的韵律感和秩序感，反映了商品住宅批量化、标准化和平民化的特征。到1920年代出现的新式里弄住宅，石库门已被取消，装饰已基本净化，而其后出现的花园里弄住宅、公寓里弄住宅、多层和高层公寓等住宅形式，已经呈现出鲜明的现代建筑风格特征，蕴涵了具有时代感的崭新的审美情趣。1930年代简洁、明快的现代建筑风格作为一种住宅时尚已经为人们所广泛接受，"1930年代，在报纸上对建筑的宣传中随处可以看到诸如'美善新奇'、'装置齐备'、'日光、空气两俱充足、居家租赁、经济与便利两全'之类的赞美词句。"[34]这一时期兴建的公寓住宅建筑风格上充分反映了这种时尚。如天津马场道的香港大楼（图5-72）采用平屋顶，底层清水砖墙，二层以上悬臂挑出，充分利用钢筋混凝土结构的性能，单樘正方形窗与横向带形窗交替使用，局部点缀圆形窗。天津利华大楼（图5-73），建筑体量高低错落，大面积玻璃窗与实

图5-73 天津，利华大楼，1939年（建筑师：法商永和工程司）

墙面形成虚实对比，这些建筑充分展示了现代建筑风格的魅力。

1920～1930 年代在房地产业主导下的建筑活动中，昂贵的地价使得业主往往要求最大限度地利用基地，同时基地的现状和建筑功能往往又需要灵活多变的平面布局来满足。这种情况下，学院派和古典主义的中轴对称和纵横三段式的构图手法受到局限；相反，对于从功能出发的现代建筑设计方法则游刃有余、挥洒自如。复杂的平面布局，不仅不能限制建筑创作，反而成为活跃建筑构图的有机因素，这种制约与创造的关系在寸土寸金的上海各房地产公司开发的公寓住宅设计中表现的尤为突出。公寓住宅的平面布局与场地有机结合，形成了丰富的建筑体量，充分显示了现代建筑设计手法的灵活性和适应性。主要平面布局与体量形式有：一字式，如前面提到的上海中国银行虹口分行在场地中见缝插针，体量狭长单薄，但是通过巧妙运用现代建筑的体、面穿插以及体量对比等手法形成十分新颖的效果；周边式，如上海都城饭店、武康大楼；八字式，如峻岭公寓、百老汇大厦；S 式，如河滨公寓。其他还有 T 式、L 式和 H 式等。

本章小结

与中国传统农业文明不同，以大工业为基础的资本主义，其存在基础与本质不断的超越和扩张。正如马克思所指出：“生产的不断变革，一切社会关系不停的动荡，永远的不安定和变动，这就是资本主义时代不同于过去一切时代的地方。一切固定的古老关系以及与之相适应的素被尊崇的观念和见解都被消除了，一切新形成的关系等不到固定下来就陈旧了。”创新是资本主义的生命线，正是商业竞争的压力和市场开辟的驱动，给建筑设计带来了求新求异、开拓创新的崭新气象；正是对消费时尚和广告效果的追求，导致了建筑功能、建筑技术和建筑形式新陈代谢步伐的加快。建筑的商业化与商品化，在促使建筑设计更加重视功能经济合理性的同时，也使得体现新材料、新技术和强调体量高低、虚实对比等富有表现力的现代建筑手法大行其道。如果以历史的眼光看待这一时期中国现代建筑的发展，可以发现，正是商业化、商品化主导下的现代建筑实践为中国现代建筑的发展奠定了基础，使人看到了现代建筑时代的曙光。

总之，建筑的商业化、商品化是 20 世纪上半叶现代建筑在中国兴起的内在动力和重要传播媒介。如果说激烈反传统和宣扬个性解放的新文化运动有赖于中国资本主义商品经济发展的有利土壤才势不可挡；那么秉承新时代精神的现代建筑正是在建筑商业化、商品化的大潮中，摆脱了西洋古典主义和“中国固有形式”的束缚，展示了无可比拟的优越性。

注释

1 杨东平．城市季风．上海：东方出版社，1995：126.

2 丰子恺．西洋建筑讲话．上海：开明书店，1935：24.

3 伍江．上海百年建筑史．上海：同济大学出版社，1997：140.

4 杨嘉佑．上海老房子的故事．上海人民出版社，1999：267.

5 郑祖安．“远东第一乐府”——百乐门舞厅．海上剪影．上海辞书出版社，2001：125.

6 麟炳．上海恒利银行新厦落成记．中国建筑，1933，1（5）.

7 麟炳．麟炳志，中国建筑，1933，1（4）.

8 李欧梵．重绘上海文化地图．万象，1999，1（2）.

9 天津《北洋画报》，1928年12月1日。转引自：韩文彬．话说劝业场．天津：百花文艺出版社，1994：8.

10 杨嘉佑．上海老房子的故事．上海人民出版社，1999：165.

11 李欧梵．重绘上海文化地图．万象，1999，1（2）.

12 杨肇辉．银行建筑之内外观．中国建筑，1933，1（4）.

13 麟炳，百乐门之崛兴．中国建筑，1934，2（1）.

14 杜彦耿．北行报告．建筑月刊，1934，2（6）.

15 卢毓骏．三十年来中国之建筑工程．建筑百家评论集．中国建筑工业出版社，2000：290.

16 赖德霖．“科学性”与“民族性”——近代中国的建筑价值观．建筑师，总第64期.

17 转引自：杨嘉佑．上海老房子的故事．上海人民出版社，1999：170.

18 转引自：韩德强．市场是什么．读者，2001（5）.

19 赵津．中国城市房地产史论．天津．南开大学博士学位论文，1992：77.

20 赵津．中国城市房地产史论．天津．南开大学博士学位论文，1992：84.

21 转引自：黎尔平．论社会因素对科学技术发展的影响．科学技术哲学，1999：12.

22 ［英］肯尼思·弗兰姆普顿．现代建筑——一部批判的历史．中国建筑工业出版社，1988：52～53.

23 转引自：伍江．上海建筑百年．上海：同济大学出版社，1997：106.

24 ［意］L·本奈沃洛．西方现代建筑史．邹德侬等译．天津科学技术出版社，1996：212.

25 转引自：汤国华．岭南近代建筑的杰作——广州爱群大厦．中国近代建筑研究与保护（一）．清华大学出版社，1999：181.

26 ［美］霍塞．出卖上海滩．越裔译．上海书店出版社，2000：184.

27 杰夫·柯迪．民国时期上海的住宅房地产业//张仲礼．城市进步、企业发展和中国现代化．上海人民出版社，1988：271～272.

28 张爱玲．公寓生活记趣．张爱玲文集．上海出版社，1999：201.

29 沈潼．再谈“国际式”建筑新法·名建筑师范文照之新伴·美国林朋建筑师所倡行．时事新报，1933 -4 -5.
30 徐鑫堂．经济住宅．徐鑫堂建筑工程师事务所，1933.
31 英商先农有限公司《房舍建筑指南》．1932 年。
32 钦．宏大建筑的设计方法．申报，1934 -5 -15.
33 麟炳．住宅建筑引言．中国建筑，1933，1（2）.
34 赖德霖．“科学性”与“民族性”——近代中国的建筑价值观．建筑师，总第 64 期.

第六章

20世纪上半叶中国现代建筑兴起的社会文化基础

西方现代建筑思想是西方建筑文化现代性与社会文化现代性的共同产物，它既不可能直接移植到中国传统建筑文化基础之上，也不可能在中国传统文化的土壤中生长出来。20世纪初的欧风美雨中，中国传统建筑体系开始全面衰落，作为上层建筑的建筑文化意识也发生了巨大的嬗变，表现为西方建筑观念的输入和现代建筑文化意识的觉醒。历史学家高瑞泉认为，“20世纪中国出现过一个文化‘断裂’，即产生了许多性质与古代文化有鲜明差别的文化现象和思想观念。”[1]20世纪上半叶中国社会文化中现代性精神的勃兴，也为现代建筑的萌发与兴起提供了适宜的土壤。

第一节　20世纪上半叶中国新型建筑文化观念的形成

20世纪初西方建筑观念的输入和思想启蒙运动推动了中国社会新的建筑意识的觉醒：建筑被纳入美术和艺术的范畴，成为与绘画、雕塑、音乐相比肩的艺术门类，标志着新型建筑审美意识的觉醒；建筑从传统文化中的“形而下”之“器”跃升到“民族文化和时代精神的象征”，开始在人文殿堂中占据一席之地，意味着建筑文化必须接受新思潮的冲击和洗礼。精神文化层面上新的建筑意识的觉醒，不但为包括现代建筑在内的西方建筑文化的全面输入打开了大门，而且为中国建筑文化在新的氛围里、新的层次上的更新发展创造了条件。

一、中、西方建筑文化意识的差异

在西方文化中，建筑一直作为艺术门类中重要的一种而享有崇高的地位。古希腊时期，建筑师即被视为最重要艺术的创造者。在西方历史上，建筑长期受到哲学家、艺术家和艺术理论家的关注。在黑格尔的西方艺术史架构中，建筑艺术占有重要的位置，他认为建筑是首要的艺术，即艺术始于建筑。他把建筑作为美的进程的第一阶段即象征型艺术的代表。雨果在《巴黎圣母院》中写道：“从世界的开始到15世纪，建筑学一直是人类的巨著，是人类各种力量的发展或才能的发展的主要表现。”[2]车尔尼雪夫斯基则认为：“建筑作为一种艺术，比其他各种实际活动更专一无二地服从美感要求。”

“艺术的序列通常从建筑开始，因为在人类多少带有实际目的的活动中，只有建筑活动有权利被提高到艺术的地位。”[3]

返观中国古代历史，由于一直因袭视建筑为“形而下”之“器”的建筑价值观，在中国古代文化史中，建筑从来没有占据文化舞台的中心位置。建筑学家顾孟潮先生认为，人类的建筑观念大致经历了五个阶段：生活物品—艺术品—工业产品—空间艺术—环境艺术。[4] 在中国传统文化的序列中，建筑基本处在生活物品的层面上，并且与伦理礼制和实用功利扭结在一起，而并没有像西方那样上升到艺术建筑学阶段。

中国传统建筑活动被严格限定在社会伦理和礼制文化范畴下，《黄帝宅经》中称：“夫宅者乃阴阳之枢纽，人伦之轨模。”《荀子·礼论篇》有：“礼者，以财物为用，以贵贱为文，以多少为异，以隆杀为要”，“故为之雕琢刻镂黻黼文章，使足以辩贵贱而已，不求其观。”也就是说，“礼”的目的是为了维系社会等级秩序，而不是为了赏心悦目的“求其观”。《礼记·曲礼下》中有：“君子将营宫室，宗庙为先，厩库为次，居室为后。”作为礼制文化的体现，中国传统建筑体系中占据主导地位的官式建筑，从城市规划、建筑组群布局到建筑细部的花饰纹样，均被纳入典章完备的等级秩序体系，建筑的审美意识和艺术创作被礼制文化所束缚。

另一方面，儒家思想占据了中国传统意识形态的正统地位，形成了以善规定美乃至取代美的功利主义审美倾向和用伦理道德支配艺术的“文以载道”传统。《论语》记载，有人问孔子：“何为五美?”孔子曰：“君子惠而不费，劳而不怨，欲而不贪，泰而不骄，威而不猛。”《国语》的“楚语上”记载的“伍举论美”明确阐述了中国传统文化氛围下的建筑美与善、美与功利的关系。楚灵王“为章华之台，与伍举升焉，曰：‘台美夫?’伍举答曰：臣闻国君服宠以为美……不闻其以土木之崇高、彤镂为美。”大意是伍举认为当国君应以自己的服饰为美，没有听说以建筑的高大雄伟、雕梁画栋为美的。伍举进一步解释说：“夫美也者，上下、内外、大小、远近皆无害焉，故曰美。若于目观则美，缩于财用则匮，是聚民利以自封而瘠民也，胡美之为?”[5] 这一段对话反映了中国传统建筑美学强调建筑的实用功利和伦理意义的实用主义倾向。

从历史上看，中国封建社会发展的长期停滞和传统文化观念的制约，使得建筑文化在中国传统文化中基本上是一种边缘化、缺乏代谢和创新能力的文化形态。最早窥破中国传统建筑文化这种缺憾的是19世纪下半叶来华的西方传教士，著名美国传教士丁韪良（William Alexander Parsons Martin，1827~1916年）写道：“大多数情况而言，中国人的公共建筑与西方国家相比是相当简陋并令人轻蔑的……对他们来说，建筑并非美术，每个等级的公共建筑物都是根据统一的模式建造的，即使是私人住宅，也绝没有新奇和多样化的设计。这两种情况源于最初的设计理念，它不可能容纳更大的发展的余地。木制结构和有限的高度使这些建筑显出寒酸的面貌，而那些无窗的墙壁即使不破坏，也一定会减少审美效果。由于这个民族的思维习惯上的唯物主义倾向，他们的政府便基于古老的遗训，一致压制而不是鼓励对美的追求和享受。"[6]

二、西方建筑美学的引进与建筑审美意识的觉醒

据中国美学史家考证，德国来华的著名传教士花之安（Emst Faber）率先创用了汉语的“美学”一词，并把建筑纳入美学的研究范畴。1873年，他用中文撰著的《大德国学校论略》（重版又称《泰西学校论略》或《西国学校》）一书中首次介绍了西方美学的有关内容。他称西方美学讲求的是“如何入妙之法”或“课论美形”，“即释美之所在：一论山海之美，乃统飞潜动物而言；二论各国宫室之美，何法鼎建；三论雕琢之美；四论绘事之美；五论乐奏之美；六论词赋之美；七论曲文之美……"[7]这被认为是向中国介绍西方美学的最早论著。1904年1月，张之洞等组织制定了《奏定大学堂章程》，规定“美学”为工科“建筑学门”的24门主课之一，这是“美学”正式进入中国大学课堂之始。

在1900年代以后中国西方美学的介绍和引进过程中，建筑作为美学的研究对象，其审美功能被提高到一个空前的地位。

中国现代美学的奠基者王国维、蔡元培首先引进的是鼓吹超功利、非实用的康德美学。康德主张：“一个关于美的判断，只要夹杂着极少的利害感在里面……就不是纯粹的欣赏判断了。"[8]王国维也认为，审美活动就是排除一切功利欲望，从形式中直接感受到愉悦。他宣称：“美之性质，一言以蔽之曰，可爱玩而不可利用是已。”“使吾人超然于利害之外，而忘物与我之关系。此时也，吾人之心无希望，无恐惧，非复欲之我，而但知之我也。"[9]

康德是西方形式主义美学的集大成者，他认为：“在所有的美的艺术中，最本质的东西无疑是形式。”认为美只在纯形式的观照，不涉及内容、概念、利害和目的。王国维继承了康德的形式主义美学，在中国美学史上第一个提出了建筑的形式美问题。他说：“一切之美，皆形式之美也。就美之自身言之，则一切优美皆存于形式之对称、变化及调和。至宏壮之对象，汗德（康德）虽谓之无形式，然此种无形式之形式，能唤起宏壮之美，故谓之形式之一种，无不可也。就美之种类言之，则建筑、雕刻、音乐之美之存于形式，固不俟论。即图画、诗歌之美之兼存于材质之意义者，以亦此材质适于唤起美情故，故亦得视为一种之形式焉。"[10]林文铮在1931年出版的《何为艺术》一书中更为明确地指出了建筑艺术的形式美本质：“石像、全曲、图画、宫殿同负艺术品之名，究竟有何共同点？又和那些不负艺术品之名者有何区

别?”他指出：“艺术是审美情绪之结晶，或现诸外界的审美情绪。在图画、雕刻、建筑、音乐各种工作之中，则假借声、色、形、体、线，而实现。”[11]这种唯美主义的建筑审美观念虽然有其局限性和片面性，但是对于消解中国传统的“文以载道”的伦理主义艺术观有着重要的进步意义。

在蔡元培的美学体系中，建筑审美占据了崇高的位置。1916年5月，他在《华工学校讲义》中指出：“宫室本以庇风雨也，而建筑之术，尤于美学上有独立之价值焉。建筑者，集众材而成者也。凡材品质之精粗，形式之曲直，皆有影响于吾人之感情。及其集多数之材，而成为有机体之组织，则尤有以代表一种之人生观。而容体气韵，与吾人息息相通焉。”蔡元培提出中国古代建筑中有“美术性质”的有七种，即宫殿、别墅、桥、城、华表、(牌)坊、塔，并颇有见地地分析了中国传统建筑所反映的民族精神：“我国建筑，既不如埃及式之阔大，亦不类峨特式（今译哥特式）之高骞，而秩序谨严，配置精巧，为吾族数千年来守礼法尚实际之精神所表示焉。”[12]1917年蔡元培提出了著名的“以美育代宗教说”，主张以美的事物去陶冶、培养人的情操，而建筑则成为实现他美育理想的重要手段。他主张美育要从胎教做起，认为公立胎教院要设在风景佳胜的地方，“建筑的形式要匀称，要玲珑，用本地旧派，略参希腊或文艺中兴时代的气味。凡埃及的高压式、峨特的偏激派，都要避去。”[13]蔡元培特别强调建筑审美的社会性，认为“世界文明进步，无非以向时少数人所独享者，普及于人人而已。即就建筑布置而论，最讲究者，为学堂、博物馆、公园，皆为人人可至之地，亦一证也。”[14]他认为建筑的演化如同人类社会发展一样，遵循从私人所有到多数人公有的发展规律，“人类爱美的装饰先表示于自己身上，然后及于所用的器物，再及于建筑，最后则进化为都市设计……于是崇闳之宫殿，清雅之别墅，优美之园亭，亦为人类必需之品；而应用之建筑，如学校、剧场、图书馆、博物院之类，无不求其美观。”[15]蔡元培认为，最能显示社会美的是“都市之装饰”，它在“非文化发达之国，不能注意。由近而远，由私而公，可以观世运矣。”[16]蔡元培的建筑观念反映了社会主义思潮对中国知识分子建筑价值观的影响。

与王国维一样，蔡元培也强调美感的超脱和普遍。他认为美“有两种特征，一是普遍，二是超脱”，并认为这是“美的对象”之所以“能陶养感情”的原因。他认为，“美感不同于知识，又不同于道德，就因为他不属于知觉与意欲而属于情感”。[17]他认为美的普遍性要义，即是在与对象的关系中“决无人我差别之见能参入其中”。“如北京左近之西山，我游之，人亦游之，我无损于人，人亦无损于我也。隔千里兮共明月，我与人均不得而私之。中央公园之花石，农事试验场之水木，人人得而赏之。埃及之金字塔，希腊之神祀，罗马之剧场，瞻望赏叹者若干人，且历若干年而价值如故……”[18]可以看出，蔡元培的美学思想超越了狭隘的民族主义和政治功利主义，表现出民主性和国际性色彩。值得注意的是，20世纪上半叶中国美学家对美的超然性的倡导，普遍摆脱了“文以载道”的传统文化价值观，拉开了艺术与政治意识形态及道德伦理之间的距离。正如美学家徐庆誉所指出，政治往往带有狭溢的国家主义的色彩，只顾本国的利益，以经济和武力为侵略的工具。而艺术虽然“各民族有各民族的特性”，体现各国“特殊的精神”，却“没有国界”。“国际亲善的精神和四海同胞的观念，都可由这美术品上表现出来”，所以它能“打破种族和国家的畛域，而给人类以大同思想”。[19]

三、纳入艺术和美术范畴的建筑艺术

20世纪上半叶的建筑艺术的理论建构中，我们首先看到了文学家、美学家、美术家的身影。

1902~1909年，严复翻译了孟德斯鸠的《法意》一书，他在“按语”中宣称：“吾国有最乏而宜讲求者，然犹未暇讲求者，则美术是也。夫美术者何？凡可以娱官神耳目，而所接在感情，不必关于理者是已。其在文也，为词赋；其在听也，为乐，为歌诗；其在目也，为图画，为刻塑，为宫室，为城郭园亭之结构，为用器杂饰之百工，为五彩彰施玄黄浅深之相配，为道涂之平广，为坊表之崇闳。凡此皆中国盛时之所重，而西国今日所尤争胜而不让人者也。”[20]

1913年，鲁迅在“拟播布美术意见书”一文中指出建筑是“美术的一种”，“美术之中，涉于实用者，厥惟建筑”。与严复一样，鲁迅认为美术包括绘画、雕塑、建筑、文学、音乐，因此鲁迅所论美术，基本上属于今天所说的艺术。在该文中，鲁迅参照西方一些美学家关于艺术分类的观点，将美术分为“形之美术”、“声之美术”，前者“形之美术”中则包括建筑。[21]蔡元培在1920年发表的“美术的起源”一文中，开宗明义地论述了美术的概念：“美术有狭义的，广义的。狭义的，是专指建筑、造像（雕刻）、图画与工艺美术（包装饰品）。广义的，是于上列各种美术外，又包含文学、音乐、舞蹈等。”[22]1920~1930年代，人们开始使用视觉艺术、造型艺术等概念来进一步对建筑进行界定。现代派画家倪贻德节译了日本人外山卯三郎所著《造型美术论》，首次提出建筑为“空间艺术”的概念。文章认为，“在所谓‘空间艺术’上，为其对象者，是‘可视的’，那表现的媒材是采取‘画具’粘土和石膏、木材、铁材、石材等空间的物质。所以表现的对象是‘可视的’，因其表现的媒材或是绘画的，或是雕塑的，或是建筑的，便产生绘画、雕塑、建筑三种的艺术形式。”[23]从笼统地把建筑界定为“美术的一种”到“造型艺术”、“空间艺术”，标志着中国文艺理论界对建筑艺术本质特征认识的深化。

1920~1930年代，将建筑视为一种美术或艺术逐渐成为一种普遍观念。美术史家戴岳在“美术之真价值及革新中国美术之根本方法”一文中指出：

"美术即能促进物质文明，故与工商至有关系。虽美术有独立之性质，不必以实用者为贵；然美术者，技艺中之最精巧者也。其国人既能制细致雅正之美术品，则手术必精巧灵敏。故各种日用工艺，自鲜窳恶之患。况今日各种制造、建筑，必皆先之以模型图案，则美术为一切工艺之基。"[24]1925年，南京中山陵"陵墓悬奖征求图案条例"中明确规定：美术家可以参加方案竞标，"应征者如为美术家，所缴图案可用彩色画或黑白画，惟至小不得过2英尺×3英尺，俾采用后建筑师可以根据之绘制实际建筑应用之一切详图。此项补制建筑图案工作，不在悬奖征求图案范围之内。"[25]从评判顾问的组成上，也可以看出当时建筑与美术之间的密切关系。在总理葬事筹备委员会初拟聘请评判顾问三人，一为美术家，一为建筑师，一为土木工程师。最终聘请了土木工程师南洋大学校长凌鸿勋和德国建筑师朴士，美术家则选择了画家王一亭和雕刻家兼现代派诗人李金发两人。

20世纪上半叶，建筑始终与美术保持着密切的理论联系，丰子恺治美术史兼治建筑史，梁思成治建筑史兼治雕塑史，画家乐嘉藻编撰了中国第一部《中国建筑史》等等。建筑作为美术的一个品类，在1920~1930年代自然进入了美术史家和美术评论家的视野。中西建筑文化的比较研究成为丰子恺美学研究中的一个领域。他认为："中国式的建筑，西洋式的建筑，各有其实用的好处，各有其美术的价值。就实用说，中国式建筑宽舒而幽深，宜于游息。西洋式建筑精致而明爽，宜于工作。就形式（美术）说，中国式建筑构造公开，质料毕显，任人观览，毫无隐藏及虚饰，故富有'自然'之美。西洋建筑形状精确，处处如几何形体，布置巧妙，处处适于住居心情，故富有'规则'之美。"[26]丰子恺是最早介绍西方现代建筑思想的中国艺术家，他认为现代建筑的形式美，约言之，有四个条件：①建筑形态须视实用目的而定；②建筑形态须合于工学的构造；③建筑的形态须巧妙地应用材料的特色；④建筑形态须表现出现代感觉。[27]他主张新建筑的形成不是单靠原有的东方建筑美学原则所能完成的，也不是单靠原有的西方建筑美学原则所能完成的，而是要在传统的东西方建筑美学原则的基础上吐故纳新，相互借鉴，扬长避短，才能创造出适合现代审美意识的优秀建筑来。丰子恺把这样的建筑称为以"经济"、"便利"、"美观"三条件为要旨的"合理的"建筑。[28]在1930年代，丰子恺的建筑思想具有很强的超前性。

建筑作为美术或艺术的一个门类，其地位在1930年代被许多美术家提升到一个前所未有的高度。丰子恺便对建筑艺术极为推崇，认为"一切艺术之中，客观性最丰富，鉴赏范围最广大，而对于人生关系最切者，实无过于建筑。故自古以来，建筑美术的样式对于人心有莫大的影响……辨别这种建筑的美恶，探索这种美术的表现与背景，是20世纪人应有的要求。"[29]他宣称："从艺术上看，15世纪是绘画与音乐的时代，20世纪已渐渐变成电影与建筑的时代。"[30] "现代艺术潮流的变迁真是迅速！我们小时候传闻欧洲艺术的盛况，只知道19世纪的绘画如何发达，音乐如何热闹。那时的欧洲艺术，承继着19世纪的余晖，还是绘画、音乐中心的时代。过了不到20年，再看现代的欧洲的艺术界，已迅速地变成电影、建筑中心的时代了。绘画已被未来派、立体派等所破坏，而溶化于电影中。无形的交响乐远不及实用的摩天阁更能适应物质文明的现代人的欲望。结果，最庞大而最合实用的建筑，在现代艺术界中占了第一把交椅。"[31]

建筑地位的提升，意味着社会对建筑提出了更高的时代性要求。1918年12月，与新文化运动的"文学革命"遥相呼应，美术家吕徵致信《新青年》杂志，第一次提出"美术革命"的口号。信中运用了西方的分类方法对"美术"进行了界定，他指出："凡物象为美之所寄者，皆为艺术。其中绘画、雕塑、建筑三者，必具一定形体于空间，可别称为美术。"他还进一步指出："窃谓今日之诗歌、戏曲固宜改革，与二者并列于艺术之美术，尤亟宜革命。"[32]在20世纪初，中国先进的知识分子焦虑地寻找着文化启蒙的思想文化武器，掀起了轰轰烈烈的文学革命、戏剧革命和美术革命，与风起云涌的思想文化领域相比，建筑是一个相对寂寞的角落。这种状况引起了人们的不满。1920年代留学归国的建筑师刘既漂指出："数年来，中国艺术运动的波浪很大，当中最可观的为绘画、新诗、影戏，其次如音乐、戏剧至若雕刻和建筑，简直没有提及！"[33]美术理论家林文铮更是大声疾呼"艺术运动不要忘记建筑"。他热情洋溢地指出："建筑纯粹是一种构形艺术，一种合色的艺术；它聚会一切，统治一切，指导一切，各种艺术都是附属于它，并且受其支配，……建筑是具有全盘计划的艺术，把线条、形体、分配得非常切当，以适其作用及美观。在百艺之中，它很像是乐班中之老板，指挥一切音乐家，分配一切乐器……建筑是最能代表民族之性格及其共同之精神，亦即是精神上公共作品！建筑家之绝大使命，就是把民族性和时代环境结合起来，构成一种新时代的艺术品，这是何等严重呵！"[34]

四、建筑文化意识的觉醒

20世纪初，中国史学界发生了"史界革命"，其主旨是倡导以民族文化为中心的新史学取代以王朝政治为中心的旧史学。历史学家顾康伯在《中国文化史・自序》中指出："历史之功用，在考究其文化耳。顾吾国所谓历史，不外记历朝之治乱兴亡，而于文化进退之际，概不注意，致外人动讥吾国无历史。二十四史者，二十四姓之家谱。"[35]蔡元培也指出："新体之历史，不偏重政治，而注意于人文进化之轨辙。凡关风俗之变迁，实业之发展，学术之盛衰，皆分治其条流，而又综论其统系。是谓文明史。又有专门记载，如哲学史、文学史、科学史、美术史之类。"[36]

文化史研究的兴起是20世纪上半叶中国史学革命中出现的新研究热点，这一时期文化史研究的重要特征，是把政治、经济、科学、宗教、哲学、文学和美术等作为一个文化整体进行阐述，建筑历史作为一个重要内容开始赫然出现在文化史的写作中。柳诒徵1919年撰著的《中国文化史》第一编“上古文化史”的“周之礼制”一章，介绍了“城廓道路宫室之制”，同时又专辟一章“建筑工艺之进步”对先秦、两汉的建筑形制、沿革进行了专题性介绍。[37]张君劢在《明日之中国文化》中也对中国建筑的历史进行了回顾。由于系统的中国建筑历史研究尚未展开，上述著述不免失于简略肤浅。这一时期中国学者撰写的有关西方文化史的著述，则对于西方建筑历史进行了较为全面的介绍，代表作如著名历史学家雷海宗的《西洋文化史纲要》，介绍了欧洲建筑从古希腊、罗马、中世纪、文艺复兴乃至工业革命的历史，笔墨不多但不乏浮光耀金之笔。尤为难能可贵的是，在“19世纪以来的现代之建筑雕刻与工艺”一节的“建筑”条目中，列举了“钢铁架之建筑”、“洋灰(Concrete)建筑”，同时也把“海上浮城之大军舰与大邮船”归入建筑之列[38]，体现了作者带有机器美学意味的建筑观念。

1920年代，随着西方建筑观念的输入和中国社会建筑文化意识的觉醒，建筑作为民族文化和时代精神的表达与象征，成为这一时期普遍的社会文化意识。正如1920~1930年代中国建筑界的先驱们所指出的：“夫建筑一术，为国家文化之表征……论一国文化之隆替，莫不举建筑物之表现形式以觇其究竟。”[39]“建筑是时代、环境和民族性的结晶……我们看到历史上各种民族所遗留下来的住宅、王宫、庙堂以及城垒等等，无处不表现其固有的精神，这种遗留下来的建筑，永远为各种民族的盛衰、思想之变迁，以及文化的改进等等，作一个有力的铁证。”[40]“由建筑作风之趋向，每每可知其国势之兴替，文化之昌落，建筑事业，极为重要，不特直接关系个人幸福，亦且间接关系民族盛衰，是建筑足以转移国家之民风，陶养人民之性情矣。”[41]在民族危机日益加深，民族主义日益高涨的20世纪20~30年代，在新的建筑艺术中大力发扬民族文化在很大程度上已成为一种社会共识。正如凌鸿勋在中山陵陵墓图案评判报告中所宣称：“窃以为孙先生之陵墓，系吾中华民族文化之表现，世界观瞻所系，将来垂之永久，为远代文化史上一大建筑物，似宜采用纯粹的中华美术，方足以发扬吾民族之精神。”[42]正是在这种社会文化背景下，建筑被推上了意识形态和上层建筑舞台，在重要公共建筑的风格上倡导“中国固有形式”，成为南京国民政府官方文化政策的重要组成部分。

建筑由士大夫所不屑的“匠作之事”上升到“民族精神”和“时代风貌”的反映，意味着建筑首次在人文殿堂中占据了一席之地，虽然这种建筑观念也导致了片面夸大建筑的艺术性和精神功能的倾向，但是与视建筑为

"形而下"之"器"的传统建筑文化观念相比，这无疑是建筑观念的一次重大飞跃。

五、中国建筑历史研究的兴起

中国古代历史上一向缺少对建筑系统的记载和学术研究，最早对中国传统建筑产生兴趣的是西方学者。随着中国社会建筑文化意识的觉醒，中国古代建筑历史研究开始受到人们的关注。这一过程正如梁思成所指出："对于营造之学作艺术或历史之全盘记述，如画学之历代名画记和宣和画谱之作，则未有也。至如欧西，文艺复兴后之重视建筑工程及艺术，视为地方时代文化之表现而加以研究者，尚属近二三十年来崭新观点，最初有赖于西方学者先开考察研究之风，继而社会对建筑之态度渐改，愈增其了解焉。"[43]

最早提出对中国建筑历史进行研究的是美术界。传统美术史研究的核心是绘画问题。以《四库总目·艺术编》为例，它所收录的美术史文献绝大部分是有关书画的著述。20世纪初，美术的重新定义与分类，使人们对美术史的写作提出了新的要求。1917年，美术史家姜丹书在《美术史》一书的序言中说："书有史，画亦有史；虽无通史纪其由来之变迁、历史之进化，然犹不乏专书，足资考订……至雕刻、建筑以及工艺美术之类，更何所取材乎?"[44]表达了美术史学家对建筑历史研究"缺席"的困惑与遗憾，同时也反映了美术史逐步跳离以书画为核心的小圈子，开始了一种囊括诸种美术门类的研究。

1918年12月，在发表于《新青年》的"美术革命"一文中，吕徵指出了"美术革命"的途径：第一，"阐明美术之范围与实质，使世人晓然美术所以为美术者何在。"第二，"阐明隋唐以来雕塑、建筑之源流、理法，使世人知我国固有之美术如何。"第三，"阐明欧美美术之变迁，与夫现在各新派之真象，使世人知美术界大势之所趋向。"第四，"以美术真谛之学说，印证东西新旧各种美术，得其真正之是非，而使有志美术者，各能求其归宿，而发明光大之。"[45]吕徵在这个宣言性的文章的第二条中明确提出了研究中国古代建筑历史的要求。在文化史研究的热潮中，中国建筑史研究作为学术研究的空白，开始被提到了日程上。"史界革命"的首倡者梁启超于1923年草拟了多卷本的中国文化史目录，目录有单独的"宅居篇"，准备讨论中国的宅居、宫室、室内陈设等内容。他还另辟"美术篇"，包括绘画、书法、雕塑、建筑和刺绣五个门类。

1931年，贵州艺术学院美术教师乐嘉藻编撰了第一部中国建筑史著作《中国建筑史》，由于其中错讹较多而受到梁思成的诟病。而中国古代建筑历史作为一门学科的真正创立，则应从1929年朱启钤创办营造学社算起。

朱启钤是中国古代建筑历史研究的先驱，在清末任北京巡警厅厅丞期间，他对北京的宫殿、苑囿、城阙、衙署都——“周览而谨识之”。1919年朱启钤赴上海出席南北议和会议，赴沪途经南京时，在江苏省立图书馆发现了手抄本宋代李诫著《营造法式》一书。他将该书委托商务印书馆影印出版，以传后世，即后人称之为“丁本”者。又因“丁本”经辗转传抄，错漏难免。他又委托陶湘搜集各家传本译校付梓，于是又有了“陶本”《营造法式》。“陶本”《营造法式》与清工部《工程做法则例》一起，被梁思成称为中国建筑的两部“文法课本”，成为中国建筑历史研究的基本文献。1929朱启钤自筹资金在北平创办了中国第一个古代建筑的学术研究机构——营造学社。朱启钤是营造学社的组织者和核心人物，并曾是北洋政府“交通系”的重要成员，通过其社会影响和政界同僚为营造学社募集了大量资金。

六、新的建筑历史观念的萌动

20世纪以来，在新文化、新思潮的不断冲击下，人们观察历史的态度发生了很大变化，产生了具有现代性的新的建筑历史意识。

1. 建立在文化整体史观基础上的新的历史意识

新的历史观念强调建筑文化与社会总体文化的密切关系。梁思成指出："‘建筑’，不只是建筑，我们换一句话，可以说是‘文化的记录’——是历史。"[46]“建筑之规模、形体、工程、艺术之嬗递演变，乃其民族特殊文化兴衰潮汐之映影……今日治古史者，常赖其建筑之遗迹或记载以测其文化，其故因此。盖建筑活动与民族文化之动向实相牵连，互为因果者也。”[47]

朱启钤也指出："吾民族之文化进展，其一部分寄之于建筑，建筑于吾人最密切，自有建筑，而后有社会组织，而后有声名文物。其相辅以彰者，在可以觇其时代，由此而文化进展之痕迹显焉。”“总之研求营造学，非通全部文化史不可，而欲通文化史非研求实质之营造不可。启钤十年来粗知注意者，如此而已。”朱启钤在解释定名“营造学社”的含义时，进一步阐明了他的文化整体史观。他指出：“本社命名之初，本拟为中国建筑学社。顾以建筑本身，虽为吾人所欲研究者最重要之一端，然若专限于建筑本身，则其于全部文化之关系仍不能彰显，故打破此范围而名以营造学社。则凡属实质的艺术，无不包括，由是以言，凡彩绘、雕塑、染织、髹漆、铸冶、砖埴、一切考工之事，皆本社所有之事。推而极之，凡信仰传说仪文乐歌一切无形之思想背景，属于民俗学家之事，亦皆本社所应旁搜远绍者。”[48]

2. 建立在进化史观基础上的新的历史意识

达尔文的进化论在20世纪初对中国的思想界、学术界产生了重大影响。胡适认为："进化观在哲学上应用的结果，便发生了一种历史的态度。”对于

“历史的态度”，胡适是这样解释的：“凡对于一种事物制度，总想寻出它的前因后果，不把它当作来无踪，去无形的东西，这种态度就是历史的态度。”[49]在进化观念的影响下，这一时期的艺术史的分期大都以有机物的生长衰亡过程作为类比，将整个发展过程划分为萌芽、生长、兴盛及衰亡等几个大的历史时期。

进化论的广泛传播改变了中国传统的“天不变，道亦不变”的历史循环论，使得“进化”、“进步”的历史观念成为不容置疑的先验公理。蔡元培认为：“美术进步虽偏重个性，但个性不能绝对地自由，终不能不受环境的影响。”他认为“环境”的影响包括民族的关系、时代的关系、宗教的关系、教育的关系、都市美化的关系。林文铮则更强调建筑的时代性，他认为：“建筑家之绝大使命，就是把民族性和时代环境结合起来，构成一种新时代的艺术品，是何等严重呵！”[50]进化史观对文化时代性的倡导为新的建筑思想的传播创造了有利条件。

3. 建立在文化开放性、世界性基础上的新的历史意识

在文化史研究中，学者们注意到各民族建筑文化的相互交融、相互渗透。朱启钤认为：“盖自太古以来，吸收外来民族之文化结晶直至近代而未已也，凡建筑本身，及其富丽之物，殆无一处不足见多数殊源之风格。混融变幻以构成之也。远古不敢遽谈，试观汉以后之来自匈奴西域者；魏晋以后之来自佛教者；唐以后之来自波斯大食者；元明以后之来自南洋者；明季以后之来自远西者。其风范格律，显然可寻者，固不俟吾人之赘词。”[51]

蔡元培进一步指出：“一民族之文化，能常有所贡献于世界者，必具有两个条件：第一，以固有之文化为基础；第二，能吸收他民族之文化为滋养料。此种状态，在各种文化事业，均可见其痕迹，而尤以美术为显而易见。”[52]

虽然这种强调中西交融的文化观容易导致文化折中主义，但是这种面向世界的开放心态也是对狭隘的文化民族主义的否定。

七、结语

中国建筑的现代化首先是从建筑的物质层面——全面引进西方先进的建筑技术起步的。20世纪初叶，在波澜壮阔的思想启蒙运动和“西学东渐”的欧风美雨中，中国社会的建筑审美意识开始觉醒，建筑被纳入艺术与美术的范畴，开始从士大夫所不齿的“匠作之事”提升到“民族精神”。虽然建筑文化地位的提升，导致了片面强调建筑的艺术性，夸大其精神功能的倾向，但其也改变了建筑在传统文化中的边缘化地位。新的文化格局的建立使得建筑与文学、美术等作为一个文化整体，接受时代潮流的冲击与挑战，从而为20世纪中国建筑文化的更新与发展提供了一个全新的文化平台。

第二节　现代建筑兴起的现代性社会文化基础

1920～1930 年代中国现代建筑的兴起在中国并非昙花一现的时尚，而是有着广泛的现代性社会文化基础。社会文化心理中的崇西崇洋、求新求异和新兴的工业化审美心理，为现代建筑的传播奠定了大众文化基础。1910 年代，中国发生了文学革命运动；1920 年代，中国文艺界现代派文学和现代派绘画开始兴起；新文化运动对科学理性的崇尚和对传统文化的批判，削弱了传统建筑文化复兴的社会基础，为现代建筑的兴起提供了浓厚的现代性文化氛围。正是这些现代性文化因素，为现代建筑在中国的传播与生长奠定了基础。

本节拟从社会文化的现代性这个视角，探讨 20 世纪上半叶中国现代建筑兴起的社会文化基础。

一、社会文化心理对现代建筑文化的接受

1. 崇西崇洋、趋奇尚新：大众文化心理

西方租界是展示西方建筑文化的重要窗口。上海开埠后，租界的西方建筑文化给国人以不断的刺激和感悟。1854 年成立的工部局按照西方模式进行着租界的城市建设，西式楼厦林立，马路宽阔平坦，与上海县城的破败形成鲜明的对照。到 1860 年前后，租界市政建设已初具规模，有人写道："自小东门吊桥外，迤北而西，延袤十余里，为番商租地，俗称为'夷场'，洋楼耸峙，高入云霞，八面窗棂，玻璃五色，铁栏铅瓦，玉扇铜环，其中街衢衖巷，纵横交错，久于其地者，亦易迷所向。"[53]在欧风美雨的冲击下，西洋建筑功能、技术、材料与西洋风格一起被国人所接受。对于一般的建筑使用者，尽管他们未必会用科学原理去分析传统建筑的种种缺点，但他们却能够通过生活的体验直接分辨出西式建筑与传统建筑孰优孰劣、孰是孰非，从而形成了崇西崇洋的建筑文化心理。本世纪初国人评论上海租界城市建筑时说："租界内康庄如砥，车马交驰，房屋多西式，轩敞华丽，有高屋六七层者，钟楼耸立，烟突如林。入夜则灯火辉煌，明如白昼。""居之者几以为乐土"，而中国人自己的华界"较之租界，几有天壤之别"。到 19 世纪末，上海华界旧城的衰败与租界洋场的繁盛已成定局，正如时人一首打油诗所云："一城分成两城忙，南为华界北洋场，有城不若无城富，第一繁华属北方。"1905 年《汉口日报》的一篇文章将中国地方和租界的建筑、市政作了一番比较，指出："中国路政不修，阛阓嚣隘，行其道则尘沙蔽空，入其室则黑暗世界；而西人洋楼高矗，窗闼洞开，足以收纳空气，比之华民住屋，真有天堂地狱之分。"[54]从国人对租界的赞美中，可以感受到中国传统建筑文化衰落的消息。

租界所展示的西方建筑文化，对开埠城市及其附近地区产生了有力的冲击和辐射。厦门海关报告曾对19世纪末、20世纪初的这种状况进行了描写："中国官员……现在也开始表现出对外国建筑和外国生活方式的欣赏。现任道台按往常的习惯住在城内他的衙门里，但是去年他在鼓浪屿中心区弄到了一幢欧洲式楼房，现在每天乘坐六桨的外国轻便小船，来往于他的衙门和住宅间……富有的中国人从马尼拉和台湾返回，随之建起了许多外国风格的楼房作为他们的住宅。"[55]1900年的庚子事变和清末"新政"之后，北京也大量建造洋房，其中包括官方建筑和商业建筑。"人民仿佛受一种刺激，官民一心，力事改良，官工如各处部院，皆拆旧建新，私工如商铺之房有将大赤金门面拆去，改建洋式者。"[56]

市民阶层对现代生活方式的迎合和追求也为新建筑提供了广阔的市场。戏剧家洪深曾对上海旅馆业发达的原因进行了如下分析："上海的地价高，一般人所住的房子都很小，并且有几个人家合住一宅的。所以在上海，只有那有钱人才能在家里宴客；普通人的宴乐饮博，总是到菜馆和到旅馆里'开房间'的。这里，现代的享乐工具，应有尽有；一个每月只赚50块钱的人，在'开房间'的一天，他可以生活得像赚500块钱的人一样。摩登家具、电话、电扇、收音机、中菜部、西菜部，伺候不敢不周到的茶房，这一天小市民在旅馆里，和百万富翁在他的私家花园里，气焰没有什么两样。"[57]

商业文化和大众文化具有"瓦解正统意识形态"的作用，讲求实际与强烈的好奇心使得一般民众"趋新骛奇"，几乎毫无心理障碍地接受西方物质文明。正如学者所指出的："上海平民无传统道德负担，十分乐于接受新鲜事物、西方物质文明。"[58]

随着西方建筑体系的全面输入，运用现代建筑材料也成为一种摩登时尚和夸耀的资本，其中自然包括现代建筑材料——水泥。1920年代《东方杂志》刊登的一则工厂的商业广告直接反映了当时的这种建筑风尚：

"该厂占地200亩，沿江广1200英尺，厂内屋宇俱用水泥造成，地基亦用水泥打底，故极坚固，烟囱亦系水泥所造，远东如上海一带可称惟一无二之烟囱。办事室及住宅亦仿新式，建筑堆栈异常开敞。"[59]

据另一位史学家记载："钢筋水泥到1920年代仍然是一种新颖的建筑材料，许多达官贵人的公馆别墅，外墙都涂上厚厚的水泥，灰蒙蒙的一片，也不觉其粗俗简陋。"[60]

1930年代的中国传统建筑文化复兴浪潮中，在官方建筑采用"宫殿式"大屋顶的同时，达官贵人的私宅却采用最新潮的现代建筑式样。正如卢毓骏所指出："现代式与立体式建筑于民国十九年后最为私人住宅所采用，吾人试游南京新住宅区及总理陵园中之郊外别墅，实以此种风格之住宅占绝大多数。"[61]

崇西崇洋、趋奇尚新是中国开埠之后，尤其是20世纪上半叶的普遍性的大众文化心理。这种社会文化心理固然有其浅薄之处，但是客观上却为现代建筑文化的传播奠定了广泛的现代性社会文化基础。

2. 追赶世界潮流：开放的文化心态

作为第一批睁眼看世界的中国人，第二次鸦片战争后清王朝向欧洲派出的第一批中国使臣不断向国内传递着西方建筑的信息。中国首位驻外公使郭嵩焘，于1877年5月24日“应水晶宫总办之邀，率随员黎庶昌等驱车往访”，参观了在现代建筑历史上具有里程碑意义的1851年伦敦第一届国际博览会水晶宫，成为西方早期现代建筑的最早中国目击者。该建筑引起了他们的极大兴趣，归国后，郭嵩焘在日记中写道：

“入门皆玻璃为屋，宏敞巨丽，张架为市，环列百余。其前横列甬道，极望不可及。中列乐器堂，可容数万人列坐。左为戏馆，就坐小憩。又绕出其左，为水晶宫正院。巨池中设一塔亭，高可数丈，吸水出其顶。旁为海神环立，所乘若龙，两眼吸水上喷，高约数尺，张口吐水，日夜澎湃。大树环列，数十株，水晶宫最胜处也……”[62]

另一位驻外使节刘锡鸿观览水晶宫后也感受颇深：“伦敦东南30余里，有水晶宫，博雅那所筑馆舍也。穷穹隆广厦，上罩玻璃，琢石为人，森立道左……”[63]

清政府外交官黎庶昌于1877年随郭嵩焘出使英法，接着又专任驻德国、西班牙使馆参赞。他在回忆录《西洋杂志》中记述了1878年巴黎万国博览会的建筑景观。他写道：

“1878年5月，中历之光绪戊寅年三月也，法国开赛会堂于巴黎，至冬十月尽而散，名为哀克司包息相（博览会）。未开会前一年，法以书遍腾各国，请以珍物来会。至是，殊方异物，珍奇瑰玮之观，无不毕至。其堂设于商得妈司，旧时练兵之所，巨厦穹隆梁栋榱桷悉皆铁铸，而函盖玻璃，下铺地板，东西相望。”[64]上述几段文字，可以说是中国关于西方早期现代建筑的最早记载。

进入20世纪，求新求异、追赶世界潮流成为中国社会先进人物的理性自觉。正如旅美学者李欧梵指出：“从1898年的‘维新’运动到梁启超的‘新民’观念，再到五四时期新青年、新文化、新文学的一系列宣言，‘新’这个词儿几乎伴随着旨在使中国摆脱以往的镣铐，成为一个‘现代’的自由民族而发动的每一场社会和知识运动。因此，在中国，‘现代性’不仅含有一种对于当代的偏爱之情，而且还有着一种向西方寻求‘新’、寻求‘新奇’这样的前瞻性。”[65]

孙中山先生在《建国方略》中对中国的“士敏土工业”即水泥工业进行了详细的筹划。他宣称：“钢铁与士敏土为现代建筑之基，且为今兹物质文明之最重要分子。在吾发展计划之种种设计所需钢铁与士敏土不可胜计，即合世界以制造著名之各国所产，犹恐不足供此所求。所以在吾第一计划，吾提议建一大炼钢厂于煤铁最富之山西、直隶。则在此第二计划，吾拟欲沿扬子江岸建无数士敏土厂……"[66]

抗日战争时期任浙江省主席的桂系政要黄绍竑也是一个热心推广水泥的人。据邱祖绶在"黄绍竑在浙轶事"文中记载：

"1940 年春浙江临时省会永康方岩汽车站的墙壁上，贴有一张海报，上面写着，某月某日假座浙江省党部大礼堂演讲'水门汀之沿革'，主讲人：黄绍竑。我看到后，感到很奇怪，黄是省主席，军人从政，与科学风马牛不相及，他懂得什么是水门汀？要不是嘱秘书拟稿，沽名钓誉，由他来照本宣读吧！我出于好奇心准时赶去听讲。

当时没有电灯，更谈不上扩音了。黄站在讲台后面，讲台上只放了一张浙江省政府的公用信笺，上面用毛笔写了几条提纲，根本没有讲稿。我听他讲了水门汀的发明史、发展经过和生产的全过程，讲得头头是道，令我佩服得五体投地。这时才觉得黄真不简单，他在研究水泥上确实下了一番功夫。"[67]

玻璃作为一种崭新的建筑材料，开拓了一个古人所不曾梦想的奇异世界。在中国建筑历史上从未有过一种建筑材料像玻璃那样引起国人如此之多的遐想。1866 年，出使欧洲的清朝外交官张德彝在他的《航海述奇》中对比利时平板玻璃的生产进行了介绍，同时还对用玻璃制造楼房展开了大胆的想象。他写道："如杯、瓶、盅、盘、灯、壶、罐、盒之类，无待详述其精巧。其尤者，有大玻璃长 2 丈 5 尺，宽 1 丈 5 ~6 尺，厚 6 寸者若干片，透澈晶莹，望之心目豁然。倘能以此制为楼房数百间，重檐叠栋，一色光明，置于湖心，当颜其额曰：'玻璃世界'。"[68]进入 20 世纪，张德彝幻想的"重檐叠栋"、"一色光明"的玻璃建筑，已经不再是遥不可及的梦想了。1930 年代初，《东方杂志》预言了未来玻璃应用的广阔前景："人类用具由石器而铜器，而铁器，愈进而愈适于用。在眼前开展的，可说是玻璃时代的到临。据一般玻璃制造家的推测，将来建造房屋，必将多采用玻璃。建筑家必有用钢做骨，用玻璃做墙之一日。"[69]曾经数度皈依佛门的丰子恺，则借用佛经里的极乐世界来比喻西方的玻璃建筑。他写道："佛经里描写西方极乐世界的殿宇的壮丽，曾用'琉璃'等字。我没有到过西方极乐世界，不知道所谓琉璃的殿宇究竟怎样壮丽，只住在这娑婆世界里想象那光景，大概是玻璃造成的房子罢。其实，佛教徒要表示出世的境地的极乐，而借用娑婆世界里的琉璃、玛瑙、珊瑚等物质来描写，弄巧成拙，反使西方极乐世界的状况陷于贫乏而可怜了。因为用那些物质来建造的房屋，在物质文明极度发达的娑婆世界里都是可以做到的。现在的欧洲已有'玻璃建筑'流行着了。"丰子恺热情讴歌了欧洲的新技术、新材料带来的新的建筑美学。他宣称："无形的交响乐远不及实用的摩天阁能适应物质文明的现代人的欲望。结果，最庞大而最合实用的建筑，在现代艺术界中占了第一把交椅。最初用铁当作柱，有所谓铁骨建筑；最近又用玻璃当作壁，有所谓玻璃建筑了。铁骨建筑改变了房屋的外形的相貌，玻璃建筑又改变了房屋的内面的情趣，使现代建筑改头换面，成了全新的式样。我从印刷物上看见它们的照片，便联想到文学中所说的水晶宫和佛经中所说的琉璃殿，惊讶文学的预言已经实现，西方极乐世界已经出现在地球上的西方了。"他热情讴歌玻璃营造的开敞流动的现代建筑空间，不仅能够改善人类居住环境，还可以带来全新的文化。他乐观地宣称："我们通常在笼闭的住宅内生活。住宅是产生我们的文化的环境。我们的文化，在某种程度内被我们的住宅建筑所规定。倘要我们的文化向上，非改革我们的住宅不可。这所谓改革，必须从我们生活的空间中去除其隔壁，方为可能。要实行这样的改革，只有采用玻璃建筑。使日月星辰的光不从窗中导入，而从一切玻璃的壁面导入——这样的新环境必能给人一种新文化。"[70]

从20世纪上半叶中国社会和知识界对西方新建筑、新材料的趋奇尚新风尚中，可以感受到新的建筑审美观念和现代建筑文化潮流的涌动。

3. 工业化审美心理：工业化思想的投影

实现工业化是洋务运动以来中国人世世代代的梦想。1898年康有为向光绪皇帝呈递《请励工艺奖创新折》，提出了中国第一个实现国家工业化的主张。康有为指出：近百年来，欧美列强挟其"富强之力"，"横行大地，搜刮五洲，夷珍列国，余波震荡，遂及于我，至是改易数万千年之旧世界的新世界矣"；在这个世界潮流中，中国若仍然固守"以农立国"，"说奇技为淫巧，斥机器为害心"，"必不能苟延性命矣"。他指出："皇上诚讲万国之大势，审古今之时变，知非讲明国是，移易民心，去愚尚智，弃守旧，尚日新，非定为工国，而讲求物质，不能为国。"这一时期康有为撰写了《大同书》，把中国传统的大同理想与西方的空想社会主义相结合，描绘了一个以生产高度机械化、自动化为基础的大同世界。如果说康有为的"定为工国"的主张是救亡图存的现实需要；那么，《大同书》则反映了把高度工业化作为实现理想社会和人类解放途径的"工业化乌托邦"心理。

1930年代，中国思想界发生了"工业立国"论与"农业立国"论的理论争鸣，以梁漱溟为代表的批判资本主义拜金主义和都市文明的"以农立国"主张，受到了来自左翼马克思主义者和主张"全盘西化"的自由派知识分子的批判。这一切可以说明，在内忧外患的20世纪上半叶，国人对待工业化基本持毫无保留的欢迎态度，人们还无暇顾及工业文明带来的负面和异化问题。

工业化是现代化的核心，现代化实质上是现代工业生产方式及其带来的现代生活方式的普遍扩散过程。关于大工业对人类心灵的巨大冲击，马克思曾在《1884 年经济学——哲学手稿》中作了深刻论述。他指出："我们看到，工业的历史和工业的已经产生的对象性的存在，是一本打开了的关于人的本质力量的书，是感性地摆在我们面前的人的心理学。"社会存在决定社会意识，工业产品和科学技术的创造使人类的审美领域大大拓展，火车、汽车、飞机成为工业社会的审美对象，钢桥、水坝、摩天大楼成为艺术家讴歌赞颂的对象。1922 年勒·柯布西耶在他的名著《走向新建筑》一书中直接将粮仓、大跨度的钢铁桥梁、飞机库乃至飞机、轮船作为时代精神的象征和展现功能效率的机器美学榜样。1920～1930 年代，敏锐的中国艺术家已经感触到马克思所宣称的工业"对象性存在"给整个社会的审美心理带来的巨大变化。

傅雷在"现代中国艺术之恐慌"中指出："今日的中国，在聪明地、中庸地生活了数千年之后，对于西方的机械、工业、科学以及一切物质文明的诱惑，渐渐保持不住她深思沉默的幽梦了。"[71]

绘画是社会生活和时代精神的一面镜子，工业时代的生活现实冲击着传统中国绘画的画意诗情，拓宽绘画的内容和题材成为 20 世纪初中国画革命的重要主题。岭南画派领袖高剑父曾提出："世间一切无贵无贱、无情有情、何者莫非我的题材……风景画又不一定要写'豆棚瓜架'、'剩水残山'及'空林云栈'、'崎岖古道'，未尝不可画康庄大道、马路、公路、铁路……在进化史上说，一个时期有一个时期的精神所在。绘画是要代表时代，应随时代而进展，否则就会被时代淘汰了。"[72]丰子恺则呼吁："绘画既是用形状色彩为材料而发表思想感情的艺术，目前的现象应该都可以入画。为什么现在的中国画专写古代社会的现象，而不写现代社会的现象呢……为什么不写工人、职员、警察、学生、车夫、小贩……为什么不写洋房、高层建筑、学校、工厂……火车、电车、汽车……呢？"[73]从改革传统中国画题材的呼声中，我们可以感受到工业化审美意识的强大渗透力。

工业化审美心理的投射更是直接反映在 1920～1930 年代的中国工业设计领域。第一次世界大战后欧洲工业设计领域的变化引起了中国理论界的注意，《东方杂志》发表的"艺术建设发凡"指出"单纯化是工业上最经济的一种制造方法"。对于欧洲战后工业设计趋于"单纯化"，文章从物质和精神两个方面解释了其中的原因：欧洲战后"世界仍是在经济恐慌中，不能充分调剂战后的需要，而且机械文明予生活上以绝大的刺激精神以强烈的紧张，只得力求生活上的安定，于是工业的艺术化更变而为工业艺术的单纯化。"文章主张改革中国的工业设计使之体现新的审美情趣：纺织工业的艺术要"不在乎花纹重叠的复杂，而必须花纹匀称的时尚与单纯；不在乎色彩红绿的富丽，必须色彩的调和的净雅与单纯"。"方块直线条等纹样是最素雅合式的。”文章还主张改革中国的传统家具，“把繁重的浮刻与透雕及圆形一类的式样，相当的改成直线或钝角形的式样。”[74]

1920年代，设计师钟熀的室内设计与家具制作是立体派艺术输入的先声，其理论基础是“自由运用几何形体——强调点、线、角、平行线之运用，或重复运用之真美——而违抗过去各民族艺术之重视转向曲线与植物外形之模仿。同时式样趋于低矮，其目的为使室内家具所投之阴影减至最小限度，且坐或卧之椅凳，其整个外形常有生理研究之依据。”据有关文献记载，立体式家具投入市场后“大受欢迎，利市十倍。”[75]

二、现代建筑的社会文化关联

时代精神是黑格尔首先提出的一个历史哲学命题，他认为每一时代的文化和社会生活都有“时代精神”。“时代精神”通过赋予建筑和其他文化现象以共同的时代特征，从而使它们具有统一性。过去的研究把现代建筑作为一种舶来品和异质文化看待，过分强调它的被动输入，忽视了中国社会和中国建筑师对现代建筑的主动追求。造成这种现象的原因之一是对20世纪上半叶中国社会的时代精神——现代性精神缺乏考察。

从19世纪与20世纪之交到1930年代，中国思想文化领域发生了一系列富有现代性意义的事件。1898年严复翻译《天演论》，将社会进化论输入中国，这种崭新的世界观和历史观成为中国知识界反思、批判传统文化的重要思想武器。1915年，陈独秀在上海创办《青年》（后改名《新青年》）杂志，揭开了新文化运动的序幕。1917年1月，胡适在《新青年》上发表了“文学改良刍议”，标志着文学革命运动的开始。1918年，鲁迅发表了第一篇白话文小说《狂人日记》，无情鞭挞了传统伦理道德的虚伪本质。1919年，吕徵提出了“美术革命”的主张。1920年代，爆发了东西方文化论战，西化派提出了全盘西化的文化激进主义主张……正如欧洲启蒙运动的理性主义塑造了欧洲知识分子的精神世界，20世纪上半叶的中国现代启蒙运动也奠定了20世纪中国建筑文化的现代性精神，那就是进化论所轨导的创新的精神和对科学理性的崇尚所导出的怀疑的精神和科学主义精神。

1. 与现代建筑运动息息相通的文学革命

1917年白话文运动在新文化运动中兴起，成为中国现代文学革命运动的开端。作为新文化运动重要组成部分的文学革命虽然与欧洲现代建筑运动发生的地域、领域不同，但其激进的反传统和崇尚科学的现代性精神是息息相通的。

（1）提倡新形式，反对旧形式

1917年作为新文化运动旗手的胡适在“文学改良刍议”中提出：“文学者，随时代而变迁者也。一时代有一时代之文学……此非吾一人之私见，乃文明进化之公理也。”“今日之中国，当造今日之文学，摹仿古人之作，乃是文学下乘。”他指出：“以今世历史进化的眼光观之，则白话文学之为中国文学之正宗，又为将来文学必用之利器，可断言也。”[76]文学革命的倡导者反对只革新文学内容而不革新文学形式的“旧瓶装新酒”式的“改良”。胡适在“谈新诗”一文中主张：“形式与内容有密切的关系。形式上的束缚，使精神不能自由发展，使良好的内容不能充分表现。若想有一种新内容和新精神，不能不先打破那些束缚精神的枷锁镣铐。”形式解放了，才能容纳进“丰富的材料，精密的观察，高深的理想，复杂的感情”。

（2）提倡简洁朴实的艺术形式

陈独秀主张：“推倒雕琢的阿谀的贵族文学，建设平易的抒情的国民文学；推倒陈腐的铺张的古典文学，建设新鲜的立诚的写实文学；推倒迂晦的艰涩的山林文学，建设明了通俗的社会文学。”胡适提出了“文的形式”革命的八项主张：须言之有物；不摹仿古人；须讲求文法；不作无病之呻吟；务去滥调套语；不用典；不讲对仗；不避俗字俗语。[77]

中国的文学革命运动与现代建筑运动都采取了激进的反传统的姿态，主张从历史的零点创造新文化。文学革命反对八股文提倡生动活泼的白话文，与现代建筑突破历史样式的束缚追求形式的解放是一致的。文学革命所倡导的朴实而不雕琢、诚实而不虚浮、简明而不冗繁的文风，与现代建筑的形式追随功能、形式反映结构的诚实表现的原则体现了共同的现代审美精神。因此，1930 年代，当现代建筑思想传入中国后，人们开始用白话文比喻现代建筑，如《中国建筑》杂志编辑麟炳称：“古典派建筑，如中国之骈体文，稍有离题即画虎类犬，且有雕饰、柱头、花线等，均足以耗金费时……建筑家多有避之者。”[78]庄俊则对简洁如“白话体”的现代建筑尤为推崇，宣称“摩登式之建筑，犹白话体之文也，能普及而又切用”，是“顺时代需要之趋势而成功者也”。[79]

2. 现代美术潮流——新的审美潮流的崛起

从 1910 年代开始，第一代接受西方正规建筑教育的中国建筑师登上历史舞台。1920 年代西方的现代建筑出现在沿海沿江开埠城市，标志着西方建筑文化的传播又进入了一个新的阶段。当中国传统建筑文化的衰败已经无可挽回，而在中国人看来还是先进的欧洲学院派思想和西洋古典主义风格在它们的故乡也面临着被时代淘汰的命运，这就是 1920～1930 年代中国第一代建筑师所面对的东西方传统建筑文化的双重危机，刚刚登上历史舞台的第一代中国建筑师站在了古今中西的历史交汇点上。由于相似的历史机缘，中国美术界与中国建筑界也面临着相似的历史境遇。

1910 年代，正是中国新旧文化急速交替的时代，作为中国传统文化体系重要组成部分的传统美术，因为不符合时代精神和时代需要而在新文化运动中理所当然地成为文化变革的重要目标。1918 年 12 月，美术家吕徵致信作为新文化运动思想策源地的《新青年》杂志社，首先揭起了“美术革命”的旗帜。主持《新青年》杂志的陈独秀接受并赞同这个口号，立即在 1919 年 1 月出版的《新青年》第 6 卷 1 号上发表了吕徵的信，并且刊出了他的复信。在复信中，陈独秀进一步阐发了“美术革命”的口号，更加旗帜鲜明地指出：“若想把中国画改良，首先要革王画[80]的命。因为改良中国画，断不能不采用洋画写实的精神。”[81]就像前一年《新青年》主张的以“新鲜的立诚的写实文学”推倒“陈腐的铺张的古典文学”的“文学革命”口号一样，“美术革命”口号也主张输入欧美的现实主义美术，取代只会临、摹、仿、抚的中国传统绘画。“五四”时期，写实艺术一开始就与认同西方“科学”的价值相一致，“科学”成为批判传统文人画的一大武器。就这样，在西方舞台上已经谢幕的写实主义绘画，在中国又被作为思想启蒙的工具予以引进。

在引入西方美术的过程中，中国美术界产生了很大分歧，分歧的焦点是“引入什么?”于是产生了 1929 年徐悲鸿与徐志摩之间关于印象派、野兽派画家的争论。而徐悲鸿、刘海粟、林风眠、庞薰琹等中国第一代现代画家们不同的探索与成就，恰好形成了对西方艺术从古典写实主义到转折期的印象派直到现代主义诸流派的全方位的借鉴与再创造。在中国画的改造问题上也形成了不同的思路：徐悲鸿主张走吸收西方写实艺术的明暗造型、透视等手法的中国画写实化的道路；而林风眠则主张把中国画的写意传统与西方现代抽象艺术相结合。艺术家之间的这种对待西方艺术诸流派的不同态度，本属于学术问题。但是，1949 年以后的一段时期，现代主义艺术被打入冷宫，徐悲鸿学派与苏式学院派占据了统治地位，“五四”以来中西方美术自由交流的传统被中断，文化与学术生态的多元化平衡被粗暴地破坏。

1929 年，鲁迅翻译了日本学者坂垣鹰穗编著的《近代美术史潮论》，该书由上海北新书局出版，它总括了法国大革命始至 1920 年代的欧洲美术思潮。这一时期正是欧洲美术流派风起云涌的时期，该书介绍了从古典主义、浪漫主义到自然主义、印象主义乃至现代派绘画，并对马蒂斯、毕加索、勃拉克、康定斯基、蒙克等现代主义画家作了详尽的介绍。该书还对西方古典艺术向现代艺术演进的社会根源和必然性进行了阐述，为现代美术思潮在中国的传播作了理论准备。

1929 年 3 月，国民政府在上海举办“第一届全国美术展览会”，展览中出现了受西方现代派艺术影响的作品，有一位署名张洁的作者写了一篇以“检讨上海画坛”为题的文章予以评论：“……画坛上的风格，似乎又转入到后期印象主义的方向去了。这在前一时期刘海粟的代表作《北京前门》上依稀可以辨别出来……目前的画坛，又表现了向西方显著的跃进。就是野兽群的叫喊、立体派的变形、达达者的神秘、超现实的憧憬……这一些20世纪巴黎画坛的热闹情况，在这号称东方巴黎的上海再现出来。”这表明现代派绘画已经在中国画坛占据了一席之地。徐悲鸿拒绝参加这次展览，并就展品中的现代派绘画作品与诗人徐志摩展开论战，这次论战是中国美术史上第一次公开的不同艺术观点的争论。

图6–1 田横五百士（局部），1928年（作者：徐悲鸿）

1930年代，中国美术界进入了多元化时期。徐悲鸿完成了取材于《史记》的大型油画《田横五百士》（图6–1）、取材于《列子》的《九方皋》以及取材于《书经》的《徯予后》，这批作品是法国大革命时期的大卫式古典主义和英雄主义在中国国难当头的历史情景下的再现；另一极则是林风眠、刘海粟等一批画家，他们已经认识到西方现代艺术的时代意义，他们试图参与到世界美术新潮之中，从而推动中国艺术走向世界。1935年，刘海粟在《欧游笔记》中大力宣传野兽派艺术。他说：“现代的美术是带着世界的性质，没有什么国度的界限。我们现在要研究西方美术，并不是因它产生在西方之故，而因它含着世界性质。要明白新兴的美术，也是认它在世界性质的美术发展上比较激进的一个过程。现在的时代，不是宗炳、王微的时代了，不是山林隐居、闭门挥毫的时代了。一切思想都带世界的性质激动着，是不容你不接受混交的。所以要谈艺术，不能不明白现代新美术思潮；不但明白一些形式便算，还要探求它的根本精神……我们要替固有的美术在现在重行估定一种价值……否则只管闭目高呼固有艺术，贩卖古董，自然只有步步落后；因为我们祖宗的伟大的遗产，是历史上的一种荣光，但现在我们更要努力创业。但是现代欧洲美术的根本精神是怎样的呢？可说就是野兽派的精神。要理解现代美术的真谛，应该先明白野兽派的经过。”[82]

1931年，中国第一个现代派艺术社团——决澜社在中国最西化的城市上海成立，《决澜社宣言》中宣称：

“我们厌恶一切旧的形式、旧的色彩，厌恶一切平凡的低级的技巧。我们要用新的技法来表现新时代的精神……

20世纪以来，欧洲的艺术突现新的气象，野兽派的叫喊、立体派的变形、达达派的猛烈、超现实主义的憧憬……

20世纪的艺坛，也应当出现一种新兴的气象了。

让我们起来吧！用狂飙一般的热情、铁一般的理智，来创造我们色、线、形交错的世界吧！”[83]

决澜社的成立标志着中国激进的现代派艺术的正式诞生。虽然，这股潮

图6－2　慈菇花：1941年，（作者：关紫蓝）

图6－3　上海南京路，1940年（作者：倪贻德）

图6－4　香港码头，1942年（作者：陈抱一）

图6－5　霸王别姬，年代不详（作者：林风眠）

流与中国现代建筑尚没有像西方那样建立直接联系，但是它代表了一种具有时代精神的审美潮流的崛起（图6－2～图6－5）。

1920年代，中国文坛现代派文学的潮流也在涌动，中国作家在创作中开始尝试西方的象征主义、表现主义、超现实主义和达达主义等现代主义文学，值得注意的是林徽因的短篇小说《九十九度中》成功地采用了意识流的手法，被评论家李健吾誉为在过去的短篇小说创作中“最富有现代性”。李健吾评价说：“在这样一个溽暑的一个北平，作者把一天的形形色色披露在我们眼前，没有组织，却有组织；没有条理，却有条理；没有故事，却有故事，而且那样多的故事；没有技巧，却处处透露匠心。”[84]

总之，与20世纪上半叶中国文化领域文学、美术等文化品类的先锋性相比，现代建筑思想的传播存在一个明显的时间差，中国现代建筑是实践先行，建筑思想和理论的形成相对滞后。产生这种现象的主要原因首先在于，建筑对于社会变革并不是最敏感的文化艺术品类，从设计到建成的全过程，不但需要较长的周期，而且需要花费大量的社会物质财富。此外，在中国，建筑作为一门独立的学科和艺术品类的历史非常短暂，因此，建筑不可能像文学、美术甚至戏剧那样处于思想启蒙的焦点和西方新思想引进的最前线。但是，从另一方面来看，现代性精神向建筑领域渗透扩展的趋势是不可抗拒的，现代建筑思潮的到来只是时间问题。

三、20世纪上半叶中国现代建筑的现代性社会文化基础

现代建筑思想以及建筑文化的现代性与社会文化的现代性有着密切关系。现代建筑史家N·佩夫斯纳认为：“建筑，并不是材料和功能的产物，而是变革时代的变革精神的产物。正是这种时代精神，渗透于它的社会生活、它的宗教、它的学术和它的艺术之中……现代建筑运动也不是因为钢骨架和预应力混凝土结构而发生，它们都产生于一种它们所要求的精神”。[85]佩夫斯纳的这段文字强调了社会文化因素对现代建筑的影响，指出现代建筑产生于新的时代精神，而这种精神就是欧洲启蒙运动以来孕育的社会文化中的现代性精神，其核心内涵是进步主义和科学理性精神，二者共同奠定了现代建筑思想的基本框架，而这种现代性精神也构成了20世纪上半叶中国社会文化的主旋律。

1. 社会文化的现代性与现代建筑思想的关联

(1) 对传统的怀疑与反叛精神

历史学家认为，“进步是一种带有巨大革命性的观念”，“对现代化史的研究发现，进步的信仰，无论在西方还是中国，都是现代化运动的观念前提”。[86]“进步”是欧洲启蒙运动中形成的历史观念，达尔文的进化论又使得进步主义“获得一种前所未有得科学力量”。进步主义熏陶了建筑师对传统的怀疑和反叛精神，“对于一切故往的历史建筑传统的彻底藐视与否定——这是没有受过达尔文思想熏陶的建筑师所不敢想象的事情。”[87]现代建筑运动主张一个时代有一个时代的文化，要创造新风格就必须与传统决裂，而进步主义则成为现代建筑先驱者摆脱历史风格束缚的创新精神的思想根源。例如，密斯主张：“在我们的建筑中试图用以往时代的形式是无出路的。即使

有最高的艺术才能，这样去做也要失败。”格罗皮乌斯则认为：“美的观念随着思想和技术的进步而改变。每当人们想象他已找到‘永恒之美’的时候，他就坠入了模仿和停滞。”他呼吁：“我们不能再无尽无休地复古了。建筑不前进就要死亡。”[88]

（2）科学理性为核心的理性主义精神

美国著名学者理查·罗蒂指出：“17～18世纪，自然科学取代宗教成了思想生活的中心。由于思想生活世俗化了，一门称作‘科学’的世俗学科的观念开始居于显赫地位，这门学科以自然科学为楷模，却能够为道德和政治思考设定条件。”[89]以科学理性为核心的理性主义奠定了欧洲启蒙运动以来西方思想观念的基础。

现代建筑思想是启蒙运动以来理性主义传统的产物。恩格斯在《社会主义从空想到科学的发展》一书中，对启蒙运动以来理性主义的巨大影响进行了精辟而全面的分析，他指出：“一切都受到了最无情的批判；一切都必须在理性的法庭面前为自己的存在做辩护或者放弃存在的权利。”正是受这种唯理主义的影响，作为欧洲19世纪复兴传统遗产的古典复兴运动和哥特复兴运动分别演化出结构古典主义和哥特理性主义。其中，结构古典主义理论从1802年朗德雷的《建造艺术论文集》起至19世纪末工程师奥古斯特·肖阿西（Auguste Choisy）的著作达到了顶峰。肖阿西信奉一种结构理性主义的历史观，他认为：建筑的本质是结构，所有风格的演进仅仅是技术发展的合乎逻辑的结果，“对新艺术运动的炫示是完全违背历史的教诲的。历史上伟大的风格并非由此产生。伟大的艺术时代的建筑师总是从结构的暗示中找到他最为真实的灵感。”而哥特复兴运动的狂热拥护者普金则认为：“哥特式建筑的形式并非来自任何外部的表面对称的意图，而是来自结构、材料和真正的工艺上的功能性需要。”他在“真正的指导原则，还是天主教建筑”一文中写道：“设计的两个大的准则是：第一，没有适用、结构、经济上的必要性，就没有建筑上的特性；第二，所有的装饰都应该组成和丰富建筑的结构。”[90]肖阿西和普金的建筑观念已经非常接近现代建筑运动的理性主义主张。

意大利现代建筑史学家L·本奈沃洛指出：“现代建筑运动是一场革命性的实验，它意味着对过去的文化遗产来一番全面的检验。”从欧洲古典复兴和哥特复兴运动中演化出的结构理性主义和功能理性主义精神，为现代建筑思想的形成作出了贡献，这种对传统的新的理解和发现构成了从前现代建筑思想向现代建筑思想转化的精神纽带和历史连续性。正如本奈沃洛所指出：“现代运动深深地扎根于欧洲的文化传统之中，并以逐步成功的实践与过去联结起来。”[91]

正是这种理性主义传统构筑了经典现代建筑理论的思想框架：在建筑设计方法上，现代建筑思想强调调查研究和理性分析的原则，追求“提出问题和解决问题的逻辑性"，强调建筑设计应当"建立在合理地分析问题和解决问题的基础之上"，主张"现代生活要求并等待着房屋和城市有一种新的平面"，而"平面是由内到外开始的，外部是内部的结果"。在科学理性主义的影响下，现代建筑讲求结构的逻辑性，即结构的合理运用与忠实表现，在设计中大胆明晰地表露结构与构造，并号召建筑师向"工程师的美学"学习。可以看出以科学理性为核心的理性主义构成了正统的现代建筑价值观的核心。

2. 20世纪上半叶中国现代建筑的现代性社会文化根源

(1) 进化论和进步主义

中国的进步主义起源于达尔文进化论的传播。1898年，严复翻译赫胥黎的《天演论》，第一次向中国人介绍达尔文的进化论，这标志着中国现代性精神的发端。关于《天演论》出版后在中国社会产生的巨大影响，胡适的《自述》中有生动的描写："《天演论》出版之后，不上几年，便风行到全国，竟作了中学生的读物了……'天演'、'物竞'、'淘汰'、'天择'等等术语都渐渐成了报纸文章的熟语，渐渐成了一班爱国志士的'口头禅。'"[92]

19世纪与20世纪之交中国思想界的一大转变，乃是大批知识分子先后接受了进化论，根本改变了中国人传统的"天不变，道亦不变"的世界图景和历史循环论，形成了新的历史观念和思想共识。正如一位历史学家所指出："从理论的层面说，普通中国知识分子，大多是通过简化了的达尔文进化论而确立进步观念的。更精确地说，是接受了严复《天演论》所介绍的斯宾塞的社会进化论。"[93]

关于"进化"和"进步"观念的巨大意义，旅美学者李欧梵指出："我们认为西方启蒙思想对中国的最大冲击是对于时间观念的改变，从古代的循环变成近代西方式的憧憬。这一种时间观念很快导致一种新的历史观：历史不再是往事之鉴，而是前进的历程，具有极度的发展和进步的意义……而最终的趋势是知识分子的偏激化和全盘革命化，导致一场惊天动地——也影响深远的社会主义革命。我认为这些都是中国人对于'现代性'追求的表现。"[94]

对"进步"的信仰是孕育反传统主义的温床。进步意味着创造，而创造的前提是对旧的破坏。20世纪初年是梁启超一生中思想最为激进的时期，他提出了著名的"破坏主义"。他宣称："破坏本非德也，而无如往古来今之世界，其蒙垢积污之时常多，非时时摧陷廓清之，则不足以进步，于是破坏之效力显焉……破坏主义，实突破文明进步之阻力，扫荡魑魅魍魉之巢穴，而救国救种之下手第一著也。"[95]1910年代，在进化论和进步主义的熏陶下成长的知识分子发动了以"激进的反传统"为标志的新文化运动。新文化运动的思想家们坚信必须在"传统的废墟上创造一种新型的文明"，他们强调"文化的演变是一种非连续性和飞跃性的根本变革"。陈独秀主张："新文化运动要注重创造的精神。创造就是进化，世界上不断的进化只是不断的创造，离开创造就没有进化了。我们不但对于旧文化不满足，对于西洋文化也要不满足才好……我们尽可前无古人，却不可后无来者。"[96]

（2）科学理性精神和科学信仰

科学，一方面是一套有着自身内在逻辑进程的关于客观事物的知识体系；另一方面，也是一种与之相对应的特殊价值体系。如果对科学的理解和把握仅仅停留在知识层次上，而不能理解和把握科学原则、科学方法以及作为价值观念的科学精神，那就不是完整意义上对科学的理解和把握。

现代科学在中国的发展历程，即西方科学知识向中国传播和中国社会对科学的价值认同，经历了从“夷技”到“长技”再到“科学主义”的渐进的历程。20世纪上半叶，科技文化在中国迅速发展和不断深化，不仅使传统的儒家文化受到极大冲击，同时也在中国社会文化中融入了科学实证精神、实验精神和创新精神，产生了巨大的思想启蒙作用。科学由原来的形而下的“器”、“技”提升到形而上的“道”和科学主义——一种涵盖面极广的世界观和普遍价值观念，促使中国人无论在思维方式，还是在人生态度和价值取向上都发生了重大的变革。经过新文化运动的洗礼，“科学”被提升为现代价值观，成为评判一切的标准，即意义世界的基础。正如胡适所说：“五四”以后“有一个名词在国内几乎做到了无上尊严的地位；无论懂与不懂的人，无论守旧和维新的人，都不敢公然对它表示轻视或戏侮的态度。那名词就是‘科学’。”陈独秀断言：中国文化发展的出路，“必以科学为正轨”，“一事之兴，一无之细，无不诉之科学法则，以定其得失从违”。[97]新文化运动的意义就在于，它对科学的认识超越作为知识体系的科学而进入对科学方法、科学原则、科学精神的理解与把握，因而新文化运动成为一场真正的文化革命。正如当时和后来的人们反复强调过的，这是一场唤醒人的自觉意识的伦理革命、观念革命。

现代建筑思想在中国的传播可以看作科技文化在中国迅速发展和不断深化的标志性成果。一方面，科学理性精神的对立面是旧艺术、旧宗教、国粹和旧文学，“要拥护赛先生，便不得不反对旧艺术、旧宗教；要拥护德先生又要拥护塞先生，便不得不反对国粹和旧文学。”新文化运动所倡导的科学理性精神对传统建筑文化的批判，为新建筑思想的传播与发展开辟了道路。另一方面，使得现代建筑的结构理性、功能理性原则容易被中国建筑师所理解并进入他们的建筑价值观念谱系。

（3）建筑师主体意识的觉醒

在现代意义的建筑学专业与建筑师职业引入以前，中国的建筑活动基本上由传统工匠完成。作为西方式职业的建筑师首先是在西方资本主义的飞地——租界中出现的，建筑师的职业化使建筑师成为市场经济下的自由职业者，并形成了建筑师—业主—营造商之间的明确的经济契约关系。受中国传统文化观念的影响，社会公众对于建筑学专业和建筑师职业缺乏足够了解与认同。1930 年代，刚刚登上历史舞台的中国建筑师大力宣传建筑师的专业特点和工作性质，张镛森在《中国建筑》第一卷第四期发表的“吾人对于建筑事业应有之认识”，不仅介绍了建筑文化的重要意义，强调建筑学专业在建筑活动中不可替代的作用，更明确指出结构工程师不能胜任建筑师的工作，“夫建筑须表示民族之文化，陶善人民之性情，于艺术上，尤须充分发挥其形式之美观，色彩之悦目……是故结构形态，及配和色彩，非仅能使身体感觉舒畅，更能使心理上享受无穷之安慰焉。此实非只习构造工程一门者所能尽为之也。”同时，他又把美术工作者排除在外，指出：“顾建筑究由物质所构造，材料所集成，一须有精密之计划，及复杂之结构；二须随处适合地理地质之情形，乃可保障生命之安全。增进物质之经济，此又非只习美术一门者所能完全胜任也。”张镛森突出强调了建筑师在建筑活动中的灵魂作用，认为只有受过专业训练的建筑师才是胜任建筑事业的最佳人选，“犹有进者，各国有文化之起落，政治之变迁，宗教历史之不同，地理地质之互异，一一皆有关于建筑之作风，一一皆应由建筑之作风表示之……且也每一建筑物应表示其特质（Character），否则纵坚固矣，美观矣，倘若东西掺杂，形色失调，即将乖其性质，失其效用，实非建筑之真义也。他若建筑房屋之布置（Arrangement）、组合（Composition）、地位（Location）、方向（Exposure），更须有高深之研究，作精密之进行。至于卫生工程之施设，都市计划之设计，亦在有关于建筑，此又非只习构造工程或美术图案者所能一一胜任也；能胜任者，惟有今之所谓建筑师，亦惟有建筑师能发挥建筑之真义。”[98]

经济地位的独立与职业地位的确立促进了中国建筑师主体意识的提高。新文化运动启蒙的主题是倡导人的自由，主张个性解放。在这种时代精神的鼓舞下，留学归国的中国第一代建筑学子“目睹彼邦建筑事业之发达，社会舆论之融合”，发出了“欲跻我国建筑事业于国际地位，即非蓄志团结，极力振作不为功”的呼声，担负起消化吸收西方先进的建筑文化和科学地整理传统建筑遗产的双重使命。中国建筑师的探索和开拓精神空前高涨，正如梁思成所说，“我们这个时期，也是中国新建筑师产生的时期，他们自己在文化上的地位是他们自己所知道的。他们对于他们的工作是依其意向而计划的；他们并不像古代的匠师，盲目地在海中漂泊。他们自己把定了舵，向着一定的目标走。”[99]

四、对传统建筑文化的批判

恩格斯曾经指出：“每一种新的进步都必然表现为对某一种神圣事物的

亵渎，表现为对陈旧的、日渐衰亡的但为习惯所崇奉的秩序的叛逆。”[100]20 世纪上半叶的中国，正是传统受到广泛的挑战、普遍的怀疑乃至激进的亵渎的时代。在 19 世纪与 20 世纪之交的启蒙运动中，作为中国传统文化核心的儒家学说就受到了怀疑和批判。在中国现代思想史上具有划时代意义的新文化运动则提出了“打倒孔家店”的口号，对被用来维护专制政治和传统伦理秩序的孔孟之道进行了无情的鞭挞，像这样激烈的反传统无论是在中国还是在西方，都是空前的壮举，传统文化的地平线倾斜了。虽然传统建筑文化由于在中国传统文化中处于一个边缘的位置而远离启蒙主义者批判的锋芒，但新文化的冲击波还是不可避免地传递到建筑文化领域。

1. 中国社会对传统建筑文化的广泛批判

戊戌变法失败后，康有为流亡海外写作了《欧洲十一国游记》，记录了他的欧游见闻。游历罗马时，他看到那里“两千年之颓宫古庙，至今犹存者无数”，而我国数千年间的宫殿庙宇所存无几，认为“木构之义不去，不久必付之于一烬，还不能以垂长远，令我国一无文明实据”。他参观巴黎埃菲尔铁塔等新建筑之后，耳目一新，赞赏用铁作建筑材料，是“尤为进化者矣”。[101]

著名的维新思想家郑观应，对传统建筑文化中的蒙昧与迷信提出尖锐批评，指出：“查西人所居屋宇，不设神位，不燃香烛，阴神鬼魅无所凭依，且四壁窗户通风消煞，其阴茔概不选择，贫富相同。如我国仿照西法，一律改良，查有不遵者，将其家产一半充公，务使财不虚糜，人归实学，行之数十年，自然风水不见重矣。”[102]

中国伟大的革命先行者孙中山先生，把对传统建筑文化的批判与对封建文化的批判结合起来，他认为：

“夫人类能造屋宇以安居，不知几何年代，而后始有建筑之学。中国则至今尤未有其学。故中国之屋宇多不本于建筑学以造成，是行而不知者也。而外国今日之屋宇，则无不本于建筑学，先绘图设计，而后从事于建筑，是知而后行者也。

除通商口岸有少数居室依西式外，中国一切居室，皆可谓为庙宇式。中国人建筑居室，所以为死者计过于为生者计，屋主先谋祖先神龛之所，是以安置于屋室中央，其他一切部分皆不及。于是重要居室非以图安适，而以合于所谓红白喜事者。红事者，即家族中任何人嫁娶及其他喜庆之事；白事者，即丧葬之事。除祖先神龛之外，尚须安设许多家神之龛位。凡此一切神事，皆较人事为更重要，须先谋及之。故旧中国之居室，殆无一为人类之安适及方便计者。”[103]

著名的“全盘西化论”的鼓吹者，曾任岭南大学校长的陈序经在“中国文化的出路”一文中，对中国固有文化进行了全面批判，关于传统居住建筑的落后，他批评指出：

“至于住的简陋，更是没有可比的余地。我想今日一般像在上海附近的穴居野处，过其非人的生活的人们，可以不必提及。就是普通一般中等人家的住宅的简陋，可以说是在欧美例外仅有的。连了我们数百年的帝皇都城中的紫禁城、万牲园、颐和园里的宫室，比之外国一个很平常的人家住宅，除了广大以外，布置设备与清洁上还不及人。

人生需要的衣食住既比不上西洋，日常生活的娱乐，也是比不上西洋人。闲时可以散步的花园，除了帝王贵族和富人的私有者外，公共的园林，简直是没有的。”[104]

人创造了建筑，建筑又塑造了人。1920 年代，天津《大公报》发表了署名绝尘的杂文“住宅革新谈”，把改革传统建筑的“格式”作为改良社会“风气”和移风易俗的重要手段，从而对传统的居住模式进行了批判。他写道：

“租界里的住宅，差不多完全都是石库门的房屋，就是每个石库门里面是一个天井，经过一排长窗，就是客厅。要是两楼两底或三楼三底的，那么在旁边多了一个或两个的厢房，最后就是厨房。这类大同小异的住宅，我们并不能说它不堂皇整齐，没有一点建筑上的意味，不过我觉得有一种弊病却是因为这类格式而生出来的。要知道我们住了这类住宅，我们必定首先注意到厅堂的陈设。因为世俗和习惯上的缘故，我们少不得就要挂上一副对联。中堂和对联之下，我们又觉得没有一架长台不像样。及至放上长台，我们又觉得长台上应该有一种应有的陈设，于是左瓶右屏，以及香炉烛台，就也都跑上去各占一个位置了。要是我们没有坚强的决心，去刷除家庭中无意识的举动的话，那么初一月半的一副香烛，和逢年过节的一番斋祀，就很不容易革除了。

我们中国的人民，向来是富于保守性的，所以在很长的历史当中，演进到现在的时代，而就厅堂的陈设一方面来讲，总是大同小异，没有什么改变。现在我们对于供神拜佛的观念，虽然已经在过渡的时期当中，而终归因为富于保守性的缘故，若可若不可似的不能够痛痛快快去革除。假使再没有一种借力的东西来帮助，而仍旧要保守着厅堂的格式，那就更加不容易革除了。至于我们所谓的借力的东西，就是要趁现在的时候，把住宅的格式改革一下，不要再保守着旧有的厅堂形式在里面，那就是一种很适当的借力了……

我希望拥有地产者，在建筑预备出租的住宅的时候，不妨把格式改革一下，间接就可以改革风气。”[105]

2. 批判中现代性精神的张扬

1919 年毛子水、胡适等新文化运动人物提出了“以科学精神整理国故”

的主张，针对国粹主义的“发扬国光”的国粹研究，胡适把“整理国故”形象地定位为“打鬼和捉妖”，“整理国故”运动的动机并不是为了发扬“国粹”，而是为了让人们丢掉对“国粹”的幻想，给国粹最后的致命一击。虽然目前还没有明显证据表明胡适发动的“整理国故”运动与1920年代酝酿，1930年代开始的中国建筑历史研究有何种联系，但是对传统文化的批判精神同样渗透在中国建筑历史研究中。中国建筑历史研究的先驱者之一刘敦桢对于中国古代建筑中积淀的礼制和宗法思想进行了清醒的批判，指出：“贯穿中国社会历史的礼制宗法思想，亦表现于建筑外观之中，例如台座的高低、层数与装饰，斗拱出跳多少，柱墙及屋面铺材之色彩，屋顶形式、彩画的构图等等，无不有其寓意，因此，在中国古代社会中，建筑（特别是官式建筑）又是统治阶级炫耀其特权与地位的工具。”[106]

1920年代，中国第一代建筑师开始在物质技术层次和精神层次上重新审视东西方建筑文化，并在东西方建筑的比较中看到了中国传统建筑的缺陷。

著名建筑师刘既漂从耐久性、立体美、进化等三个方面指出了中国传统建筑与西方传统建筑之间的差距，他说：

“中国古式建筑似乎在装饰上很能利用自然界的产生，不过在材料方面则几乎没有成绩。现在我们不妨把西洋古式建筑比较。

①材料方面

西洋古式建筑材料，矿物居多数，植物居少数，结果耐久性强，中国古式建筑材料矿物居少数，植物居多数，结果耐久性弱。

②装饰方面

西洋古式装饰色彩少，石刻多，结果，立体美发达，耐久性亦强，中国古式装饰色彩多，石刻少，结果立体美幼稚，耐久性亦弱。

③进化方面

西洋建筑，有系统的研究和史迹之考据，后进者有继续研究之可能。中国建筑，只归工匠祖传，因之在社会上之位置低，后进者无继续研究和进步之可能。

至若现代的中国建筑，简直不能与西洋的相比，在物质方面，我们只得自居仿造之地位，在精神方面，创作上已无生产，即模仿上亦觉望尘不及。”

刘既漂在文章最后提出了自己的主张：“现在我们可以把过去和现在的建筑搁下不谈，此后全用科学的方法及理性的精神去组织将来中国新建筑的创作。”[107]

有的建筑师对中国传统建筑的结构、功能、技术的不科学提出了批评。童寯指出：“中国建筑之最弱点乃其木作方法。整体原则基于‘举折’体系，所有木构均榫卯相接。倘所有构件连接并非刻板之矩形，则稳定性即可大为增强。中国匠人之无知或本能上厌恶三角形，致使结构减弱为易倾圮之平行四边形。"[108]

建筑师过元熙对传统建筑结构、功能进行了全面的批评，他指出："旧式住宅，则地铺土砖，阴湿极点，高顶椽屋，光线不足。夏暑无通风之方法，冬寒无使暖之器具，均为病疫之原，而床椅桌凳，均不顾安适。至若厨厕水火之卫生设备，则更置之度外矣。况里弄房屋，挤连如牢，六尺之弄，既不易通气，逢瘟疫火灾发生，则更难防患挽救。"[109]

有的建筑师则进一步将对传统建筑的否定从结构、功能等物质层面上升到精神层面，对它所反映的民族文化劣根性进行了激烈的批判。日本留学归来的柳士英，在1924年2月17日上海《申报》刊登的"沪华海公司工程师宴客并论建筑"一文中宣称：

"盖一国之建筑物，实表现一国之国民性，希腊主优秀，罗马好雄壮，个性之不可消灭，在示人以特长。回顾吾，暮气沉沉，一种颓靡不振之精神，时映现于建筑，画阁雕楼，失诸软弱；金碧辉煌，反形嘈杂；欲求其工，反失其神；只图其表，已忘其实；民性多铺张而官衙式之住宅生焉（吾国住宅有桥厅、大厅、女厅，升堂入室，宛如官衙），民心多龌龊；而便厕式之弄堂尚焉（国人好随地便溺，街角巷底，尽成便所），余则监狱式之围墙、戏馆式之官厅、道德之卑陋、知识之缺乏，暴露殆尽，故欲增进吾国在世界上之地位，当从事于艺术运动，生活改良，使中国之文化，得尽量发挥之机会，以贡献于世界，始不放弃其生存云云。"[110]

中国社会和建筑师对传统建筑的批判，标志着传统建筑文化存在的合理性已经受到人们的普遍怀疑，也预示着20世纪上半叶官方倡导的中国传统建筑文化复兴运动缺乏广泛的社会文化基础。

3. "中国固有形式"社会文化基础的脆弱性

早在1920年代，教会的"中国化"与"本色化"运动高潮时期，部分中国籍教会人士就对教堂建筑采用"中国式"以标榜"中国化"和"自立"不以为然。教会领袖张亦镜认为，"自己筹款建筑教堂……仿照中国原有之庙堂形式固好，即葫芦依样，与世界普通的教堂一致，亦不见得与本色教会有若何之抵触。现在许多中国非教徒已喜欢盖造洋式屋居住，则本色教会用洋式教堂，自无问题。"[111]

1927年，南京国民政府成立后，"中国固有形式"得到官方的大力扶植，官方和文化民族主义者把它奉上了民族复兴的神圣祭坛。但是，"中国固有形式"既缺乏广泛的社会文化基础，也没有引起强烈的社会共鸣。作家林征音写文章讽刺大屋顶的"中国固有形式"建筑是一种赶时髦、见异思迁的行为。他写道："中国人是一种最容易进取的人，也是凡事都容易得到圆满成功的人。比如，就以建筑为例，它的从旧的方法转移到新的方法还没有经过多少时候，却已轻易地临到了它的最高点，已在使人对于它感到了厌倦，你便不能不找求一些新的刺激，你觉得旧的建筑实在好，看着既顺眼，住着又闲散，可是你不能那样说出来，因为那样说了怕人家会说你开倒车，于是你转折地说：旧的建筑果然该废除，那琉璃瓦却是值得保留的。在事实上，你知道有许多钢骨水泥的建筑是在用着琉璃瓦，可是没有人那样主张过，你那样主张了，使得人家看到了新旧两种材料的合用，就会想起那是成就自你的建议。"[112]

即使在1930 ~1940 年代的中国民族主义运动高涨时期，"中国固有形式"建筑也并未受到普遍欢迎，相反许多知识分子对它相当冷漠。抗战时期，著名记者张慧剑在一篇随笔中曾对中山陵建筑提出批评。他写道："陵堂建筑高华俊朗，昔在京师，以时时接近，未有何异感，此次展视，忽觉其建筑形式表现之气韵尚有未足。个人常有一偏见，以为欧洲中古之建筑，最富于'虔敬感'者莫如哥特式。以其屋尖向上，聚若干屋尖成簇，配以画墉及金色牖，繁复壮丽，最富于'宗教'之感情（使吾人对先哲之怀慕，垂于无尽)。当年建筑总理陵堂倘采用此式，吾信其必能表现一种虔诚之气韵，不知亦有与吾同感者否也。"[113]这篇随笔一方面反映了当时西化的知识分子对西方建筑文化的崇尚心态，另一方面也反映了"中国固有形式"建筑由于缺乏社会的理解而无法激发人们的精神共鸣。

1930 年代，体现传统建筑特征的"中国固有形式"由于缺乏时代性已经引起了人们的普遍不满。美术理论家林文铮说："我们不否认中国建筑之固有精神（其实也无须否认）……我们且不谈论它的好坏，我们承认中国的老建筑，确是过去的中国民族思想之结果，中国人之乐天观念，苟且迁就性，和平保守的精神，皆一一表现于茅庐、泥屋、金碧辉煌之宫殿神庙、连绵万里的长城。总而言之，我们只要看看千百年来的名胜，即可以知道中国民族未尝征服过自然，而且处处迁就自然！"林文铮进一步指出："建筑既然是时代、环境和民族性的结晶，它应当随时演进不已。敢问现在庞大的中国，有什么新建筑可说？数千年遗传下来的燕尾建筑，已不吻合我们的心理，而且老早气绝了！我们的心理是热烈，精神是坚强，试问那软懒懒的燕尾式建筑，尚能满足我们精神上的需要吗？所以现在中国急待一种新时代作风，来振起民族的精神，那是无疑的了。"[114]美学家胡兰成也认为"中国固有形式"与时代精神背道而驰，"在艺术学上，倘然美国人要仿造一座金字塔，则以纽约一州的财富，几年的时间，用机器就可以造成的。但他们决不会有古埃及人那样的虔诚，那样强烈的创造的喜悦，而瞻仰的人，也决不能感觉有同样伟大的生命的脉搏，相反地，却会感觉到贫乏与市侩气，偷懒与无聊，同样现代人倘若安于晋人的搜神记，宋人的语录体，或者安于八大山人的单纯作风，罗两峰的鬼趣，或者拿宫殿的图案来构造国民政府的建筑物，都是决不能成为好的艺术，甚至根本不成其为艺术的。"著名雕塑家，与梁思成一起设计人民英雄纪念碑的刘开渠，1930 年代批评“中国固有形式”为“复古建筑”，他说：“最足以表示出一个民族创造能力的大小者，莫过于艺术。倘使我们不时时有新艺术出现，就是每个时代没有代表每个时代的艺术，就是表明我们没有进步。没有进步的人就是庸人，就是没有自动前进能力，没有创造能力的人。要产生新的艺术，就是说要产生能代表我们这个时代的艺术。近年来所造古式建筑，只算复古，与我们的时代精神没有关系。”[115]

曾有人把 20 世纪上半叶的中国传统建筑文化复兴称为“中国的文艺复兴”，其实这种比喻是不恰当的。文艺复兴、古典复兴和哥特复兴等建筑思潮兴起的重要原因就是其所复兴的建筑遗产与一定的政治信仰和社会理想紧密联系，但是 20 世纪上半叶无论是教会主导的“中国式”还是中国官方的“中国固有形式”，都不可能像欧洲启蒙运动时期的希腊复兴、罗马复兴那样，作为自由、民主的象征而与一种广泛的社会运动相联系；相反，在那个激进的时代的激进的中国知识分子眼中，传统文化更多的是和与民主、科学相对立的专制、落后相联系。正如李大钊批评“尊孔读经”运动时所说：“我总觉得中国的圣人与皇帝有些关系。洪宪皇帝出现以前，先有尊孔祭天的事；南海圣人与辫子大帅同时来京，就发生皇帝回任的事。现在又有人拼命在圣人上作功夫，我们很骇怕，我们很替中华民国担忧。”[116]在这种历史语境下，“中国固有形式”缺乏有号召力的意识形态内涵，不可能产生巨大的社会共鸣，同时由于与新的时代精神的巨大落差而引起了社会各界的普遍不满和反感。作为新文化运动激进的反传统精神在建筑思想领域的体现，1930 年代的建筑评论开始把中国传统建筑形式中最具代表性的大屋顶与封建传统相联系，激进的现代建筑师童寯把大屋顶比作陈腐多余的辫子，他指出：“中国式屋顶盖在最新式的结构之上，看上去不无如辫子一般累赘多余，奇怪的是，令人见视者为荒谬可笑，但中国屋顶竟仍受到赞美。”他讽刺现代建筑平面叠加大屋顶的所谓“中国建筑艺术复兴”，“若是复兴只是把寺庙屋顶放到工厂屋顶上，那么，把一条辫子放到死人身上或能使之复活。”[117]著名建筑师庄俊说：“设在民主政体之下，而必建造封建式之衙署者，是不合政治也。”[118]抗战期间童寯更深刻地指出：“我们希望宫殿式洋房，在战后中国的公共建筑中，不再被有封建趣味的达官贵人们考虑到。以前很有几座宫殿式的公共建筑，是由业主指定式样而造成的。”[119]

总之，1920 ~1930 年代的“中国固有形式”建筑虽然得到官方意识形态和文化民族主义的大力倡导，但是在时代的洪流冲击下，“中国固有形式”和官方倡导的传统文化复兴一样没有取得社会的理解和认同，如同 20 世纪上半叶中国的思想文化领域一样，对现代性的追求是贯穿这一时期整个建筑历史过程的主线。

五、传统的再发现——1930 年代中国古代建筑历史研究的现代建筑思想内涵

以往的近代建筑历史研究往往把 1930 年代朱启钤、梁思成、刘敦桢开创的中国古代建筑历史研究看作中国传统建筑复兴的一个部分，认为它对当时的“中国固有形式”建筑起了推波助澜的作用。这种观点，只看到了中国建筑师和建筑学家的“传统情结”，而忽略了中国古代建筑历史研究中更深层次的现代性情结。

1. 一切历史都是当代史

历史是记载和解释作为一系列人类活动进程的历史事件的一门学科。历史并不是纯粹客观的，历史学家在进行历史研究时，不可避免地会带有主观成分。美国历史学家柯文（Paul A. Cohen）认为：“归根结蒂一切历史的真实都是经过史学家修订的，因为历史的真实并不是由过去的全部真实所构成，它只是一组很有限的有足够根据的有关史实的陈述，这些陈述是对史学家心中某一特定问题，或某一组特定问题的回答。”他说：“‘史实’就像广漠无际、有时无法进入的大海中的游鱼一样。史学家捕到什么鱼主要取决于他决定在大海的哪一部分捕鱼和他采用什么样的钓具——而这两者又取决于他想要捕捉的是哪种鱼。”而史学家所“注意到”的历史变化，则“取决于生活于某一特定社会的某一特定史学家在某一特定时刻刚好认为什么事物才是重要的。”[120]

柯文的阐述可以归结为意大利历史学家克罗齐提出的“一切历史都是当代史”的著名命题。西方现代解释学则对这个命题进行了更进一步的阐释。

现代解释学认为，历史既包括过去发生的事实，又包括理解者对这种历史真实的理解，历史是自身与他者的统一体，其中同时存在着历史的实在和历史解释的实在。加达默尔认为，历史研究作为一种解释活动就是解释者（研究者）的“现在”视域与“本文”所具有的历史视域的交合，他称之为“视域融合”（Fusing of Horizon）。在视域融合中，现实和历史、主体与客体构成了一个有限而又开放的统一体，并直接导致对历史的新的理解。

1910 年代的“五四”新文化运动以其特有的震撼，裹挟着风雷般的巨响，轰鸣于整个世纪。它一只手推开窗户，从西方“拿来”了大量的新东西；另一只手则对中国几千年的传统文化进行了清算和整理。一些学者开始用科学的精神或科学主义的价值观重建中国传统文化和中国历史的新图景。1919 年毛子水、胡适等新文化运动人物提出了“以科学精神整理国故”的主张。另一方面，1920 年代现代建筑运动已经席卷整个欧洲，梁思成、童寯等中国第一代建筑师已经敏锐地感觉到现代建筑的时代性，开始接受现代建筑的理性建筑观念。新文化运动的科学理性精神和西方现代建筑思想的传播

为1930年代展开的中国建筑历史研究提供了一个新的思想平台。

2. 古代建筑历史研究中的现代性情结

叔本华在其名著《作为意志和表象的世界》中说："只有通过历史，一个民族才完全意识到自己。"[121]"在这种受到鼓励的民族自我意识的高涨过程中，历史学家会把民族的目标和当前的抱负，投射到历史上，从而不可避免地歪曲了过去的面目。"[122]中国第一代建筑学家在构筑中国古代建筑历史的框架时，也把对现代性精神的追求融入了历史中，不自觉地"歪曲了过去的面目"，显示了强烈的现代性情结。

(1) 科学实证的研究方法

中国营造学社采用了王国维提出的考古学的研究方法——"二重证据法"，即历史文献与实例调查相结合的方法，第一次对中国古代建筑进行了科学、系统的研究，揭示了中国古代建筑的设计规律、技术要点，总结出中国建筑的成就和各个时代的主要特征。

(2) 现代建筑历史观的显现

历史观既是史学理论的核心，也是人们对历史过程及其发展内在逻辑的阐释。现代建筑运动的先驱者通过把现代建筑的核心价值观念作为普适的公理，构筑了打上鲜明时代烙印的建筑历史观念框架。金兹宝认为："新风格的青年时代基本上是结构的，它的成熟期是有机的，它的衰败是由于过分装饰。这是许多风格演化的标准模式。"[123]金兹宝的这一观点无疑是现代建筑的结构理性主义在建筑历史观念上的投射。梁思成也像现代建筑的先驱者一样强调结构和材料的忠实表现，并且把这一现代建筑的核心价值观作为先验公理来构筑自己的建筑历史观框架。他宣称："大凡一种艺术的初期，都是简单的创造，直率的尝试；规模初具之后才节节进步使达完善，那时期的演变常是生气勃勃的。成熟期既达，必有相当时期因承相袭，规定则例，即使对前制有所更改，亦仅限于琐节。单在琐节上用心'过犹不及'的增繁弄巧，久而久之，原始骨干精神必至全然失掉，变成无意义的形式。"[124]梁思成的结构理性主义历史观集中体现在他对斗拱演变的评价上。他宣称："唐宋建筑之斗拱以结构为主要功能，雄大坚实，庄严不苟。明清以后，斗拱渐失其原来功用，日趋弱小纤巧，每每数十攒排列檐下，几成纯粹装饰品，其退化程度，已陷井底。"[125]

(3) 现代建筑审美观念的显现

历史学家对历史进行研究时，不仅需要作出因果判断，还必须作出价值判断，而一旦对历史作出价值判断，历史就具有了当代史的意义。现代建筑的理性审美观念主张形式追随功能，尊重建筑结构自身逻辑，反对附加的装饰。1930年代初期梁思成、林徽因在其中国建筑史论著中，已经表达了对现代建筑审美观念的认同。

在脱稿于1932年的《清式营造则例》绪论中，梁思成认为："建筑的美，是不能脱离合理的、有机能的、有作用的结构而独立……能诚实地袒露内部有机的结构，各部的功用，及全部的组织；不事掩饰；不矫揉造作；能自然地发挥其所用材料的本质的特性；只设施雕饰于必需的结构部分，以求更和悦的轮廓，更谐调的色彩；不勉强结构出多余的装饰物来增加华丽；不滥用曲线或色彩来求媚于庸俗；这些便是'建筑美'所包含的各条件。"[126]

林徽因将对建筑结构和材料的诚实表现作为中国古代建筑的突出特点加以赞美。她说："结构上细部枢纽，在西洋诸系中，时常成为被憎恶部分。建筑家不惜费尽心思来掩蔽它们。大者如屋顶用女儿墙来遮掩，如梁架内部结构，全部藏入顶篷之内；小者如钉，如合叶，莫不全是要掩藏的细部。独有中国建筑敢袒露所有结构部分，毫无畏缩遮掩的习惯，大者如梁，如椽，如梁头，如屋脊，小者如钉，如合叶，如箍头，莫不全数呈露外部，或略加雕饰，或布置成纹，使转成一种点缀。几乎全部结构各成美术上的贡献。这个特征在历史上，除西方高矗式建筑外，惟有中国建筑有此优点。"[127]对中国古代建筑颇有造诣的现代主义者童寯也认为，"肤浅的观察往往使人们被中国建筑的装饰所迷惑，而不能理解那使得装饰富有意义的结构原则。无论为了多么瞩目的装饰，中国建筑师也决不牺牲结构。"[128]

总之，对传统一无所知谈不到再发现，对传统了如指掌也未必能够再发现，只有那些具备时代精神、敏感于时代需要的人才可能有创见地再发现。对传统的再发现是对传统重新审视的结果，而重新审视的基本前提是新的价值观念——现代建筑思想和现代性精神的确立。1930年代的中国古代建筑历史研究中所蕴涵的现代建筑思想和现代性精神传递了一个明确的信息——现代建筑思想已经深深地扎根在中国。

3. 传统再发现的现代性意义

在探索新的艺术形式和观念的现代潮流中，有两种值得注意的流向：一是激进的反传统，对传统观念进行有力的反叛；二是立足现代对传统进行重新审视，寻求传统形式、传统观念与现代观念的契合，从而实现传统的现代化转化，而后者也正是容易被人们所忽视的1930年代中国古代建筑历史研究的现实意义所在。

对传统进行再发现是艺术发展史上反复出现，在艺术发展的转折关头有着重大意义的问题。中国文学史上曾多次出现过"复古运动"，如唐代韩愈首倡的"古文运动"，明代的前后七子的文学复古运动，新文化运动的旗手胡适则把文学革命重要组成部分的白话文运动称作是明清白话文学的延续和复兴，这些都属于艺术史上返本归真、复古以求更新的实例。

欧洲现代建筑运动的先驱者们也表现出对古代希腊、罗马建筑中与现代建筑相契合的理性精神的推崇，而中国传统建筑的结构理性精神等现代性特征也未必是梁思成的独立发现。伊利尔·沙里宁就曾指出："在遥远的过去时代，中国的传统是建立在简捷的表现手法的基础之上的。令人不胜惊奇的是，早期的中国形式——以今天的话来说——却实在是十分'现代化'的形式。他们早期房屋的形式，像机械那样干净利落和讲求功能，以及直截了当和富于创新——恰如今天的工作母机或者古生代柱牙象的脊椎结构。"[129]

如果说现代建筑运动的先驱们回溯历史是为了从历史中获取战胜学院派的理论依据和道义上的力量，那么梁思成则是真诚地希望从中国传统中找出向现代化转化的道路来，使传统像凤凰涅磐般再次获得新的生命。他试图从传统建筑中寻找现代性的因素，从而在不中断中国传统建筑文化延续性的前提下实现中国建筑的现代化。他宣称，"我们架构制的原则适巧和现代'洋灰铁筋架'或'钢架'建筑同一道理；以立柱横梁牵制成架为基本。现代欧洲建筑为现代生活所驱，已断然取革命态度，尽量利用近代科学材料，另具方法形式，而迎合近代生活之需求。若工厂、学校、医院及其他公共建筑等为需要日光便利，已不能仿取古典派之垒砌制，致多墙壁而少窗墉。中国架构制既与现代方法恰巧同一原则，将来只需变更建筑材料，主要结构部分则均可不有过激变动，而同时因材料之可能，更作新的发展，必有权满意的新建筑产生。"[130]

梁思成寻求传统现代化转化的努力成功与否，在此暂不置评，但是一个无可否认的事实是，1920~1930年代的中国传统建筑文化复兴中，此传统已非彼传统——传统已经回来，但已面目全非，现代建筑思想已经不可逆转地渗透到其中了。

本章小结

对20世纪上半叶中国现代建筑历史地位的评价，应当放置在这一时期的宏观社会文化背景之下。20世纪上半叶中国现代建筑的发展历程既是西方建筑文化横向输入、传播与冲击的产物，也是中国社会文化现代性内力响应、萌生与发展的结果，中国社会文化的现代性精神为现代建筑思想的传播提供了有利的文化土壤。现代建筑思想与实践作为中国从前现代社会向现代社会总体转变的一部分，它所体现的现代性精神不仅可以从建筑本体的变迁来规定和把握，更可以理解为中国社会从浅层社会文化心理到深层价值观念的全方位、整体性转变的缩影。

应当充分认识20世纪上半叶中国社会普遍存在的崇西崇洋、求新求异和追求工业化的社会文化心理对现代建筑的主动接纳、推动的积极作用；应当充分考量新文化运动和现代艺术思潮所产生的现代性社会文化氛围；应当充分认识激进的反传统和科学主义氛围下传统建筑文化遭受的质疑和批判。

总之，20世纪上半叶，作为建筑文化民族化思想基础的文化保守主义思潮——包括文化民族主义、浪漫主义和官方保守的意识形态，与激进的反传统和主张西化的文化激进主义潮流相比，文化保守主义思潮始终处于劣势和下风。

既有的中国近代建筑史研究，存在着过分强调官方意识形态作用和夸大民族意识影响的倾向，这种倾向是形成"现代主义在中国没有根基"甚至"没有来到中国"等偏颇论断的重要原因。

20世纪上半叶中国建筑历史的发展演变可以归纳为一主一辅两条线索：以现代性为核心，强调时代性和科学理性精神的现代建筑思想与实践，有着强大的社会文化基础，是20世纪上半叶中国建筑发展演变的主线；中国传统建筑文化复兴虽然是建筑文化领域的一个重要现象，但是把它当作与现代建筑等量齐观的时代潮流，则是不恰当的，它无法与前者相提并论。

注释

1 高瑞泉．中国现代精神传统．上海：东方出版中心，1999：2.
2 转引自：王宏建．艺术概论．北京：文化艺术出版社，2000：172.
3 转引自：王世德．美学辞典．北京：知识出版社，1987：570.
4 顾孟潮．建筑文化的特征及价值//王化君等．建筑·社会·文化．北京：中国人民大学出版社，1991：24.
5 转引自：杨辛．美学原理．北京：北京大学出版社，1993：35.
6 丁韪良．中国人//罗伯茨．十九世纪西方人眼中的中国．北京：时事出版社，1997：186～187.
7 黄兴涛．"美学"一词及西方美学在中国的最早传播．文史知识，2000（1）.
8 康德．判断力批判（上册）．上海：商务印书馆，1982：41.
9 王国维．静安文集续编（第5册）．上海：商务印书馆，1940：23.
10 转引自：朱存明．情感与启蒙．北京：西苑出版社，2000：77～78.
11 陈池瑜．中国现代美术学史．哈尔滨：黑龙江美术出版社，2000：195～196.
12 陈池瑜．中国现代美术学史．哈尔滨：黑龙江美术出版社，2000：162.
13 蔡元培．蔡元培美学文选．北京：北京大学出版社，1983：155.
14 高平叔．蔡元培全集（第二卷）．北京：中华书局，1984：301.
15 蔡元培．蔡元培美学文选．北京：北京大学出版社，1983：208～209.
16 蔡元培．蔡元培美学文选．北京：北京大学出版社，1983：61.
17 高平叔．蔡元培全集（第四卷）．北京：中华书局，1984：454～456.
18 蔡元培．蔡元培美学文选．北京大学出版社，1983：70～71.
19 陈伟．中国现代美学思想史纲．上海人民出版社，1999：91.
20 王次炤．艺术学基础知识．北京：中央音乐学院出版社，2006：300～301.
21 鲁迅．拟播布美术意见书．鲁迅全集·集外集拾遗补编．北京：人民文学出版社，1993：40.

22 蔡元培．蔡元培美学文选．北京：北京大学出版社，1983：86.

23 转引自：陈池瑜．中国现代美术学史．哈尔滨：黑龙江美术出版社，2000：151.

24 戴岳．美术之真价值及革新中国美术之根本方法．上海：商务印书馆，1923：65.

25 南京市档案馆，中山陵园管理处．中山陵档案史料选编．南京：江苏古籍出版社，1986：49～152.

26 陈伟．中国现代美学思想史纲．上海：上海人民出版社，1993：315.

27 丰子恺．西洋建筑讲话．上海：开明书店，1935：78.

28 丰子恺．西洋建筑讲话．上海：开明书店，1935：78.

29 丰子恺．西洋建筑讲话．上海：开明书店，1935：1.

30 丰子恺．西洋建筑讲话．上海：开明书店，1935：4.

31 丰子恺．玻璃建筑．现代，1933，2（5）.

32 陈池瑜．中国现代美术学史．哈尔滨：黑龙江美术出版社，2000：69.

33 刘既漂．中国新建筑应如何组织．东方杂志，1927，24（24）.

34 林文铮．莫忘记雕刻与建筑．何谓艺术．上海：光华书局，1931.

35 周积明．中国文化史研究百年．深圳特区报，1999-7-11.

36 高平叔．蔡元培美育论集．长沙：湖南教育出版社，1987：20～21.

37 柳诒徵．中国文化史．上海：上海古籍出版社，2001：373.

38 雷海宗．西洋文化史纲要．上海：上海古籍出版社，2001：385.

39 上海市建筑协会上海市建筑协会成立大会宣言．建筑月刊，1934，2（9）.

40 孙宗文．从建筑艺术说到希腊的神庙．申报，1939-9-10.

41 张至刚．吾人对于建筑业应有之认识．中国建筑，1933，1（4）.

42 南京市档案馆中山陵档案史料选编．南京：江苏古籍出版社，1986：149～152.

43 梁思成．中国建筑史·第一章绪论．梁思成文集（三）．北京：中国建筑工业出版社，1985：3.

44 孔令伟．近代史学科学对民国时期中国美术史写作的影响．新美术，1999（4）.

45 陈池瑜．中国现代美术学史．哈尔滨：黑龙江美术出版社，2000：69.

46 梁思成．致东北大学建筑系第一班毕业生信（1931年11月）．凝动的音乐．天津：百花文艺出版社，1998：370.

47 梁思成．中国建筑史．第一章绪论．梁思成文集（三）．中国建筑工业出版社，1985：3.

48 朱启钤．中国营造学社开会演词//中国营造学社．中国营造学社汇刊（一）．中国国际出版公司，1997.

49 孔令伟．近代史学科学对民国时期中国美术史写作的影响．新美术，1999（4）.

50 林文铮．莫忘记雕刻与建筑．何谓艺术．上海光华书局，1931.

51 朱启钤．中国营造学社开会演词//中国营造学社．中国营造学社汇刊（一）．中国国际出版公司，1997.

52 蔡元培．蔡元培全集（第二卷）．北京：中华书局，1984：238.

53 黄楙林．沪游脞记．上海研究资料．上海：上海古籍出版社，1988：558.

54 焦润明. 中国近代文化史. 沈阳: 辽宁大学出版社, 1999: 388.
55 厦门市志编纂委员会. 近代厦门社会经济概况. 厦门: 鹭江出版社, 1990: 336.
56 转引自: 张复合. 北京近代建筑营造业//汪坦等. 第四次中国近代建筑史研究讨论会论文集. 中国建筑工业出版社, 1993: 168.
57 张遇等. 老上海的写照. 合肥: 安徽文艺出版社, 1999: 254.
58 叶晓青. 点石斋画报中的上海平民文化. 二十一世纪, 1990 (1).
59 东方杂志, 1920, 20 (20).
60 刘善龄. 西洋风——西洋发明在中国. 上海古籍出版社, 1999: 206.
61 卢毓骏. 三十年来中国之建筑工程//杨永生. 建筑百家评论集. 中国建筑工业出版社, 2000: 289.
62 郭嵩焘. 郭嵩焘日记 (册三). 湖南人民出版社, 1983: 211 ~212.
63 转引自: 皮明庥. 洋务运动与中国城市化、城市近代化. 文史哲, 1992 (5).
64 黎庶昌. 西洋杂志. 长沙: 湖南人民出版社, 1981: 111.
65 罗荣渠. 现代化新论. 北京: 北京大学出版社, 1993: 299.
66 孙中山. 建国方略之二·实业计划 (物质建设) ·孙中山全集 (第六卷). 北京: 中华书局, 1986: 300 ~301.
67 刘善龄. 西洋风——西洋发明在中国. 上海古籍出版社, 1999: 207.
68 刘善龄. 西洋风——西洋发明在中国. 上海古籍出版社, 1999: 202.
69 大宇. 玻璃时代. 东方杂志, 1932 -1 -2.
70 丰子恺. 玻璃建筑. 现代, 1933, 2 (5).
71 傅雷. 现代中国艺术恐慌. 艺术旬刊, 1932, 1 (4).
72 高剑父. 我的现代绘画观. 美术, 1986 (3): 55 ~60.
73 丰子恺. 西洋美术史. 上海古籍出版社, 1999 (1928 年初版): 6.
74 尚其煦. 艺术建设发凡. 东方杂志, 1931, 28 (5).
75 卢毓骏. 三十年来中国之建筑工程//杨永生, 建筑百家评论集. 中国建筑工业出版社, 2000: 289.
76 胡适. 谈新诗. 胡适文存 (卷一). 上海亚东图书馆, 1921: 23.
77 周红兴. 简明中国现代文学. 北京: 作家出版社, 1990: 3.
78 麟炳. 对于上海金城银行建筑之我见. 中国建筑, 1933, 1 (9).
79 庄俊. 建筑之式样. 中国建筑, 1935, 3 (5).
80 指清朝"四王"的画, 作者按。
81 转引自: 陈池瑜. 中国现代美术学史. 哈尔滨: 黑龙江美术出版社, 2000: 71.
82 陈池瑜. 中国现代美术学史. 哈尔滨: 黑龙江出版社, 2000: 106.
83 陈池瑜. 中国现代美术学史. 哈尔滨: 黑龙江出版社, 2000: 110.
84 张大明. 现代派在中国现代文坛. 现代文学史料, 1992 (2): 219.
85 吴焕加. 论现代西方建筑. 北京: 中国建筑工业出版社, 1997: 190.
86 高瑞泉. 中国现代精神传统. 上海: 东方出版中心, 1999: 52.
87 刘丛红. 整合中的西方与中国当代建筑的重构. 天津: 天津大学博士学位论文, 1997.

88 吴焕加. 论现代西方建筑. 北京: 中国建筑工业出版社, 1997: 79.
89 [美] 理查·罗蒂. 哲学与自然之境. 北京: 三联书店, 1987.
90 [英] 比尔·里斯贝罗. 现代建筑与设计——简明现代建筑发展史. 北京: 中国建筑工业出版社, 1998: 29.
91 [意] L·本奈沃洛. 西方现代建筑史. 邹德侬等译. 天津: 天津科学技术出版社, 1996: 前言2.
92 胡适. 胡适自传. 合肥: 黄山书社, 1986: 46~47.
93 高瑞泉. 中国现代精神传统. 上海: 东方出版中心, 1999: 53.
94 李欧梵. 徘徊在现代与后现代之间. 上海: 三联书店, 2000: 10~11.
95 高瑞泉. 中国现代精神传统. 上海: 东方出版中心, 1999: 127.
96 陈独秀. 新文化运动是什么? 陈独秀著作选 (第二卷). 北京: 中华书局, 1981: 128.
97 陈独秀. 独秀文存. 上海: 亚东图书馆, 1923: 112.
98 李海清. 中国建筑现代转型. 南京: 东南大学出版社, 2004: 303~304.
99 梁思成. 梁思成全集 (第六卷). 北京: 中国建筑工业出版社, 2001: 121.
100 转引自: 刘曦林. 历史地看待历史. 美术, 1992 (8).
101 康有为. 欧洲十一国游记. 上海: 广智书局, 1906: 34.
102 夏东元. 郑观应全集. 上海: 上海人民出版社, 1982: 1187~1188.
103 孙中山. 建国方略·建国方略之二·实业计划 (物质建设). 孙中山全集 (第六卷). 北京: 中华书局, 1985: 384~387.
104 邱志华. 陈序经学术论集. 杭州: 浙江人民出版社, 1998: 283.
105 绝尘. 住宅革新谈. 大公报, 1928-2-2.
106 刘敦桢. 中国古代建筑营造之特点与嬗变. 刘敦桢文集 (四). 中国建筑工业出版社, 1992: 417.
107 刘既漂. 中国新建筑应如何组织. 东方杂志, 1927, 24 (24).
108 童寯. 中国建筑艺术. 童寯文集 (第一卷). 北京: 中国建筑工业出版社, 2000: 151~152.
109 过元熙. 新中国建筑之商榷. 建筑月刊, 1934, 2 (4).
110 转引自: 赖德霖. 从一篇报道看柳士英的早期建筑思想. 南方建筑, 1994 (3)
111 张西平等. 本色之探——20世纪中国基督教文化学术论集. 北京: 中国广播电视出版社, 1999: 366.
112 林征音. 说建筑. 申报, 1933-10-12.
113 张慧剑. 辰子说林. 上海: 上海书店出版社, 1997: 100~101.
114 林文铮. 莫忘记了雕刻和建筑. 何谓艺术. 上海: 光华书局, 1931: 46~65.
115 刘开渠. 八十八师纪念塔雕刻工作. 神车 (杭州国立艺专校刊), 1933, 3 (2).
116 李大钊. 圣人与皇帝. 李大钊文集 (下). 北京: 人民出版社, 1967: 95.
117 童寯. 建筑艺术纪实. 童寯文集 (第一卷). 北京: 中国建筑工业出版社, 2000: 85.

118 庄俊．建筑之式样．中国建筑，1935，3（5）：33.
119 童寯．我国公共建筑外观的检讨．童寯文集（第一卷）．北京：中国建筑工业出版社，2000：82.
120 ［美］菲力普・巴格比．文化：历史的投影．上海，上海人民出版社，1987：215.
121 ［美］菲力普・巴格比．文化：历史的投影．上海，上海人民出版社，1987：50.
122 ［美］菲力普・巴格比．文化：历史的投影．上海，上海人民出版社，1987：50.
123 ［俄］金兹宝．风格与时代．北京：中国建筑工业出版社，1991：16.
124 梁思成．清式营造则例．第一章绪论．林徽因文集・建筑卷．天津：百花文艺出版社，1999：101.
125 梁思成．蓟县独乐寺观音阁山门考．凝动的音乐．天津：百花文艺出版社，1998：190.
126 梁思成．清式营造则例．第一章绪论．林徽因文集・建筑卷．天津：百花文艺出版社，1999：99.
127 林徽因．论中国建筑之几个特征．林徽因文集・建筑卷．天津：百花文艺出版社，1999：14.
128 方拥．论中国第一代建筑师的成就与局限//杨永生．建筑百家评论集．中国建筑工业出版社，2000：267.
129 伊利尔・沙里宁．形式的探索——一条处理艺术问题的基本途径．中国建筑工业出版社，1989：263.
130 林徽因．论中国建筑之几个特征．林徽因文集・建筑卷．天津：百花文艺出版社，1999：14～15.

第七章

1949～1976：建筑文化的政治化与现代建筑的自发延续

20世纪上半叶，经过前20余年的发端和过渡之后，中国建筑师的建筑实践和建筑思潮构成了完整意义上的现代建筑运动。可以预见，如果没有其后的政治因素和主流意识形态的影响，中国建筑将会沿着国际现代建筑的方向发展。

第二次世界大战结束后，国际社会形成了政治制度和意识形态尖锐对立的东西方两大阵营。新中国成立后，采取了向前苏联"一边倒"的外交政策，前苏联的"社会主义现实主义的创作方法"、"社会主义内容、民族形式"和"批判结构主义、世界主义"三个政治性建筑创作口号全面移植，特定的建筑风格与特定的社会制度和意识形态之间建立了政治关联，并在"文革"期间走向建筑政治化的极端。建筑的政治化使得中国建筑界中断了与国际现代建筑运动的联系，单一的计划经济体制又使得这一时期的建筑实践失去了1920～1930年代市场经济和商品经济的基础，建筑思想不可避免地从中国建筑界1930～1940年代达成的现代性共识上大大后退。1950年代初梁思成建筑思想的逆转，是建筑思想领域这一异动的重要标志，并对这一时期建筑文化的政治化起了推波助澜的作用。

新中国成立后一般时期国际、国内的政治环境对中国现代建筑的发展造成了严重的负面影响。1950年代初期，在前苏联的影响下，反对资产阶级和帝国主义的政治斗争扩大到学术领域，抽象、无装饰的现代建筑风格被认为是资本主义腐朽没落的产物而受到严厉批判。但是，现实国情对现代建筑的客观需要构成1949年之后现代建筑自发延续的基础，并在实践中显示了强大的生命力。

第一节　建筑的政治化与传统复兴

一、学术大师的矛盾与困惑——新中国成立后梁思成建筑思想的转变

梁思成作为中国古代建筑历史研究的开拓者和传统建筑保护的先驱者而蜚声海内外，并成为一代学术偶像。他的形象似乎永远这样定格在世人的脑海中：在内忧外患、烽火连天的旧中国，为考察和研究古代建筑而跋山涉水；在政治风云变幻的新中国，为保护和抢救北京旧城和文物建筑而奔走呼号。

然而，作为一位历史人物，他的一生是多侧面的，上述只是他广为人知的一面，他的另一个侧面——新中国成立后近20年的学术政治活动虽有论及却鲜有深入的探讨。

梁思成一生的建筑梦想有两个，一个是中国古老的建筑文化遗产能够得到妥善保护，另一个则是中国传统建筑文化在新时代得到发扬光大。传统建筑文化的保护和复兴情结贯穿其一生，并且屡次与官方倡导的中国传统复兴运动相纠缠。

1927年成立的国民政府曾经给他实现自己梦想的第一次机遇。1928年，国民政府定鼎南京，大兴土木作为新政权的象征，并掀起了一场中国传统建筑文化复兴的浪潮。为了迎合民族主义思潮，同时出于国内意识形态斗争的需要，南京国民政府倡导传统文化复兴，留学归国的梁思成可以说是生逢其时。回顾梁思成1920~1930年代的学术生涯，基本上是一手"整理国故"，一手发扬国故。他编辑出版了《建筑设计参考图集》——为"中国固有形式"设计提供传统样式参考，还亲自指导了南京中央博物院的建设（徐敬直、李惠伯设计）。虽然梁思成对中国传统建筑有着深厚的感情，但他面对时代潮流还是保持了知识分子应有的理智和清醒。他是向中国引进现代建筑理论的先驱，早在1930年代初，他对现代建筑思想的理解就已经达到了时代的高度。1940年代，在现代建筑运动浪潮冲击下，他对"中国固有形式"进行了反思，承认中国传统建筑复兴运动是一种"逆时代的潮流"，"在最清醒的建筑理论立场上看来，'宫殿式'的结构已不合于近代科学及艺术的理想"。"世界建筑工程对于钢铁及化学材料之结构愈有彻底的了解，近来应用愈趋简洁。形式为部署逻辑，部署又为实际问题最美最善的答案，已为建筑艺术的抽象理想。今后我们自不能同这理想背道而驰。"[1]

1930年代，胡适曾经告诫学者们要恪守学术立场的中立，反对学术为政治服务。他指出："我不认为中国学术与民族主义有密切关系。若以民族主义或任何主义来研究学术，则必有夸大或忌讳的弊病。我们整理国故只是研究历史而已。只是为学术而作工夫，所谓实事求是也。"[2] 综观梁思成的早期建筑思想，虽然不可避免地打上了民族主义的印记，但还是与国民政府的官方意识形态保持了应有的距离，保持了学术思想的独立性和中立性。如果说在南京国民政府倡导的中国传统建筑复兴浪潮中，梁思成还基本上游离于政治之外；那么，在新中国成立后以"社会主义内容、民族形式"为口号的更大规模的传统建筑复兴运动中，梁思成已经深深地陷入建筑政治化的漩涡之中。

1. 为新政权建筑艺术"立法"——建筑理论的政治论证

新中国成立伊始，梁思成如同文学界的周扬、美术界的徐悲鸿一样，扮演了新政权建筑艺术"立法者"的角色。与文学、绘画相比，建筑艺术是长于文化与意识形态战线斗争的中国共产党人所陌生的空白地带，因此，梁思成的作用就显得至关重要、不可或缺。1950 年 4 月，他（踌躇满志地写）致信给一位国家领导人，第一次在建筑理论中阐发了毛泽东《新民主主义论》中的观点。他宣称："今后中国的建筑必须是'民族的、科学的、大众的'建筑；而'民族的'的则必须发扬我们数千年传统的优点……20 余年来，我在参加中国营造学社的研究工作中，同若干位建筑师曾经在国内作过普遍的调查。……其目的就在寻求实现一种'民族的、科学的、大众的'建筑的途径。"[3] 在其后的论文中，他做了进一步的阐述："我们将来的建筑应该向哪个方向走呢？毛主席早已给我们指出了方向，《新民主主义论》中'民族的，科学的，大众的文化'一节就是我们行动的指南。那也就是斯大林同志为全世界文艺工作者，包括建筑工作者，所指出的'民族的形式，社会主义的内容'的总方向。苏联各民族的建筑师们在斯大林时代的创作，就是以民族形式来表达社会主义内容的最好的范本。"[4]

1953 年 2 月至 5 月，梁思成随中国科学院访苏代表团访问前苏联，对前苏联"社会主义内容、民族形式"的建筑文化政策深表赞同。同年 10 月，在中国建筑工程学会第一次代表大会上，主任委员梁思成作了《建筑艺术中社会主义现实主义的问题》的报告，正式把阶级斗争理论引入建筑理论，使建筑理论上升到一个新的政治高度。他引述清华大学建筑系的前苏联专家阿谢甫可夫教授的话说：

"艺术本身的发展和美学的观点与见解的发展是由残酷的阶级斗争中产生出来的。并且还正在由残酷的阶级斗争中产生着。在艺术中的各种学派的斗争中，不能看不见党派的斗争、先进的阶级与反动阶级的斗争。"

"在中国，这阶级斗争还是同民族解放斗争密切地结合着的。毛主席给我们指出：'在民族斗争中，阶级斗争是以民族斗争的形式出现的，这种形式表现了两者的一致性（统一战线中的独立自主问题）。'在今天的中国，在建筑工作的领域中，就是苏联的社会主义的建筑思想和欧美资产阶级的建筑思想还在进行着斗争，而这斗争是和我们建筑的民族性的问题结合在一起的。这就是说，要充满了我们民族的特性而适合于今天的生活的新建筑的创造必然会和那些充满了资产阶级意识的，宣传世界主义的丝毫没有民族性的美国式玻璃方匣子的建筑展开斗争。"[5] 其报告可以得出这样的结论：建筑艺术具有阶级性，而阶级斗争常以民族斗争的形式出现，因此，在建筑中搞不搞民族形式，是个阶级立场的问题。

1950 年代初，梁思成把政治话语引入建筑理论，完成了对官方建筑文化政策的理论阐述，为新中国成立后近 30 年的主流建筑文化设立了意识形态路标。

2. 建筑理论的退却——对现代建筑思想的否定

作为对旧政权和旧中国建筑历史全盘否定的一部分，梁思成把鸦片战争之后西方建筑体系的传播归结为帝国主义的文化侵略，谴责"这一百年中蔑视祖国传统，割断历史，硬搬进来的西洋各国资本主义国家的建筑形式对于祖国建筑是摧残而不是发展……殖民地建筑在精神上则起过摧残民族自信心的作用，阻碍了我们自己建筑的发展；在物质上曾是破坏摧毁我们可珍贵的建筑遗产的凶猛势力。”他对欧洲现代建筑运动和他曾置身其中的中国现代建筑实践进行了全面否定，指出：“以‘革命’姿态出现于欧洲的这个反动的艺术理论猖狂地攻击欧洲古典建筑传统，在美国繁殖起来，迷惑了许许多多欧美建筑师，以‘符合现代要求’为名，到处建造光秃秃的玻璃方盒子。中国的建筑界也曾堕入这个漩涡中……‘五四’以后很短的一个时期曾作过恢复中国传统和新的工程技术相结合的尝试，但在殖民地性质的反动政府的支离破碎的统治下和经济基础上没有得到，也不可能得到发展；反倒是宣传帝国主义的世界主义的各种建筑理论和流派逐渐盛行起来。”[6]

新中国成立后的政治气候，对梁思成的建筑思想演变轨迹产生了重要影响。早在1930年代，他就对现代建筑的理性建筑观表现出充分的认同。他把建筑的实用性放在首位，把美观视为实用和坚固的派生物，认为“一个好建筑必须含有实用、坚固、美观三要素，美观，则即是综合实用、坚稳两点之自然结果。”1950年代初，他全面接受了前苏联斯大林时期强调建筑艺术性的学院派建筑思想，放弃了自己的现代建筑价值观，对其曾经心仪不已并深得其精髓的现代建筑大加挞伐。1951年，他在“城市计划大纲·序”中指出：“所谓‘国际式’建筑本质上就是世界主义的具体表现；认识到它的资产阶级性；认识到它基本上是与堕落的、唯心的资产阶级艺术分不开的；是机械唯物的；是反动的；是与中华人民共和国的‘民族的、科学的、大众的’文教政策基本上是不能相容的。”[7]他宣称：“洋房、玻璃盒子似乎给我们带来新的工程技术，有许多房子是可以满足一定的物质需要的。但是，建筑是一个社会生活中最高度综合性的艺术。作为能满足物质和精神双重要求的建筑物来衡量这些洋式和半洋式建筑，它们是没有艺术上价值的。”他进一步指出：“我们必须毫不犹豫地、无所留恋地扬弃那些资本主义的、割断历史的世界主义的各种流派建筑和各流派的反动理论；必须彻底批判‘对世界文化遗产的虚无主义态度以及忽视民族艺术遗产的态度’。”[8]1954年，他在“祖国的建筑”一文中宣称：“我们的建筑也要走苏联和其他民主国家的路，那就是走‘民族的形式，社会主义的内容’的路，而扬弃那些世界主义的光秃秃的玻璃盒子。”梁思成把对现代建筑的批判上升到政治高度，从而给“民族形式”和现代建筑风格贴上了不容混淆的“社会主义”和“资本主义”的政治标签。

梁思成从1930~1940年代现代建筑思想立场上的倒退和对现代建筑运动的政治性批判，可以看作是新中国成立后中国现代建筑的悲剧性命运的缩影。

3. 建筑可译论——理论创新还是折中主义？

1954年，梁思成在发表于《建筑学报》的“中国建筑的特征”一文中，提出了建筑的“可译性”理论。首先，他把“我们建筑上二三千年沿用并发展下来的惯例法式”称为“文法”，“无论每种具体的实物怎样地千变万化，它们都遵循着那些法式。构件与构件之间，构件和它们的加工处理装饰，个别建筑物与个别建筑物之间，都有一定的处理方法和相互关系，所以我们说它是一种建筑上的‘文法’。”至于“词汇”，他是这样定义的：“梁、柱、枋、檩、门、窗、墙、瓦、槛、阶、栏杆、隔扇、斗拱、正脊、垂脊、正吻、戗兽、正房、厢房、游廊、庭院、夹道等等。那就是我们建筑上的‘词汇’，是构成一座或一组建筑的不可少的构件和因素。”

在对中国传统建筑的典型形式要素进行了语言学类比后，他提出：“运用这‘文法’的规则，为了不同的需要，可以用极不相同的‘词汇’构成极不相同的体形，表达极不相同的情感，解决极不相同的问题，创造极不相同的类型。”[9]1953年梁思成在一次演讲中，运用可译性理论进行了形式生成与转化的示范。张镈在他的回忆录中这样写道：

“他草画了个圣彼得大教堂的轮廓图，先把中间圆顶（DOME）改成祈年殿的三重檐。第二步把四角小圆顶改成方形、重檐、攒尖亭子。第三步，把入口山墙（PEDIMENT）朝前的西洋传统做法彻底铲除，因为中国传统建筑从来不用硬山、悬山或歇山作为正门。把它改成重檐歇山横摆，使小山花朝向两侧。第四步，把上主门廊的高台上的西式女儿墙的酒瓶子栏杆，改为汉白玉石栏板，上有望柱，下有须弥座。甚至把上平台的大石阶，也按两侧走人，中留御路的形式。第五步，把环抱前庭广场的回廊和端亭也按颐和园长廊式改装，端头用重檐方亭加以结束。”最后，梁思成得出结论：“用中国话，说中国式的建筑词汇，用中国传统的艺术手法和形象风格，加以改头换面，就是高大到超尺度的圣彼得大教堂上去运用，同样可以把意大利文艺复兴时期的杰作，改成适合中华民族的艺术爱好的作品。”[10]

在不久后的另一篇论文“祖国的建筑”中，梁思成还绘制了两幅民族形式建筑的想象图（图7－1、图7－2），从多层建筑和高层建筑两个类型出

图7－1　民族形成建筑想象图一（梁思成）

图7－2　民族形成建筑想象图二（梁思成）

发，对其带有西方学院派色彩的形式生成与转化理论进行了具体的诠释。梁思成的可译性理论使张镈“感受极深”，在他设计的北京民族文化宫（图7－3）中，这一理论演绎得淋漓尽致：高13层的中央塔楼覆盖着绿色琉璃瓦重檐攒尖屋顶，四角为小重檐攒尖顶，这种集中式构图显然来自欧洲文艺复兴时期的教堂。

至此，可以得出结论，剥除繁杂的概念与理论，梁思成的可译性理论本质上就是西方建筑历史上前现代时期的集仿式折中主义，具体手法就是运用西洋古典构图与传统官式大屋顶和细部的结合。梁思成的两幅民族形式建筑想象图也并无多少新意，无论是多层建筑还是高层建筑，都没有超越1920～1930年代的“中国固有形式”实践。

4. 梁思成晚年学术悲剧的反思

梁思成出生于晚清，青少年时代是在清末民初时期度过的。这一时期，从上层社会到市民阶层，中国社会普遍崇尚西洋建筑文化，传统建筑文化受到世人的鄙视。他曾经为这一时期传统建筑文化的空前衰落而痛心疾首：“自清末季，外侮凌夷，民气沮丧，国人鄙视国粹，万事以洋式为尚，其影响遂立即反映于建筑。凡公私营造，莫不趋向洋式。”[11]客观地讲，国力颓唐并非传统建筑体系衰落的主因，真正的原因还得从中国传统木构建筑技术层面的先天不足中寻找，在适应现代社会需要方面，即使与西方传统砖（石）木建筑体系相比都处于明显劣势（如清末民初的洋风盛行），被以钢筋混凝土和钢结构为技术基础的现代建筑体系取代更是历史的必然。而用现代结构、材料仿制中国传统建筑特征的所谓传统复兴，必然严重违背建筑功能、结构、经济的合理性和文化的时代性，这是中国传统建筑复兴运动始终无法逾越的时代困局，也是梁思成的传统建筑复兴之梦所无法走出的时代困局。

二、建筑的政治化——从三种典型建筑模式到极端政治化

1950～1960年代，与前苏联斯大林时期的建筑文化格局相似，传统复兴、古典主义和集仿主义占据了建筑文化的主流地位，形成了三种具有强烈政治色彩的典型建筑模式。

1. 以官式大屋顶表现民族形式

在1950年代初的传统建筑文化复兴高潮中，以传统大屋顶表现民族形式的模式达到高潮。其特征为主体建筑采用大屋顶、墙身和基座三段式构图。屋顶一般敷设琉璃瓦，细部处理大量吸收传统形式，如须弥座、汉白玉栏杆、斗拱、檐椽、飞檐椽和油漆彩画等。建筑气势雄伟，具有强烈的纪念性。实例有重庆西南人民大礼堂（图7－4），由一个圆形的大礼堂和两侧4层的办公楼和宾馆配楼组成。大礼堂的屋顶是一个类似北京天坛祈年殿的三

图 7 –3　北京民族文化宫，1958 ~1959 年

图 7 –4　重庆，西南人民大礼堂，1951 ~1954 年（建筑师，张嘉德）

重檐钢结构屋顶，在大礼堂主入口的前方是一个传统的牌楼和 128 级大台阶组成的空间序列。北京友谊宾馆（图 7 –5），采用标准的横三段、纵五段构图，中段为双重檐歇山绿琉璃瓦顶，两侧为盝顶天台，构图有学院派风范。1950 年代初，这种以大屋顶表现民族形式的倾向一度达到高潮，但是，它严重违背了建筑功能、结构和经济的合理性。如重庆西南人民大礼堂建筑装修消耗南竹 3 万 5 千余根，消耗黄金 300 余两，且每次维修都花费不菲，最近的一次翻修耗资竟达 7000 万元之巨。友谊宾馆的大屋顶要比普通屋顶增加了两倍重量，使用了 500 多个斗拱、7000 多根檐椽，并且使得施工陷入了落后的手工操作。而地安门机关宿舍（图7 –6）位于贯通天安门和地安门的北京城市中轴线上，虽然处于具有重要历史文脉的城市地段，但建筑中部体量和角部重点部位采用了绿色琉璃瓦顶，作为住宅还是过于奢侈了。

1955 年，赫鲁晓夫上台后，前苏联开始清算斯大林时期复古主义建筑的影响，在中国也掀起了“反浪费”运动，在运动中，这类大屋顶建筑被作为复古主义典型受到批判。1950 年代末 1960 年代初，向国庆十周年献礼的北

图 7 –5　北京友谊宾馆，1954 年（建筑师：张镈）

图 7 –6　自景山看地安门机关宿舍大楼，1954 年（建筑师：陈登鳌）

图7-7　中国革命历史博物馆，1958～1959年（建筑师：张开济等）

图7-8　毛主席纪念馆，1976～1977年

京十大建筑项目中大屋顶的民族形式再度被唤起，代表性作品如全国农业展览馆（1958～1959年，建筑师：严星华等）、民族文化宫以及后来的中国美术馆（1960～1962年，建筑师：戴念慈等）。

2. 西洋古典构图加中国传统细部

这类建筑的特征是，采用西洋古典柱式构图，通过局部的台基、檐口和纹样等细部特征体现"民族形式"。代表性实例如位于北京天安门广场西侧的人民大会堂（1958～1959年），台基为仿须弥座形式，柱廊既非西方古典主义也非中国传统法式。檐部借鉴了古希腊檐板的处理手法，但花饰和比例是中国式的。中国革命历史博物馆（图7-7）位于天安门广场东侧，采用11开间面向院落的空门廊形式，与人民大会堂一虚一实，遥相呼应，形成构图上的不对称均衡。柱廊和两翼实墙仿古代阙的形式，屋顶挑檐采用黄绿两色琉璃砖饰面，体现了民族特色。这种西洋柱式构图与中国传统细部结合的"中西合璧"式建筑的经典范例还有"文革"末期落成的毛主席纪念堂（图7-8）。

3. 模仿前苏联1930～1950年代的建筑形式

作为中苏"兄弟"友谊时期的产物，1950年代初期出现了一批模仿或照搬前苏联斯大林时期建筑形式的建筑，典型特征为中央体量层层高起，强调中轴线并用中央塔楼和塔尖予以强调，古典气息强烈，装饰豪华，这些建筑多由前苏联建筑师设计或合作设计。如北京展览馆（图7-9）、上海中苏友好大厦（图7-10）、北京广播大厦（1957年，建筑师：严星华）、哈尔滨防汛纪念碑（1957～1958年，建筑师：巴吉斯等）。1956年苏共二十大的召开标志着斯大林时代的终结，前苏联建筑发生了逆转，中国建筑界也经历了"反浪费"运动的洗礼，此后的一些中国建筑师的作品，虽然平面布局和外观造型上保留了前苏联古典主义

图7-9　北京展览馆，1952~1954年（建筑师：苏方安德烈夫等，中方戴念慈等）

的特征，但是装饰明显趋向净化。如中国革命军事博物馆（1958～1959年，建筑师：欧阳骖等）保留中心塔尖构图，清华大学主楼（1959～1966年，建筑师：高亦兰等）、南开大学主楼等高校主楼建筑，虽然取消了尖塔，但是立面构图和平面布局仍然隐含着莫斯科大学的影响。

图7-10 上海中苏友好大厦，1955年（建筑师：苏方安德烈夫等，中方陈植）

1950～1960年代，还出现了通过屋顶要素或其他建筑构件和符号体现少数民族传统风格的“民族式”建筑，如新疆乌鲁木齐新疆人民剧场（1956年）、内蒙伊克昭盟成吉思汗陵等。

4. “文革”时期建筑的极端政治化

建筑是镌刻在石头上的史书，建筑是时代忠实的反映，“文革”时期的建筑也忠实地记录了那个扭曲、畸形的时代。1960年代中期至1970年代后期，是史无前例的“文化大革命”时期，可称为建筑文化的极端政治化时期。在“突出政治”的气氛下，建筑文化的政治化被演绎到无以复加的极致，建筑被要求承担它所无法承担的精神功能，体现它无法体现的所谓“政治观念”。在各地兴建的毛泽东思想胜利万岁展览馆（简称万岁馆）或其他纪念性、标志性建筑中，出现了一批政治象征主义建筑。其特征表现为：

图7-11 长沙火车站，1977年（建筑师：湖南省建筑设计院）

① 建筑平面、外观以及细部装饰运用具有政治含义的图案与符号。如四川成都的万岁馆（1969年，建筑师：西南建筑设计院），平面是一个图案化的“忠”字；而贵阳的万岁馆平面呈“日”字形。红旗、五角星、火炬、向日葵和梭镖等成为建筑外观和建筑小品常用的装饰题材，如长沙火车站（图7-11）。此外，全国各地还出现了公共建筑模仿北京“十大建筑”手法的倾向，如模仿北京人民大会堂构图的青岛人民会堂（1959～1960年）。

② 数字的隐喻与象征。建筑立面的分段数、开间数，建筑高度、层数乃至广场分块的数目、雕像的高度等，都采用某些隐喻政治含义的特殊数字，如四川成都万岁馆、郑州二七纪念塔（图7-12）等。

图7-12 郑州，二七纪念塔，1971年（建筑师：郑州市建筑设计院胡诗仙等）

“文革”时期建筑的极端政治化，是1950年代建筑理论、建筑形式政治化的必然结果，建筑师最终被剥夺了建筑设计尤其是形式创作的话语权利，严重地压制了建筑理论与建筑形式的探索。“文革”期间，在清除了“资产阶级”的现代主义和“封建”的传统建筑文化之后，直接导致了建筑文化的贫瘠和空白。

5. 台湾 1960 ~1970 年代的传统复兴

1949 年国民党势力败退台湾后，为了扮演传统文化捍卫者的角色，尤其是针对大陆的“文化大革命”运动，1960 年代末至 1970 年代台湾发起了“中华文化复兴运动”，建造了一批的大屋顶“宫殿式”建筑，如台北科学馆（1959 年，建筑师：卢毓骏）、台北圆山大饭店（1971 年，建筑师：杨卓成）等。在这一批政治化建筑中，台北中山纪念馆（图 7 –13），中正纪念堂（图7 –14）是典型代表。其中，台北中山纪念馆正面主入口的檐口向上掀起，由次间、明间的檐柱次第拔高支撑，优美的屋顶曲线、黄色 块的大面积运用，不仅接续了传统帝王的色系，同时也暗示着现代主义理念的微妙渗透。与中山纪念馆相比，中正纪念堂的政治象征意味更为强烈。八角形重檐屋顶，深青色琉璃瓦屋顶、白色墙身，整体色彩的青与白的对比，传达了国民党党徽的意象。

图 7 –13　台北中山纪念馆，1972 年（建筑师：王大闳）

图 7 –14　台北中正纪念堂，1977 ~1980 年（建筑师：杨卓成）

三、立基传统建筑文化的新探索——现代性与地域性

“社会主义内容、民族形式”口号下再度兴起的传统建筑文化复兴浪潮，与 1930 年代的“中国固有形式”运动相比，虽然传统复兴背后的意识形态背景截然不同，但是 1950 ~1960 年代的“民族形式”建筑继承了“中国固有形式”的两种经典模式：以“宫殿式”大屋顶来表现民族风格和现代建筑体量适当运用传统构件纹样加以点缀，第一种模式在 1955 年的“反浪费”运动中被当作复古主义的典型受到批判，而第二种模式则成为这一时期民族形式建筑的一种新的尝试。实例有北京首都剧场（图 7 –15）、王府井百货大楼（1954 年，建筑师：杨廷宝）、全国政协礼堂（1955 年，建筑师：赵冬日）、建筑工程部大楼（1955 ~1957 年，建筑师：龚德顺）和北京天文馆（图 7 –16）等。

图7－15　北京首都剧场，1953～1955年（建筑师：林乐义）

图7－16　北京天文馆，1956～1957年（建筑师：张开济）

图7－17　天津大学第九教学楼，1954年（建筑师：徐中）

图7－18　天津大学第九教学楼，十字脊屋顶细部

地域性的探索是新中国成立后立基传统建筑文化实践卓有成就的领域。1950年代就出现了跳出“宫殿式”大屋顶，从传统民居中寻求灵感的地域性探索，这些建筑朴实无华，完全没有“官式”古典的宏伟气派，徐中设计的天津大学第九教学楼（图7－17），墙面运用天津特有的浅棕色过火砖，具有独特的肌理，屋顶采用普通水泥板瓦，十字脊歇山屋顶富有装饰性（图7－18）。陈植等建筑师设计的上海鲁迅纪念馆，运用绍兴地方民居的灰瓦、粉墙、毛石勒脚和马头山墙等手法，体现了鲁迅平民化的性格。

1950年代，南洋著名华侨领袖陈嘉庚投资建设了厦门大学（图7－19、图7－20）和集美学校（图7－21、图7－22），在他的参与设计下，把域外文化与地域文化融为一炉，形成了体现侨乡文化特色的“嘉庚风格”，其典型特征是采用闽南民居建筑的燕尾脊、歇山顶、重檐歇山顶与西洋古典主义的立面相结合，被称为“穿西装，戴斗笠”，庄重宏大而不奢华，体现了侨乡文化不拘一格、开放洒脱的性格，细部处理还吸收了闽南民居“出砖入石”的传统砖石墙体砌筑工艺。

图7－19　厦门大学建南大会堂，1950～1954年（陈嘉庚参与设计）

图7－20　厦门大学建南大会堂与“上弦场”

图7－21　厦门集美学校，南薰楼，1950年代末建成（陈嘉庚参与设计）

图7－22　集美学校局部，“出砖入石”细部

图7－23　建筑画：桂林风景建筑，1970年代，尚廓绘制

图7－24　桂林，芦笛岩接待室，1970年代（建筑师：尚廓）

中国建筑科学研究院的尚廓建筑师，于1970年代在桂林进行了一系列园林规划和风景建筑设计，在风景园林规划设计领域产生了广泛影响。这些建筑采用钢筋混凝土结构，突破了惯用的中国传统园林亭榭手法，采用典型的现代建筑构图，广泛运用简化的南方民居细部，空间通透流动，体形清新活泼，与桂林漓江山水相得益彰，具有鲜明的时代感与地方特色（图7－23、图7－24）。

第二节 现代建筑的自发延续与探索

一、一曲琴终人未散：1950年代初现代建筑的自发延续

经历了1920~1930年代中国现代建筑第一次高潮和抗日战争洗礼的以杨廷宝、赵深、陈植、童寯、庄俊、董大酉、林克明等著名建筑师为代表的中国第一代建筑师加入了新中国建设者的行列。1930年代后期和1940年代留学归国的汪定曾、黄作桑、冯纪中、王大闳、陈占祥、金经昌以及1950年代初归国的华揽洪、林乐义等建筑学子，在留学期间目击了西方现代建筑运动，直接带回了西方最新的现代建筑和城市规划思想，也使中国建筑界与国际现代建筑运动更紧密地联系在一起。在1940年代崭露头角的由国内高等建筑教育培养的新生代建筑师也逐渐成长为中国现代建筑的中坚力量。如1941年毕业于中央大学建筑系的汪坦，毕业后曾在童寯主持的抗战大后方的贵阳华盖事务所工作，1945年在兴业事务所主持了南京馥记大楼的设计，1948年留学美国并师从著名现代建筑师莱特，在新中国成立的前夕毅然返回祖国。戴念慈1942年于中央大学建筑系毕业后，1944年进入兴业事务所，1945在上海举行的纪念抗日战争胜利的“胜利门”方案竞赛中一举夺魁，1949年进入梁思成任顾问的中央直属机关修建办事处工作。在他的早期作品和文章中使显露出一名青年建筑师的现代建筑思想锋芒。

1950年代初全国范围内诞生了一批优秀的本土现代建筑作品，充分体现了1949年新中国成立之后现代建筑的连续性。在广州，夏昌世先生进行了炎热地区建筑的立面与屋顶遮阳的探索，这一创举被称为“夏氏遮阳”，代表作如广州中山医学院建筑群（图7-25）。北京儿童医院（图7-26）建筑师巧妙地将烟囱与水塔的功能合二为一，里层是烟囱，外面包裹为水塔，这一功能极强的构筑物成为医院建筑群的制高点和标志物。上海同济大学文远楼（1951~1953

图7-25 广州中山医学院生物楼，1953年（建筑师：夏昌世）

图7-26 北京儿童医院，1952~1954年（建筑师：华揽洪、傅义通）

年，建筑师：黄毓麟、哈雄文)，建筑平面按照功能需要灵活布置，为了便于人流疏散，阶梯教室布置在建筑主入口，形成了不对称均衡的立面构图，而阶梯教室立面开窗反映了内部阶梯形地面变化。武汉医学院武汉医院(1952~1953年，建筑师：冯纪忠)，医院的建筑平面略呈“米”字形，体现了医疗建筑卫生、安静和便捷的原则，入口反曲墙面以及自由曲线的屋顶体现了欧洲现代建筑运动的深刻影响。北京和平宾馆(图7-27)设计切合当时的社会经济状况，平面布局从功能出发，建筑立面简洁大方，是中国现代建筑的经典作品。北京电报大楼（图7-28）的顶部是一个四面钟塔，中间部分凸出，形成高大的门廊，建筑立面强调竖向划分，线条挺拔明快。

图7-27 北京和平宾馆，1953年（建筑师：杨廷宝）

图7-28 北京电报大楼，1955~1957年（建筑师：林乐义）

这些建筑应该是令我们骄傲的一批现代建筑了，但是随着前苏联“社会主义”建筑理论的导入，许多优秀的现代建筑被作为“世界主义”、“结构主义”的资本主义和帝国主义的建筑而受到批判，于是在全国上演了一场以官式大屋顶为主要特征的“民族形式”运动。然而不久，一场反浪费运动又使“大屋顶”被冠以“复古主义”而受到清算。虽然仅仅从反浪费的角度去反“大屋顶”是远远不够的，但是这次反浪费运动也从另一个方面充分证明，经典现代建筑的功能主义强调经济合理性，反对多余装饰，适应工业化需要的设计原则，与新中国成立后医治战争创伤、恢复生产、改善人民生活的迫切需要，多快好省地进行现代化建设的总体目标相契合，也是社会主义初级阶段无法超越的建筑设计原则。

总之，新中国成立之初的战争创伤千疮百孔，国计民生百废待兴的社会需要和经济发展水平，与第二次世界大战结束后欧美国家现代建筑运动盛期相似，这在客观上决定了现代建筑的强大生命力。

二、一石激起千层浪："鸣放"运动中倡导现代建筑的声音

1956年2月，赫鲁晓夫在苏共二十大上作了《关于个人崇拜及其后果》的报告，对斯大林进行了尖锐的批判，前苏联建筑界也开始清算斯大林时期的影响。1956年4月，毛泽东在中共中央政治局扩大会议上提出：实行"百花齐放、百家争鸣"的方针，以促进科学文化事业的发展。1957年4月，中共中央决定，在全党范围内进行开门整风运动，毛泽东还邀请民主党派、无党派人士帮助整风。党员、党外人士和群众畅所欲言，对于党和政府工作中的缺点和错误提出了大量批评意见和建议，"鸣放"运动出现失控的态势，随即被突然终止，并于1957年6月开始了大规模的"反右"运动。从1956年"双百方针"出台到1957年的"鸣放"运动，在这个政治气候空前宽松的短暂时期，中国建筑界开始对前一时期的建筑文化政策进行大胆反思，旗帜鲜明地发出了倡导现代建筑的声音。

针对新中国成立后全盘照搬前苏联斯大林时期建筑理论带来的片面性，资深建筑师鲍鼎指出："在学习苏联方面，特别是在苏联批判形式主义以前的一个阶段，以为凡属苏联建筑上的东西一概都好，不加以区别地把苏联建筑中形式主义的东西介绍过来，助长了我们自己过去工作中形式主义和复古主义的气焰。"[12]针对将政治话语引入建筑，全盘否定西方现代建筑运动成就的观点，邓焱指出："有人并没有注意技术与建筑学发展的关系。而且有时候还抱着一种非科学的态度，拒绝资本主义的近代技术；轻视资本主义国家建设实践中的新事物，把资本的技术和政治混为一谈。"[13]

1956年第6期《建筑学报》刊登了清华大学建筑系学生蒋维泓、金志强的文章，发出了"我们要现代建筑"的战斗性宣言。文章指出："现代技术提供的新结构新材料，要求新的形式来表现它们，例如用洋灰做的须弥座和垂花门是丑陋而造作的，但是洋灰做的壳体和框架却是美丽而轻快的……现代科学家如果用马车的形式去装饰汽车，或者去改进铜镜的缺点，那这人一定是疯子。可是建筑界居然有人公然主张去研究装配式大屋顶，空心倒挂斗拱。"作者宣称："解放以来，北京的儿童医院、和平宾馆和甘家口商场都是首先从功能出发并且用了现代建筑的手法处理，我们爱这样的建筑！"[14]

"我们要现代建筑"的宣言，如同一石激起千层浪，不久，西安建筑工程学院学生发表"对'我们要现代建筑'一文的意见"进行了反驳。他们认为，蒋维泓、金志强所倡导的"现代建筑"不是社会主义的，而是资本主义的、"功能主义"的，是以功能、技术取代民族艺术的"世界主义"。如果说1930年代现代与传统的争论在很大程度上反映了中西文化的冲突，那么这一次关于现代建筑的论战则蒙上了浓厚的政治色彩。文章宣称："很显然，按蒋、金两位先生的意见和对美、对现代建筑的理解，势必使我国建筑走向

‘世界主义’、‘功能主义’的怀抱之中。‘世界主义’建筑是帝国主义文化侵略的一种手段，它一笔抹杀了各国、各民族的优秀遗产，而代之以各种组合不完整的火柴盒，各种简单而又单调的几何图形，这就会使我国建筑形式空前缺乏，空前颓落。"[15]

这种极端政治化的观点很快遭到了批驳，同济大学学生发表文章明确指出“现代建筑”是“根据现代的生活出发，也就是根据现代人对一个建筑的使用要求出发，根据现代的材料、结构的特性、科学的原理、现代的施工技术而设计的。室内要求光亮，所以用大窗；钢筋混凝土梁的强度高，于是就取消雀替；施工要求快，采用预制板材；有了骨架承重，外墙就用幕墙。这一切都是忠于生活，忠于科学的，也就是现实主义的。”文章最后呼吁：

“让我们虚心地、诚恳地向苏联、波兰和其他国家的优秀的现代建筑学习吧！

我们相信，我们的子孙将把光荣给予创造了健康、合理、美观的现代建筑的大师，而不是给予唯心的这种主义者们的。

我们要现实主义的现代建筑！"[16]

1950年代，虽然由于政治原因受到压制，但中国建筑师的现代建筑思想始终没有泯灭。这次在青年学生中间展开的公开辩论充分说明，现代建筑思想对新生代具有强大的影响力。1957年的《建筑学报》还发表文章介绍了密斯·凡·德·罗和格罗皮乌斯的作品。遗憾的是，这种“百家争鸣”的学术民主态势只维持了一年，便被风云突变的“反右斗争”所中断，一批包括青年学生、建筑师和大学教师在内的现代建筑思想的倡导者被错划成“右派”。

三、现代建筑的自发延续：强大的社会基础

新中国成立后，虽然现代建筑思想和功能主义受到攻击，现代建筑风格被排斥，但是在建筑实践中，现代建筑手法和原则已经被广泛运用，表现出强大的生命力。中国建筑的现代性仍然在曲折中前进，并取得了局部性成就。这一时期的现代建筑实践具有强大的社会基础。

1. 建筑方针：暗合现代建筑原则

从1949年到1957年，是国民经济恢复发展和“第一个五年计划”建设时期，也是“适用、经济，在可能条件下注意美观”的建筑方针从酝酿到出台的时期。

早在1949年，一位国家领导人曾明确指示：“我们的建筑物只能是适用、坚固、经济（适用中包含有美观的意思，但现在还不能强调）。”1951年中直机关修办处又进一步明确：“坚持‘适用、坚固、经济’的建筑三原则和设计标准化、施工机械化的方向。”1955年建工部召开设计及施工工作会议，在会后部党组向中共中央所作的报告中正式提出了“适用、经济，在

可能条件下注意美观”的建筑方针。该方针意义深远，正如《中国现代建筑史》所指出：“在建筑界，没有哪条方针如此广为人知，如此深入到建筑创作的各个时期和各个层面，它占据中国建筑创作的统治地位30余年。”[17]该方针暗合了经典现代建筑的功能理性、经济理性原则，而“可能条件下注意美观”自然而然地节制了不必要的附加装饰，倡导了吻合功能的简洁形式。关于它与现代建筑思想的契合关系，正如一位资深建筑师所指出：“解决有无问题，改变一穷二白的落后面貌，新中国的建筑师是在党的‘实用、经济，在可能条件下注意美观’的建筑方针指引下工作的一代建筑师。也是自觉运用现代主义建筑观念进行设计的一代建筑师。”另一方面，将“适用、经济，在可能的条件下注意美观”作为建筑设计的指导原则，也大大削弱了“社会主义内容，民族形式”的指导意义。

2. 现代建筑功能类型：需要现代建筑风格与现代技术

体育建筑、交通建筑、高层旅馆建筑等是现代建筑的经典性类型，功能性、科学性、经济性、真实性、理性化是这类建筑设计的客观要求，如果拒绝采用现代建筑的设计原则和形式，将是困难的甚至是荒谬的。建国十周年献礼工程的首都十大建筑，是一个时期中国建筑创作的顶峰。十大建筑中的北京工人体育场、民族饭店和华侨饭店均采用了现代建筑风格，体现了官方和政治意识形态对现代建筑的实用主义态度。其中，北京工人体育场（1958～1959年，建筑师：欧阳骖等）采用了最彻底的现代建筑风格，完全摒弃了传统装饰元素。1960年代，为了适应各种室内集会，特别是政治性群众集会的需要，一些城市建成了新的体育馆和体育场。其中，北京工人体育馆（图7－29、图7－30）在国内首次采用圆形双层悬索屋盖，屋盖直径达94m。可容纳18000名观众的北京首都体育馆（1966～1968年，建筑师：张德沛等），采用百米大跨空间网架结构，建筑立面极其简洁理性。

1971年4月14日，国务院总理周恩来会见应邀来访的美国乒乓球代表团，“乒乓外交”对中美关系的突破产生了深远影响。1972年2月21日，美国总统尼克松访华，中美关系掀开了新的一页。这一时期我国为了保持和

图7－29　北京，工人体育馆，1959～1961年（建筑师：熊明）

图7－30　北京工人体育馆，比赛大厅

图 7-31　北京饭店东楼，1972 年
（建筑师：张镈）

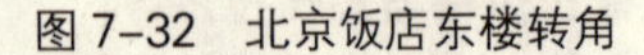

图 7-32　北京饭店东楼转角

发展与外部世界的联系，兴建了一批重要的航站建筑，如杭州机场候机楼（1971～1972 年，建筑师：浙江省建筑设计院）、南京机场候机楼（1971～1972 年，建筑师：杨廷宝）、乌鲁木齐机场候机楼（1972～1974 年，建筑师：孙国城等）等。这些建筑的共同特征是：候机楼水平横向构图，均匀分布的框架柱外露，柱间大面积玻璃开窗，简洁明快的构图中透露着现代气息。为了接待外宾，开展对外贸易，我国还相继兴建了一批旅馆和展览馆建筑，如北京饭店东楼（图 7－31、图 7－32）是一栋沿东长安街的 20 层大楼，主要为接待中美关系解冻后来访的外国代表团，具有鲜明的现代旅馆建筑造型特征，立面开窗与阳台形成均匀的韵律，比例和谐完整。这一时期为满足外事、外贸活动需要兴建的建筑还有北京外交公寓（1971～1975 年）、广州中国出口商品交易会展览馆（1974 年）、广州东方宾馆（1975 年），这些建筑都采用了经典的现代建筑风格。

1958～1960 年的三年“大跃进”，给国民经济建设和人民生活带来了灾难性后果。在这场违背科学规律的狂热的政治性运动中，中国建筑界出现了积极采用新技术、新结构和新形式的开拓性探索，如采用拱、网架结构的同济大学学生食堂，采用预应力双曲扁壳的北京火车站，采用筒壳的重庆山城宽银幕电影院，采用马鞍形悬索屋盖的浙江省人民体育馆，以及采用大型预制装配式结构的北京民族饭店等，这些采用新结构的新建筑，呈现出与探索新结构和新技术的国际大潮流相契合的趋向。

3. 新的传统：现代建筑传统

许多城市诸如上海、广州、青岛等基本上是沿着现代建筑的轨迹发展，并出现了富有创新精神的新探索。

上海自 19 世纪中叶被辟为商埠之后，由一个不知名的县城一跃成为东方最大的现代化城市。1920～1930年代上海建筑技术、建筑施工和建筑设计均达到了国际先进水准。1949年以后，由于我国政治、经济中心的北移，使上海建筑失去了昔日的辉煌；西方国家对中国的封锁又使上海失去了得风气之先的国际化都市的优势。但是这一时期上海无论在建筑技术还是在建筑设计上都作出了新的进步。1951年上海公交一厂的汽车机修车间建造了中国第一个大跨度钢筋混凝土薄壳结构，1962年上海同济大学学生饭厅（图7－33）采用了跨度达40m钢筋混凝土联方网架。为了利用地下空间解决交通问题，1960年代初上海率先开始进行关于盾构隧道和地铁车站等地下工程技术的实验研究，建成了ϕ4m和ϕ6m的盾构实验隧道。

上海是20世纪上半叶中国现代建筑运动的故乡，也是中国现代建筑思想的发源地，有着根深蒂固的现代主义建筑传统。罗小未先生认为，“上海对1950年代在我国流行的复古主义建筑风格从来没有认真地接受过。”[18]在以“社会主义内容，民族形式”为口号的传统建筑文化复兴浪潮中兴建的上海鲁迅纪念馆，没有采用大屋顶，而是运用庭院式布局和浙江民居的马头山墙等手法，体现出现代性精神和对传统理解的多元化。1959年为了迎接中国共产党七届八中全会的召开而兴建的锦江小礼堂，功能合理，规模得体，朴实无华。早在1950年代末期，陈植就在《建筑学报》上撰文提出了从功能出发，结合群体组合，结合自然环境，体现民族形式，保持地方风格的主张。1980年代初，陈植进一步提出了“从广义上来认识民族形式”的理论，倡导从空间处理、建筑与环境结合、建筑组群、地区差异等方面全方位地理解、探索民族形式。

图7-33　上海同济大学学生饭厅

新中国成立后上海建筑师在建筑创作思想上“坚持了从实际出发，精打细算、不求气派，讲究实惠与形式自由、敢于创新、潇洒开朗、朴实无华的作风”。罗小未先生在分析其中的原因时指出：“这些特点是上海在它长期的历史进程中经过选择而锤炼出来的。凡是经过比较与选择出来的东西是不会轻易地抛掉的。”[19]从某种意义上说，经过1920～1930年代现代建筑实践的洗礼，现代建筑已经成为上海建筑的一种“文化传统”。

广州曾是明清时期中国惟一的对外通商口岸，早在鸦片战争之前，广州就出现了外国商人租建的“十三行”商馆，鸦片战争之后，又成为最早对外开放的“五口通商”的城市之一。广州也是一个有着现代建筑传统的城市，是中国现代建筑思想的发源地之一。新中国成立后，以第一代建筑师林克明、夏昌世为先驱的岭南建筑师群体的现代建筑实践与探索始终没有中断：1950年代初的华南土特产展览场馆，1960年代的广州友谊剧院、广州宾馆（图7－34），1970年代初期的白云宾馆（图7－35）、矿泉客舍等，

图7-34　广州宾馆，水彩渲染，张文忠绘制

图7-35　广州白云宾馆剖面透视钢笔淡彩，林兆璋绘制

图7-36　青岛大会堂东立面，1959～1961年

构成了一条连绵不断的现代建筑实践与探索的脉络。这一批富有创新精神的作品的共同特征是：采用吻合使用功能、活泼自然的平面组合，摒弃多余装饰，简洁明快的立面形式，结合南方气候、室内外空间自由流动的庭院布局。岭南建筑师具有现代性的探索给"文革"时期沉闷的中国建筑吹来了一股海风，抹上了一层鲜艳的蔚蓝色。

青岛也是一座拥有较长现代建筑历史的城市。19世纪末20世纪初，德国占据青岛时期，外来建筑文化与地域环境相融合，形成了青岛独特的建筑文脉。与国际建筑潮流相契合，这一时期青岛建筑开始摆脱西洋古典主义的影响。20世纪初欧洲新艺术运动来到青岛，1910～1920年代日本占领时期，日本建筑师则把欧洲的"分离派"风格移植到青岛。1930年代，装饰艺术风格和"国际式"风格进一步占据了青岛建筑的主流。

新中国成立之后的1950年代，出现了青岛纺织管理局医院等经典现代建筑作品。青岛大会堂（图7-36）虽然采用了北京人民大会堂式构图，但是细部大大简化，仅仅在柱帽和檐口处施以传统纹样装饰，列柱门廊与实墙面形成强烈的虚实对比，整体构图简洁明快。1961年兴建的八大关一号俱乐部（图7-37、图7-38）是专供国家领导人使用的综合性会议场所，"建筑屋顶采用多种薄壳结构，并施与周围同样的红瓦，造型既新颖又能同环境融合在一

图7-37　青岛八大关一号俱乐部小礼堂（建筑师：林乐义）

图7-38　青岛八大关一号俱乐部小礼堂，石头连廊

起，建筑还大量地采用地方材料石材。”[20]该建筑体现了新结构、新形式与特定地域环境相结合的地域主义的探索。

总之，在1949年之后的一段时期，虽然现代建筑思想受到贬抑而成为潜流，但是经典现代建筑原则中的功能理性和经济理性原则符合中国国情和现实需要，自发性的现代建筑实践占据了建筑活动的主流，并出现了技术创新和体现时代精神的形式探索。

本章小结

自1949年新中国成立到1970年代末期改革开放，中国建筑界一直被两种主流设计观念所主宰：以国家意识形态为主导的政治化和匮乏经济下的经济理性主义。所谓政治化是运用古典主义构图手法，采用大屋顶和传统建筑符号，并通过大量的隐喻、象征来完成对国家意识形态和民族精神的表达。这种“政治象征主义”多表现在一些具有重大政治意义的标志性建筑上，如1950年代初全国各地探索“民族形式”的一些大型建筑物和1959年首都“国庆十大建筑”，最终在“文革”期间演变为全国各地兴建的“万岁馆”等极端政治化的建筑。另一方面，经济理性主义建筑是以最低限度的节约和最低标准的建设为惟一准则的建筑产品，主要体现在大规模工业生产和民用生活性建筑上。在这一类准现代主义建筑中，政治象征意义让位于更为严峻的国情和经济现实。在这个步履维艰的历史时期，面对世界上绝无仅有的严酷的政治环境、经济条件和极端封闭的国际环境，中国建筑师在现代建筑实践、地域性探索以及建筑技术创新等领域都取得了一定成就。但是必须看到，反复无常、愈演愈烈的政治运动的冲击、计划经济体制下的匮乏经济条件的制约以及极端封闭的创作环境都极大地阻碍了建筑创作和理论探索，留下了有待改革开放新时期填补的巨大建筑文化空白。

注释

1 梁思成．为什么研究中国建筑．凝动的音乐．天津：百花文艺出版社，1998：212．

2 宋剑华．胡适与中国文化转型．哈尔滨：黑龙江教育出版社，1996：28．

3 梁思成．致朱总司令信——关于中南海新建宿舍问题．凝动的音乐．天津：百花文艺出版社，1998．

4 梁思成．祖国的建筑．梁思成文集（第四卷）．北京：中国建筑工业出版社，1986：156～157．

5 邹德侬．中国现代建筑史．天津：天津科学技术出版社．2001：152～153．

6 梁思成．中国建筑发展的历史阶段．林徽因文集·建筑卷．天津：百花文艺出版社，1999：469～470．

7 梁思成．城市大纲·序．林徽因文集·建筑卷．天津：百花文艺出版社，1999：

351 ~354.
8 梁思成. 祖国的建筑传统与当前的建设问题. 林徽因文集·建筑卷. 天津：百花文艺出版社，1999：398.
9 梁思成. 中国建筑的特征. 梁思成文集（第四卷）. 北京：中国建筑工业出版社，1986：102.
10 张镈. 我的建筑创作道路. 北京：中国建筑工业出版社. 1997：70 ~71.
11 梁思成. 中国建筑史. 天津：百花文艺出版社，1998：353.
12 邹德侬. 中国现代建筑史. 天津：天津科学技术出版社，2001：213.
13 邹德侬. 中国现代建筑史. 天津：天津科学技术出版社，2001：213 ~214.
14 杨永生. 1955 ~1957，建筑百家争鸣史料. 北京：知识产权出版社，2003：57 ~58.
15 朱育琳. 对《对〈我们要现代建筑〉一文的意见》的意见//杨永生. 1955 ~1957，建筑百家争鸣史料. 北京：知识产权出版社，2003：58 ~59.
16 转引自：邹德侬. 中国现代建筑史. 天津：天津科学技术出版社，2001：215.
17 邹德侬. 中国现代建筑史. 天津：天津科学技术出版社，2001：208.
18 罗小未. 上海建筑风格与上海文化//上海建筑编辑委员会. 上海建筑. 深圳：世界建筑导报社，1990：10 ~15.
19 罗小未. 上海建筑风格与上海文化//上海建筑编辑委员会. 上海建筑. 深圳：世界建筑导报社，1990：10 ~15.
20 邹德侬. 中国现代建筑史. 天津：天津科学技术出版社，2001：274.

第八章

1977～：经典现代主义的超越与立基传统文化的多元探索

1970 年代末，中国终于以平和主动的心态打开了封闭已久的国门，开始了一个改革开放的新时期。中国建筑界结束了长期与国际建筑潮流相隔绝的局面，国外建筑思潮流派不断涌入，过去以政治理论代替建筑理论的状况基本结束，建筑创作也摆脱了意识形态的羁绊。作为前一个时期现代建筑思想受到压制贬抑的强烈反弹，在这个乍暖还寒的春天，形成了激进地倡导经典现代主义的思潮，诞生了一批具有经典现代建筑特征的优秀作品。“詹克斯式”后现代主义（以下简称“詹氏”后现代主义）接踵而至登陆到中国，给“文革”之后处于建筑文化沙漠的建筑界带来了巨大震荡。

进入 1990 年代，中国国际、国内的政治、经济和文化环境发生了巨大变迁。在国际上，1989 年下半年东欧社会主义阵营开始发生剧烈的动荡；1991 年，前苏联解体，二战之后左右世界格局的东西方冷战的正式结束。中国国内则经历了 1989 年“政治风波”之后短暂的停滞，中国的经济体制改革进程和对外开放步伐进一步加快。1992 年，中国共产党第十四次全国代表大会正式确立了“社会主义市场经济”的目标，从 1990 年上海浦东开发到全国各地兴起的房地产开发，经济建设热潮带动了空前的城市建设大潮，宽松的政治、经济和文化环境又催生了建筑设计市场的进一步繁荣。2001 年，中国正式加入世界贸易组织（WTO）并获得 2008 年奥运会主办权，宣告中国已经不可逆转地加入了全球一体化进程，中国建筑进入了一个空前的全球化、国际化的新时期。生机勃勃的经济、开放而巨大的国内建筑设计市场，吸引着西方建筑设计机构的目光，他们从技术手段、设计模式、设计理念到设计手法都给中国建筑师以巨大的冲击。

纵观改革开放以来中国当代建筑创作，现代建筑实践与国际性修正经典现代主义的潮流相吻合，形成了立足现代性，充实、提高和超越经典现代主义的进步趋势。立基传统文化的多元探索，则突破了以“宫殿式”大屋顶为蓝本的“民族形式”模式的局限，进入了乡土性、地域性的广阔领域。

改革开放以来建筑领域取得了巨大成就，然而，巨大规模的建设使得中国建筑界在创造着世界一流的建筑文化精品的同时，也产生了大量粗制滥造的建筑文化产品。这种缺憾的背后是浮躁的业主和同样浮躁的建筑界。一位建筑学家曾这样描述中国建筑设计市场的形式本位主义众生相：

"至今仍在流行的'玻璃幕'、'金属墙'、'空架子'、'钢网架'，据说是建筑中的'高技派'，也是C·詹克斯的'晚期现代主义'理论片段的注脚；建筑中的'欧陆风情'情深意长，在中国流行多年至今，业主、长官、开发商乃至建筑师都喜欢，然而那是最典型的模仿，而且是设计大失水准，施工远不到位的模仿……图片精美的外国建筑师和事务所的宣传品，为'跟风'和'抄样'提供了方便的'样本'，建筑图书行业为此各显其能。"[1]

随着市场经济取代计划经济，建筑师被迅速卷入市场，面对西方多元建筑思潮的不断冲击和建筑设计商业化影响下的形式本位主义的盛行，价值体系的重建和建筑理论体系的构建成为中国建筑界面临的重要课题。从1980年代对经典现代建筑思想的激进倡导、建筑民族化与现代化的论战，到21世纪初对国家建筑方针的讨论与内涵的拓展，中国建筑界正在向着构筑中国现代建筑理论体系的目标不断迈出坚实的步伐。

一、拨乱反正：激进现代主义思潮、传统和现代论战与"詹氏"后现代错接

1970年代末1980年代初，历史留给中国建筑界这样的遗产：改革开放前30年，政治运动频繁，意识形态领域斗争扩大化，学术问题借助政治化解决，建筑思想禁锢，建筑学术僵化，建筑创作陷入了严酷政治环境下极端政治化和极端经济条件下千篇一律的空白状态。1949年新中国成立后实行向前苏联的"一边倒"的外交政策，中国建筑界关闭了向西方学习的大门；1960年代初，中苏交恶，中国建筑界更是陷入了孤立与封闭的状态。新时期之初的中国建筑界肩负着拨乱反正，繁荣建筑创作的历史重任。

1. 现代建筑运动"补课"：改革开放新时期的现代建筑思潮

1970年代末，与国际建筑潮流隔绝近30年的中国建筑界，再度将目光投向西方，开始了对西方建筑思想新一轮的大规模引进。作为对现代建筑理论长期受到主流意识形态和官方文化政策压制的反弹，中国建筑界出现了大规模引进现代建筑运动理论的学术动态，形成了一股现代建筑思潮。据有关资料统计显示，1980～1984年是大量引进现代建筑运动理论的时期，《建筑学报》、《建筑师》和《世界建筑》三种刊物共刊登有关文章达47篇，占1980～1996年17年间有关现代建筑文章总数的61.8%。[2]1980年代初的现代建筑思潮，并非仅仅囿于学术和专业范畴，而是改革开放新时期中国社会思潮的有机组成部分。正是在1970年代末1980年代初中国特定的历史语境和时代背景下，经典的现代建筑思想再度焕发出耀眼夺目的光芒。

1976年，随着极左势力被逐出中国政治权力核心，在极左思潮中被长期禁锢的中国文化艺术也迎来了一个春天。长期以来被奉为圭臬的艺术为主流意识形态和政治服务的创作教条受到了大胆质疑。1980年，青年画家罗中立

以一幅超级写实主义油画作品《父亲》（图8－1）夺得第二届青年美展金奖并刊登在1981年第1期《美术》杂志封面，引起了巨大的反响和轰动。它以纪念性的宏伟构图，饱含深情地刻画出生活在贫困中的中国农民的真实形象：开裂的嘴唇、满脸的皱纹以及手中粗劣的碗等等写实的描绘，一扫“文革”时期艺术政治化的阴霾，深深地打动了无数中国人的心。如果说《父亲》表达了一种被长期压抑的人性的觉醒；那么著名漫画家廖冰兄创作的社会讽刺漫画《自嘲》（图8－2）则表达了刚刚从“文革”梦魇中醒来的人们对黑暗岁月的控诉。1979年，廖冰兄在广州首次展出的《自嘲》和多幅《自嘲》变体画，表现了人们破坛而出的惊喜、恐惧与瑟瑟发抖，道出了经历了文革十年浩劫的整整一代人的心声。

图8－1　油画《父亲》
（作者：罗中立）

图8－2　漫画《自潮》
（作者：廖冰兄）

中国美术界也出现了追求纯形式和倡导形式美的动态。著名画家吴冠中在《美术》杂志连续撰文指出：“抽象美是形式美的核心。有一条不成文的法律：内容决定形式。数十年来我们美术工作者不敢越过这雷池一步。但愿我们不再认为惟‘故事、情节’之类才算内容，并以此来决定形式，命令形式为之图解，这对美术工作者是致命的灾难，它毁灭艺术！”[3] 青年现代美术家群体的星星画展和以北岛作品为代表的现代新诗，则标志着具有前卫性和先锋性的中国现代派艺术的苏醒。

1970年代末1980年代涌动的现代建筑思潮，除了与新时期的文艺思潮紧密相关，更与中国思想界的现代启蒙思潮息息相通。这一时期，中国知识界开始总结“文革”十年浩劫和中国现代化进程挫折与失败的教训，对中国传统文化中阻碍社会进步和现代化的消极惰性因素进行反思和批判。在1980年代的思想解放、拨乱反正运动中，思想界出现了重新回归五四、呼唤第二次现代启蒙的呼声。美学家李泽厚提出了“救亡压倒启蒙”的著名命题，认为五四时期的科学、民主的现代思想启蒙运动并没有彻底完成，而是被随后的“民族救亡”所打断，因此必须再进行一次五四式启蒙，才能把中国推向现代化。历史学家黎澍更进一步指出：“五四时期的‘反封建’，不论在广度或深度上都是不彻底的。后来由于诉诸武力，演变为长期的革命战争，使思想文化领域里的革命不能不暂时退居次要的地位，于是革命和战争压倒了启蒙。”他得出结论：“必须采取恰当而有效的方式，彻底地清除一切封建思想残余及其影响，把60年前就开始的反封建思想革命进行到底”，必须对“以孔学为中心的封建传统，彻底加以破坏”，乃至与传统“彻底决裂”。[4] 正如一位史学家在回顾总结1980年代时所指出：“整个1980年代，中国思想界最富活力的是中国‘新启蒙主义’思潮”，后来“‘新启蒙主义’思想逐步地转变为一种知识分子要求激进地社会改革的运动，也越来越具有民间的、反正统的和西方化的倾向”。[5] 在这一社会文化背景下，中国建筑界对经典现代建筑思想的阐扬也被卷入了1980年代初的思想文化旋涡中，成为以现代启蒙为主旨的波澜壮阔的思想解放运动的组成部分。

与思想界重新回归五四的新启蒙主义思潮遥相呼应，中国建筑界也出现了“补上现代建筑运动这一课”的呼声。以陈志华、曾昭奋等为代表的现代主义者传承了五四新文化运动的文化激进主义的思想锋芒，成为中国建筑思想界继1930年代的童寯、何立蒸，1950年代的蒋维泓、金志强之后的现代建筑思想薪火的传递者。他们撰写的建筑评论是掷向传统建筑文化复兴背后的中国社会保守意识形态的“投枪和匕首”，其强烈的批判现实精神开启了中国建筑文化民主化、多元化的先声，展示了新时期拨乱反正、解放思想运动中中国社会和中国建筑师对现代性的执著追求。

陈志华先生是中国当代经典现代建筑思想的代表人物，他对现代建筑的激进倡导与1980年代的现代启蒙思潮密切相关。他针对海内外新儒家对五四运动的所谓“造成历史文化传统断裂”的指责，认为“五四运动要解决的问题是要把中华民族从愚昧、保守甚至野蛮状态中拯救出来，所以，它不能不跟传统的封建文化全面决裂。只有造成中国文化传统的断裂，才能弥补上中国文化与世界先进文化之间的断裂。五四运动造成的伟大的断裂，促成了中华民族几千年历史中从未有过的伟大进步。五四运动的历史任务远远没有完成，我们现在还要继续这个事业，而且要更加深入。我们决不后退。”[6] 他把现代建筑运动与五四新文化运动相提并论，精英知识分子主张再进行一次五四式现代启蒙，而他则主张再进行一次现代建筑革命。他说：“今天，我们建筑界提倡创新，就是把20世纪头几十年世界范围的建筑革命引进来，补上这被我们耽误了30年的一课。”与1930年代的童寯一样，陈志华把传统建筑文化与封建专制主义联系起来进行批判，他说：“我们有些留恋封建‘传统’的人，却连忙把约翰逊的‘历史主义’当作同盟军，虽然连一幢真正的现代建筑都没有见到过，却惊呼起它的‘千篇一律’来了。”[7] 陈志华把对现代建筑的倡导和对传统复兴的抨击上升到反对封建主义的高度。他主张实现建筑的现代化必须以打碎“封建的传统文化”为前提，指出“我们民族当前社会生活中的主要课题就是反对封建主义的一切遗留。反对传统的建筑观念，反对建筑界的一些惰性力量，是全民族反对封建残余的一个方面。两千年的封建传统笼罩着一切，渗透进一切，是我们现代化道路上最主要的阻碍之一。没有决裂的态度，没有强大的冲击力，没有坚韧的斗志，没有无所顾忌的决心，是搬不掉它的。”“我们整个民族处在从封建文化向现代社会主义文化过渡的时期。我们的总任务要求粉碎封建的传统文化。这文化几千年来在极其封闭的环境中发展，所以特别顽固、稳定，整体性很强。以致只有粉碎了之后，才谈得上有区别地汲取遗产中有用的东西。”他批评黄鹤楼等仿古建筑，“它们能告诉后人，20世纪80年代的祖先们，还没有能完全摆脱封建主义思想感情的沉重负担，还束缚在落后的意识里，把向后看、造假古董当作正而八经的事来办。”[8]

在《建筑师》杂志连载的《北窗杂记》中，陈志华主张建筑现代化的本质是“民主化”与“科学化”。他强调科学技术对建筑形式的决定作用，认为风格与形式是特定时期社会价值观念、审美情趣尤其是科学和技术水平的反映。他像欧洲现代建筑运动的先驱者一样倡导建筑形式的时代性和创新，主张“创新就是传统的对立面，创新就是传统的中断”，“要创造时代风格必须跟最新的科学技术结合起来，跟最先进的生产力结合起来，是建筑发展的大方向。只能不断革新建筑的形式、风格去适应科学技术和大生产的发展。”他运用中国文化激进主义者批判折中主义的一贯武器——文化整体论来反对折中主义，主张凡成熟的形式和风格，都具有排他性，不能混杂，只能接受或抛弃。“欧洲柱式建筑和中国木构建筑，都是艺术上经过千锤百炼的极其成熟的建筑。所以从细节到整体，丝丝入扣，严谨得很。所以难以改动，略有改动，就会损害艺术的完整。要把它们混合起来，从方向上说，不是创新，从艺术说，注定要失败。”

2. 论战：立足传统还是面向现代化？

以陈志华、曾昭奋为代表的正统、经典的现代建筑思想和激进的反传统姿态不可避免地引发了1980～1990年代中国建筑界的现代与传统、现代化与民族化的争论。

1980年代，这场论战的另一方以著名建筑师戴念慈先生为代表，他们主张在传统的基础上进行创新。戴念慈在“论建筑的风格、形式、内容及其他”一文中提出：“以优秀传统为出发点，进行革新。”他针对建筑界对“社会主义内容、民族形式”口号的质疑指出：“建筑的民族形式，是指按照这个民族人民大众的要求和喜爱，以这个民族建筑文化的历史传统为出发点，这样发展出来的一种建筑形式。它会包含着旧有的某些仍然有生命力的东西。然而更重要的是：我们采用旧形式的目的，在于以它为出发点，有所变化发展，有所创新。”[9] 文章中戴念慈以官方文化政策的代言人和阐释者的身份出现，用官方语言笼统地把传统划分为“精华”和“糟粕”，以“取其精华，去其糟粕”、“批判地继承传统”等政治性话语来立论。他的代表作阙里宾舍及其所代表的创作方向也受到一些现代主义者的批评。另一位现代建筑思想的捍卫者——曾昭奋先生，坦率地指出：“这个建筑群（阙里宾舍）的最大特色，是与孔庙、孔府庞大建筑群近似。所以，当我们把立足点放在奉祀‘至圣先师’的大成殿的大脊上来欣赏宾舍时，我们似乎看到了‘空间、时间和文化的连续性’。但是，当我们的双脚落到地面上来，回到我们正向四化进军的伟大现实中来时，我们感受到的却是：空间的窒息、时间的倒流、文化的僵化和老化。”“当人们看到阙里宾舍的主体的重檐十字脊瓦顶是用钢筋混凝土壳体来承托，看到檐下的密集的椽子是用混凝土来塑造，而发出一阵阵赞美之声时，实际上是对手工业的少、慢、差、费的歌颂，是对一种僵化的传统形式的狂热崇拜。”[10]

曾昭奋对“立足传统创新”和“维护古都风貌”口号下的新一轮大屋顶风进行了尖锐的批评，指出建筑创作要面向现代化、面向世界、面向未来。针对长期以来占据主流建筑文化的“民族化”导向，他批评说：“近来出现的一些复古、仿古建筑，大概就是这种‘民族化’的化身——不过是大屋顶、亭子、宝塔，以及轴线、对称这类东西。把这些东西塞给我们的建筑师，并通过建筑师之手塞给我们的社会，这样的‘民族化’，能取代对社会主义现代化的追求吗?”[11] 针对与后现代主义相耦合并引之为知音的传统复兴浪潮，他旗帜鲜明地指出“现代主义并未统治中国”，“现代主义确实并没有在中国占据压倒一切的地位，即使是中国式的现代主义，其地位实际上也仍是十分脆弱的。我们的房子盖了那么多，绝大多数没有大屋顶、琉璃瓦。正是这些没有带上‘民族形式’的大量建筑物，在中国还没有取得‘正统’的地位，遑论占据‘统治’地位。”[12]

今天，如果我们结合具体的社会文化背景，对改革开放以来建筑界关于现代化和民族化问题的争论进行客观的评价，不难发现：陈志华等现代主义者提出“补上现代建筑运动这一课”的矫枉过正的主张，其初衷无疑是好的；但是他们对一些“民族形式”建筑的批评也有偏颇之处。首先，我们应当把新时期传统文化复兴运动中体现的民族文化传承意识与保守的意识形态区分开来。传统建筑文化复兴的动因已经不单纯是主观政治意志和民族主义，而是包含了回归传统的寻根意识、历史文脉和传统风貌保护意识等现代意识。同时，在新时期的传统建筑文化复兴浪潮中，真正复古性质的建筑并不多，更多体现了建筑师立基传统的探索和创新。但是，作为 1920 ~1930 年代国际现代建筑运动和中国五四新文化运动的回响，以陈志华为代表的现代主义者对传统文化消极影响的坦率而大胆的批判、对经典现代建筑思想的倡导和对建筑现代化的呼唤，引起了中国建筑界的反响与反思，其勇于挑战权威、针砭时弊的建筑评论对中国当代建筑的健康发展起到了积极作用。总之，在与国际现代建筑运动和五四新文化运动时隔 60 余年，与世界建筑发展主流隔绝近 30 年之后，在国际建筑界“詹氏”后现代思潮甚嚣尘上的 1980 年代，现代建筑思想终于在中国改革开放新时期再度奏出时代的最强音，并为中国当代建筑奠定了现代性的基调，这一段史实将会载入中国现代建筑的史册。

3. 错接：后现代主义来到中国

第二次世界大战结束后，西方国家经历了一段高速增长的黄金时代之后，现代化的负面效应也日益凸现，现代化与传统文化、现代化与人性、现代化与环境之间的冲突加剧。经典现代建筑及其理论体现了与工业化大生产紧密相关、适应现代社会快节奏、高效率的时代精神，但是，它高度理性主义的设计原则、从历史零点创新的单线进化史观以及普世主义的世界观，导致了世界范围内跨越时空和人文界限的“国际式”建筑的盛行。1960 年代，在现代建筑运动发源地的西方，正统的现代建筑思想受到普遍怀疑和挑战，西方建筑进入了修正经典现代建筑的多元化探索时期。陆续出现的建筑思潮，在理论上指责正统的现代建筑忽视人的情感需要，忽视文脉，割断历史，其中对经典现代建筑攻击最为猛烈的是所谓“后现代主义”。它的代言人英国建筑评论家查尔斯·詹克斯煞有介事地宣布：现代建筑已于 1972 年 7 月 15 日下午 3 时 32 分在密苏里的圣路易斯寿终正寝。“詹克斯式”的后现代主义本质上是一种折中主义，它对文脉与传统的鼓吹、对隐喻与象征的强调、拼贴并置的“矛盾修辞”手法的运用以及对历史风格歪曲、俚俗化的激进的折中主义，在一定程度上拓展了建筑师思考的维度和宽容度，对于打破“国际式”风格一统天下的单调乏味，促进建筑文化的多元化产生了积极作用。但是，后现代主义消解了经典现代建筑的功能理性和经济理性思想，嘲讽了现代建筑运动的社会责任感，批判了单线进化式的建筑历史观和一元论式的建筑价值观，取而代之是相对主义的盛行——什么都行、没有什么不行。多元论、混杂、拼帖，建筑艺术似乎挣脱了清规戒律的束缚，获得了空前的自由，但是却失去了价值观念的有力支撑。在世界范围内，建筑文化再度走到了一个十字路口。正如美国著名建筑史学家、批评家威廉·寇蒂斯（William J. R. Curtis）在1981年出版的《1900年以来的现代建筑》（Modern Architecture Since 1900）序言中谈到1980年代的世界建筑时曾指出："当前，现代建筑正处于另一个危机阶段之中，许多信条遭到诘难和否定，留待人们去观察这究竟是一场传统的崩溃呢，还是一场新的统一之前的危机。"[13]

"詹氏"后现代理论和作品在中国的介绍几乎与前述提到的现代建筑理论大规模引进同步进行。1981年，周卜颐教授翻译了R·文丘里的《建筑的矛盾性和复杂性》，1982年李大夏先生翻译了詹克斯的《后现代建筑语言》。1985年到1989年，是"詹氏"后现代理论输入和介绍的高潮。它倡导建筑艺术的多元化、建筑文脉的连续性、建筑文化的通俗化，用"复杂"批判"简单"，用"丰富"批判"枯燥"，用"非正统"批判"正统"，为中国建筑师指出了一条明显有别于"民族形式"的传统继承方式，似乎也为医治"文革"之后建筑创作"千篇一律"的后遗症提供了一剂良药。正是出于这种期待，中国建筑界对"詹氏"后现代理论和手法寄予厚望，张在元先生生动地描述道："西方建筑界以惊奇的目光发现后现代建筑理论如此轻而易举地叩开了中国建筑的大门。在后现代的旗帜下又集合了一批新的中国拥护者，他们跃跃欲试，一方面希望以后现代理论结束长期以来中国建筑界关于民族性与现代性之争，另一方面则以后现代理论为指导拿出得意之作（尽管不成熟），说明后现代在中国确实大有市场。无论是后现代建筑风格上双重'代码'，还是大众的、'多元'以及符号学的形式和'传统与选择并存'，在中国都可以找到落脚点。中国建筑界奇大无比的包容性以及现代与后现代'杂交'的模糊性，足以使后现代主义者在丰富中国建筑形式（尤其是民族形式）的设计实践中大显身手。"[14]即使像曾昭奋这样的现代主义者也对后现代主义的"片段之歌"赞赏有加，他把西单商厦设计方案（建筑师：关肇邺、傅克诚）称为中国第一个后现代主义建筑。他宣称："当一个完整的民族形式被打碎了的时候，当为旧形式所发出的赞歌渐渐沉默下去的时候，它留下的碎片却在发出动人的'片断之歌'……传统形式的碎片，被移植在高大挺拔的大厦上，造型、尺度、色彩显得比传统形式更简洁、更淳朴，显得更有神采。"[15]

然而，"詹氏"后现代对于当代中国建筑文化的消极作用更不容忽视。它来到中国，在具体的建筑实践中，不可避免地与新时期建筑文化中某些强大的惯性势力形成错接。具体表现为：针对现代建筑运动反对历史形式，"詹氏"后现代强调引用历史和传统元素，与我国根深蒂固的传统建筑文化复兴思想结合在一起；针对现代建筑运动过分重视功能和经济理性，"詹氏"后现代强调注重表面形式和装饰，与中国建筑界固有的形式本位倾向接合在一起；"詹氏"后现代对大众通俗文化的倡导和欢呼，大大刺激和鼓励了建筑文化的商业化、庸俗化倾向。即使在1980年代后现代理论引进的高潮中，中国建筑界的有识之士对于其消极和负面影响还是保持了清醒的认识。曾昭奋就曾经指出："在后现代主义的道路上，既有花朵，也有泥坑"。他告诫说："后现代主义重视传统、重视旧形式，颇使那些无视现代主义所走过的艰辛历程和历史功绩的人们，能够在复古主义、形式主义的原位上轻而易举地接过后现代主义的理论和主张。"[16]

二、超越经典现代主义——当代建筑创作的进步趋势

如果说新中国成立之后我们丧失了一个发展现代建筑的大好时机，那么，改革开放拨乱反正，繁荣建筑创作的历史性契机展现在中国建筑界面前。作为对前一个阶段现代建筑思想受到压制的强烈反弹，中国建筑界形成了激进地倡导现代主义的思潮，出现了要求"重新补上现代建筑运动这一课"的呼声。鉴于中国的现实国情，现代建筑运动所倡导的注重使用功能，追求经济效率，体现技术理性的设计观念仍然有其不可磨灭的生命力。从某种意义来讲，现代建筑运动如同工业社会一样，是人类社会发展不可逾越的阶段。然而，西方现代建筑从萌芽到兴盛，经历了近百年的发展，其间既取得了有目共睹的成就，也有其明显的历史局限性和片面性，无论是积极的成果还是负面的教训，都应成为我国当代经典现代建筑原则运用的前车之鉴。

中国的现代化具有极为典型的"二元性"特征，即在实现"工业化时代"目标的同时，叠加了"信息化时代"的更高的现代化目标。"中国社会当前所面临的是，如何从前工业时代向现代社会的转变和如何从现代工业社会步入知识经济的后工业或后现代社会的双重问题。所以，对中国社会而言，既面临着如何从西方学习现代化的经验，又面临着如何避免西方建筑现代化过程中所产生的教训。"[17]中国当代的建筑实践，不可能也不必因循西方现代建筑运动的道路再走一遍，而是应该根据自身的背景和条件，修正、充实和进一步发展西方现代建筑的思想和原则，克服其历史局限性和片面性；同时，积极借鉴西方当代建筑思潮中的合理进步因素，剔除其中庸俗商业化、相对主义等消极成分，走出一条超越狭义"国际式"风格和经典现代主义的发展道路。正如有的学者所指出的：新的历史条件对中国当代建筑的发展提出了新的时代要求，"中国现代主义肩负着满足社会大众需求的重任，以现代功能为出发点，运用新技术、新材料表现时代精神，有时也反映后现代主义的某些影响。"[18]

1. 从经典现代主义到新现代主义

关于1980年代改革开放新时期中国当代建筑实践的风格倾向，许多专家学者予以概括总结，虽然结论不尽相同，但是，现代主义始终被归纳为一个重要的设计方向。如张钦楠先生在总结1980年代中国建筑创作时，把因

循现代建筑运动宗旨的功能—结构派作为当代建筑的三种主要倾向之一。[19]改革开放新时期，伴随着建筑理论界的现代建筑思潮，在建筑实践中也形成了一个现代建筑实践的高潮，诞生了一批具有经典现代主义特征的优秀作品。

如广州白天鹅宾馆（图8－3、图8－4）主楼平面为腰鼓形，建筑主立面阳台均由斜板构成，阳光下产生了丰富的阴影变化。1～3层裙楼布置公共活动部分，建筑中庭“故乡水”构成了具有中国特征的室内园林景观。北京国际展览中心2～5号馆（图8－5）是由四个边长63m的正方形“方盒子”组成，为了打破方盒子展馆的单调呆板，建筑师在每两个方盒子之间插入连接体，安排入口和门厅，入口处有突出的拱形门廊，上面飞架圆弧形额枋；方盒子四角局部切削，外墙上部是外凸的高窗，下部为斜向内凹的低窗。该建筑在简单的体量上运用经典现代建筑的处理手法，在低廉的造价下取得了简约洗练的造型效果。北京国际饭店（图8－6）建筑平面为弧面三叉形，弧面为正面，均匀开窗，端部挺拔的实墙面与弧面形成对比，建筑外观比例尺度优美，形态简约大方，体现了严谨的功能理性精神。

图8－3 广州，白天鹅宾馆，1979～1983年（建筑师：佘峻南、莫伯治）

图8－4 广州，白天鹅宾馆，故乡水中庭

图8－5 北京，国际展览中心2～5号馆，1985年（建筑师：柴裴义）

图8－6 北京，国际饭店，1987年（建筑：林乐义）

在1990年代以来的中国当代建筑实践中，新现代主义“以其吸引眼球的形态和优于早期现代主义的特征而受到众多中国中青年建筑师的青睐”,[20]成为一种主流的建筑风格。它在形式语言上，吸收了理查德·迈耶和极少主义的点、线、面、体以及色彩的抽象构成手法，借鉴了当代建筑思潮中建构和表皮的观念，很大程度上突破了“国际式”风格的单调乏味，呈现出更加丰富的形态和空间特征。代表性作品如国家遗传工程小鼠资源库办公与实验楼（图8-7），立面用一种冷峻而纯粹的几何构图，表达了科研建筑的高度理性精神。同济大学中德学院大楼（图8-8）位于同济大学校园内干训楼与经济管理学院云通楼之间，场地局促。从校园总体布局与路网出发，大楼布置成楔状“A”形，整体建筑造型手法简洁洗练，南北向办公室开窗与斜向挑板形成了丰富的韵律，室外空调机布置与立面开间统一考虑，材质的轻重、粗细、虚实对比强烈，充分表达了建筑形态和空间的阳光感、流动感与体量感。

图8-7　南京，国家遗传工程小鼠资源库办公与实验楼，2004年，（建筑师：张雷）

图8-8　上海，同济大学中德学院大楼，2002年（建筑师：庄慎等）

2. 本土现代主义的探索

正统、经典的现代主义建筑思想，从工业时代的机器美学出发，强调建筑的物质功能和审美的普适性，强调形式的抽象性和非叙事性，反对古典艺术的具象和叙事性。它忽视了建筑的历史文化内涵，跨越时空和地域界限，造成了空洞、乏味的“国际式”风格的盛行。新时期以来的许多成功的现代建筑作品，都从建筑的物质功能和精神功能出发，结合自然和人文环境，通过基于建筑本体的隐喻与象征和场所精神的塑造等途径，突破了经典现代主义中性化与普世主义的局限。

北京外研社办公楼（1997年，建筑师：崔恺）是一座从事外语教学、研究等书刊出版的办公建筑，是中西方文化交流的桥梁。建筑在形体组合、建筑室内设计和外部空间的环境艺术等方面着力表现建筑的文化内涵，其建筑形象已经成为外研社的标志性图案。北京中国科学院图书馆(图8-9~图8-10)的空间序列，强调读者对场所的体验过程，广场、大台阶、柱廊、内院、中庭和楼梯，被秩序化地组合为一系列镜头语言，形成了空间的时间化。在建筑形态上，建筑师试图运用高技派的建筑语言对传统木构建筑进行新的阐释，在以“架构”的形态反映结构逻辑的同时，横向遮阳板、檐下出挑的穿孔金属板则再现了传统建筑的穿插、咬接和悬挑的神韵。海淀

图8-9　北京，中国科学院图书馆，1999~2002年（建筑师：崔彤）

社区中心（图8－11、图8－12）着力塑造一种富有亲和力的办公建筑空间。东侧入口布置了一个台阶式开敞交往空间——市民大厅，可以满足社区集会、展示和演出等多种功能，内部采用木地板、木格栅装饰，刻意塑造温暖如家的感觉。市民大厅南侧是观景长廊，贯通观景长廊室内外的“红墙”是北京传统市民文化文脉的延伸。浙江缙云博物馆（图8－13）设计从当地传统的“方院”民居中受到启发，组织了由入口序厅、底楼主展厅至二楼展厅的博物馆参观流线，并同临时展厅、休息厅、碑廊联系便捷，始终以现代主义的语汇塑造博物馆的“场所精神”，延承当地古老的建构传统，为全球化语境下的现代地域主义创作进行了有益的探索。

图8–10　北京，中国科学院图书馆主入口门廊（左）

图8–11　北京，海淀社区中心，2004（建筑师：祁斌等）(右)

图8－12　北京，海淀社区中心市民大厅

图8－13　浙江缙云博物馆，2001年（建筑师：沈济黄）

3. 技术美学的表达与技术精美的追求

早在1950年代末的大跃进时期，中国建筑师就进行了新结构与新形式的探索，产生了诸如采用悬索结构的北京工人体育馆和浙江省人民体育馆的大跨度体育建筑。1980 年代到 1990 年代初，全国各地陆续兴建了一批体育场馆，如为迎接 1990 年的第十一届亚运会在北京建设的八座体育馆。这一时期的体育建筑多采用钢筋混凝土框架结构加平板网架屋盖，结构选型较为单一，外形也多为简洁而现代的体块构成，缺乏体育竞技建筑所应具备的动态美感的表达。这一时期在结构选型和建筑形态上取得重要突破的体育建筑是国家奥林匹克体育中心体育馆和游泳馆（图 8 –14、图 8 –15），采用斜拉索与网架结合，高耸的塔筒、斜拉索与曲面网架相组合的屋盖，充分表现了体育建筑的力量和技巧，银灰色双坡屋顶上类似庑殿屋顶的中间凸起部分，使建筑造型富有变化且隐含中国特色。

图 8 –14　北京，国家奥林匹克中心，1984 ~1990 年

图 8 –15　北京，国家奥林匹克中心，体育馆（建筑师：马国馨）

对技术美学的追踪始终是中国当代建筑创作的重要方面。1990 年代出现了天津体育中心体育馆（1992 ~1994 年）、哈尔滨黑龙江速滑馆（1994 ~1995，建筑师：梅季魁等）、上海体育馆（1997 年）等优秀作品。但是，中国建筑师在结构和技术创新、建筑产品的完成度以及细部施工工艺等诸多方面都与同一时期西方“高技派”大师的作品存在很大差距。

随着经济技术的进步发展，建筑设计的外延不断扩展，建筑不再仅仅是一个空间和形体的问题，建筑功能日趋复杂，建筑设计所涉及的专业技术领域也越来越庞杂，科技含量越来越高。一个好的建筑作品除了需要好的平面和形体构思，精湛的施工图设计以及相关的技术配合更是必不可少，这就需要建筑师不仅要具备创新性思维，还必须具备将方案转化为现实的高超的技术整合能力。北京建筑设计研究院与福斯特事务所合作设计了北京首都国际机场 3 号航站楼（图 8 –16），作为中方建筑师的邵韦平先生深有感慨地指出，建筑产品完成度不高是我国建筑与世界先进水平有较大差距的主要原

图 8–16　北京，首都国际机场 3 号航站楼鸟瞰

因。他提出，要形成与国际接轨的设计模式和方法，对工程全过程进行有效控制，以便为社会提供更多高质量的建筑产品。具体途径如下：①基于整体设计的室内外一体化设计；②更加精细化的设计团队内部专业分工；③作为后盾的强大专业咨询团队配合。

进入21世纪，作为对后现代主义和商业化的形式本位主义的反思，弱化形态语言和简约主义成为重要的当代建筑潮流。强调建筑材料的建构，通过材料、结构与构造的更新达到形式创新正成为当代建筑创作的重要手段。这一趋势从近期国外建筑师主持设计的国内一系列重大工程项目中可初见端倪：北京国家大剧院采用了钛合金的屋面材料；中国国家游泳中心（水立方）和2008年北京奥运会主会场（鸟巢）采用了ETFE薄膜作为屋面和墙体维护材料；上海东方艺术中心，采用了曲面穿孔金属板夹层玻璃幕墙。天津博物馆（图8－17、图8－18）的总平面由建筑主体——白天鹅博物馆、天鹅颈、围在天鹅颈上的绿色项链和天鹅湖构成，形成一个和谐统一的整体景观。表现天鹅展翅高飞的翼部大跨度球缺壳体结构，球缺直径200m，高33m，充分考虑了结构的合理性和可实施性，体现了用最少的材料建造最大的使用空间的构想。天津博物馆工程的屋盖结构是国内平面尺寸最大的空间网壳结构之一，并在国内首次采用可“呼吸”的大跨度空间结构，即当温度变化产生温度应力作用时，结构可以自由伸缩。

图8－17　天津，天津博物馆夜景

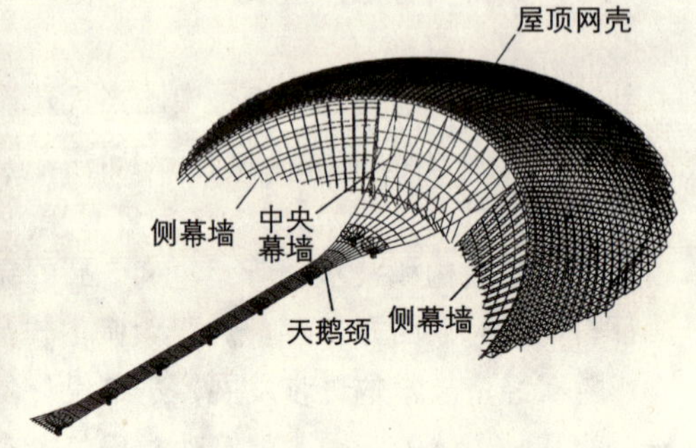

图8－18　天津，天津博物馆结构示意图

虽然国外建筑师在重大工程项目设计投标中频频获胜，引起了国内建筑界和社会的震动和忧虑，但是，国际建筑大师们对工程设计的整体控制和对工程细节的把握能力，还是给国内同行留下了深刻的印象。邵韦平先生在“高完成度建筑产品的设计控制”一文中指出：“优秀的概念并不能代替优秀的工程，高完成度的细部和技术不仅关系到建筑的质量，也是建筑艺术风格的重要体现。”“为了保证设计的高完成度，建筑师除了要有高屋建瓴的理论水平作为其作品的支撑外，同时必须对建筑技术和建筑细部有着明确的追求和深刻的理解。"[21]对技术和细部的关注，正在构成当代中国建筑创作进步的重要方面。

以模板精心塑造而形成的清水混凝土作为一种建筑表现形式，在国外，尤其是日本已经相当成熟；而在我国，尽管清水混凝土为许多建筑师所钟爱，但是施工技术、工艺和标准方面相对滞后。北京联想研发基地(图8－19)开创了国内大面积清水混凝土建筑的先河。其中，外墙清水混凝土面积达35000m^2，内墙清水混凝土面积达30000m^2，总计达65000m^2。北京中国科学院图书馆（图8－10）追求结构设计与建筑设计的完美统一，西侧主入口上部的连廊，采用钢桁架结构，桁架中部设置连廊层楼板，下部钢桁架外露，连廊的钢结构设计不仅单纯考虑结构受力，更重要的是充分考虑了建筑外观和空间的整体效果。2003年开通并投入运行的上海磁悬浮列车示范运行线，是世界首条投入商业运行的磁悬浮线路。磁悬浮龙阳路车站（图8－20）是整个营运线路的起点站，也是整个线路的控制中心，其形象代表着上海磁悬浮交通线的视觉印象。建筑设计中通过流线形表皮、精致、优美的细部来表达磁悬浮列车高速度、高科技的内涵，整个站台层与站厅层用椭圆形表皮包裹，采用600mm×1800mm铝合金挂板，形成优美光滑、肌理精致的金属屋面，包裹车站的椭圆形柱体两端作了45°削角处理，从而使整个建筑在视觉上产生动感，表达了磁悬浮列车的高科技和速度感。

图8－19　北京，联想研发基地，2004年（建筑师：谢强等）

图8－20　上海，磁悬浮龙阳路车站

如果说20世纪80～90年代中国建筑师的精品意识主要是通过建筑师自身的专业和人文修养以及精益求精的职业精神来实现的。那么，进入21世纪，中国建筑界的有识之士已经认识到，中国建筑与世界先进水平的主要差距是在技术环节：设计成果的完成度不高，无法指导精确的施工，建筑细部无法体现良好的理念。同时，还必须充分了解和吸收国际同行的先进经验，转变落后的设计观念和设计模式，改进和提高建筑师的执业能力。

图 8-21　北京，清华大学建筑设计研究院,1997~2001 年

4. 生态意识的显现

工业革命之后，随着人类社会经济和城市化进程的加速发展，人类对自然的索取与破坏能力极大增强，全球性气候变暖、自然物种加速灭绝、能源、水资源的危机、环境污染……生态危机已经严重威胁人类的生存与发展。1970 年罗马俱乐部一份名为《增长的极限》的报告给处在消费享乐主义与经济高速增长美梦之中的世人敲响了警钟。1987 年，世界环境和发展委员会发表了《我们共同的未来》，提出了可持续发展思想，指出"可持续发展是即满足当前人类的需要，又不危害其子孙后代为满足他们的要求而进行发展的能力"。我们只有一个地球，可持续发展成为人类社会关注的焦点，而绿色建筑和建筑的生态化已经成为实现人类社会可持续发展的一个重要环节。

清华大学建筑设计研究院办公楼（图 8－21）建筑师力求通过运用常规建造技术和生态技术建造一座现代化绿色办公建筑。建筑布局采用缓冲层策略，运用热缓冲中庭、西防晒墙、遮阳系统等缓冲层，有效地减少建筑能耗，创造出舒适宜人的工作环境，并在架空屋顶上设置太阳能光电板系统，为内部照明提供部分电能。从外观形式上判断，该建筑是一个典型的"迈耶主义"作品，西向入口的防晒片墙运用了理查德·迈耶的经典抽象构成手法，但是其形态生成则是以生态策略和使用功能为依据，没有任何附加装饰。

如果说 1980 年代以广州白天鹅宾馆、北京国际展览中心、北京国际饭店等为代表的现代建筑作品，更多地体现了经典现代建筑的功能理性精神。那么 1990 年代以来的许多优秀现代建筑作品，创作手法从最初对西方手法的搬抄移植转向认真的权衡推敲，从"粗放化"操作转向对细节的精工细刻，从追求标新立异转向经典性和文化品格。在经典现代主义手法的继承与创新、场所精神的塑造、技术美学的追求、绿色生态建筑的探索等方面体现了中国当代建筑创作的巨大进展。

三、立基传统文化的多元探索

20 世纪 80 ~90 年代，形成了 20 世纪中国建筑历史上的第三次传统建筑文化复兴浪潮。虽然长官意识对传统复兴的推动力量依然存在，首都北京还一度在"夺回古都风貌"口号下形成了"大屋顶"风潮。但是，与前两次浪潮相比，最大的变化莫过于建筑创作中政治影响的淡化：在出发点上，从表达主流意识形态的政治工具和反对文化侵略的文化武器，转向了体现传统文化内涵和保护传统历史文脉；建筑形式上，则突破了以往以北方大屋顶“宫殿式”建筑为蓝本的“民族形式”命题的局限，进入了乡土性、地域性的广阔领域。1980年代形成了以南京夫子庙、武汉黄鹤楼、天津古文化街等复原性建筑为代表的古风主义，以曲阜阙里宾舍、西安三唐工程为代表的古典主义和以武夷山庄、上海方塔园、敦煌机场航站楼为代表的地域主义等多元化的探索。从传统意韵的体现、地域特征的深层发掘、场所精神表达等方面超越了形式层面的具象模仿。手法上则立足于传统的发展与创新，在现代功能和时代审美精神的基础上对传统重新阐释和演绎。

1. 传统形式重构：转向理性提炼转化

如果从字面意义理解，“重构”就是重新组织构成，打破传统形式的组织结构，取其片段局部灵活运用。重构手法可以追溯到1930年代打破大屋顶模式的“现代化的中国建筑”，即在现代建筑体量上采用传统构件和纹样的片断加以装饰。但是，“重构”成为传统文化创新的重要手段还是与“詹氏”后现代主义在中国的传播息息相关。李敏泉先生在“重构——当代建筑文化的标志”一文中把“重构”定义为：“破坏（打散、分散）原始系统之间或某一系统内部的原始形态之间的旧的构成关系，根据社会客观现实需要和创作者主观意念，在本系统内或系统之间进行重新组构，形成一种新的秩序。”[22]从这个定义中，可以看到“詹氏”后现代激进的折中主义的影子。从这一时期一系列运用“重构”手法的作品也可以发现“并置与拼贴”、“符号与片断”、“变形与夸张”等后现代手法的痕迹。如辽宁北镇县闾山公园大门（图8-22）没有采用传统山门惯用的牌坊构图，而是运用图底翻转手法，将蓟县独乐寺山门轮廓的剪影镂刻在四片斜置的钢筋混凝土板上。拉萨藏族宗教艺术博物馆方案（图8-23）建筑布局以佛教关于世界结构的传说为依据，建筑形态采用布达拉宫式构图和玻璃圆锥体的蒙太奇式的拼贴组合，塑造出一种亦真亦幻的宗教气氛。

图8-22 辽宁北镇县闾山公园大门（吴焕加指导，汪克设计）

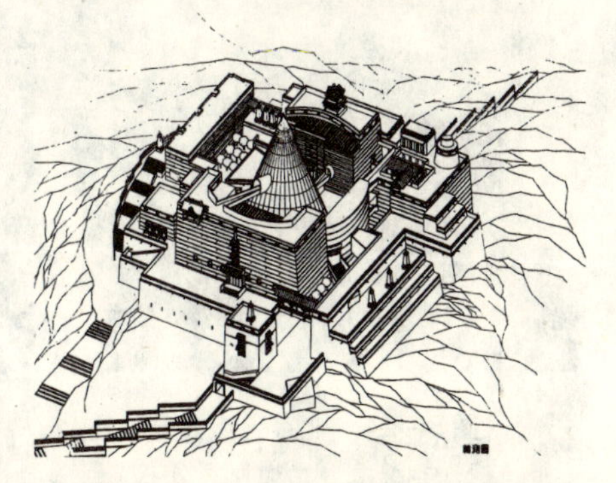

图8-23 拉萨，藏族宗教艺术博物馆方案（设计人：周湘津、吴晓敏）

形式片段的重构有助于开发形式创造的新领域，同时也容易为肤浅、庸俗乃至艳俗的“易操作”拼贴手法打开大门。1990年代后期以来，后现代主义建筑热潮随风而去，建筑师开始从非理性的拼贴转向理性的提炼转化，从追求形式上的陌生化与冲击力，转向追寻理性与和谐。北京丰泽园饭庄（图8－24）体量上采用阶梯式的后现代主义构图，细部上采用北方民居的小式作法，如花格窗扇、菱形图案，创造出一种亲切热情的传统家居气氛。福建省图书馆（1989～1995年，建筑师：黄汉民）建筑立面的女儿墙汲取了福建民屋顶正脊生起的手法，形成了丰富的建筑天际轮廓线。在低层基座部分饰以花岗石面，间以红砖横缝，继承了闽南传统建筑“出砖入石”的装饰效果。这些语汇虽然出自福建地方传统建筑，但是，以现代艺术手法加以变形和重构赋予其鲜明的地域特色和时代感。上海图书馆新馆（1996年，建筑师：张皆正等）入口广场运用了西洋列柱环廊，墙面转角采用简化的柱式，主入口玻璃幕墙上方饰以简化的斗拱，体现了经历百年西方建筑文化浸润所形成的东西交融的地域文化特色。

2. 传统主题：深层内涵的发掘

通过对传统文化的研究和探索，发掘其中博大精深的文化内涵，创造性地运用传统建筑中特定的历史原型，成为立基传统创新的突破口。代表作如黄陵县桥山黄帝陵轩辕庙祭祀大殿和曲阜孔子研究院两个重大项目。前者为国家级大型祭祀建筑，设计主持人张锦秋院士吸收了陵墓墓室叠涩的天顶处理手法，祭祀大殿采用四面列柱不设门窗的石造大殿型制，屋顶中央开有直径14m的采光天井，达到了“肃穆、庄严、古朴”的设计要求（图8－25）。曲阜孔子研究院（图8－26，1996～1999年）布局上借鉴了古代“明堂辟雍”、“高台明堂”等礼制建筑型制，力求体现孔子的哲学思想。新疆建筑师群体摒弃了穹隆顶、拱廊、拱形窗等程式化做法，从地方特有的地理、气候条件和建构工艺中探求地域文化的深层内涵。代表作如吐鲁番宾馆（1993

图8－24　北京，丰泽园饭庄 1994年（建筑师：崔恺）

图8－25　黄陵县桥山黄帝陵轩辕庙祭祀大殿内景，2002～2004年（建筑师：张锦秋）

图8-26　曲阜，孔子研究院，1996～1999年（建筑师：吴良镛主持）

图8-27　乌鲁木齐，国际大巴扎2003年（建筑师：王小东）

年，建筑师：刘谞）吸收了维吾尔族民居“阿以旺”天窗采光的优点，台阶式体量隐喻了生土建筑的体量。乌鲁木齐国际大巴扎（图8-27）的建筑师王小东先生造访了新疆喀什的艾提卡清真寺、库车大寺、吐鲁番的额敏塔，为这些建筑精美绝伦的砖筑工艺所震撼。他认为砖是中亚地区人们最熟悉、对其性能发挥最好的外墙材料，“一块块普通的砖在工匠的手中都会变成了仿佛有生命之物”。在乌鲁木齐国际大巴扎设计中，他充分吸收了伊斯兰建筑精美的砖砌工艺特点，实现了现代性与地域性的有机结合。

3. 微观叙事：场所精神的表达

C·诺伯格—舒尔兹指出：“尊重场所精神并不表示抄袭旧的模式。而是意味着肯定场所的认同并以新的方式加以诠释。”[23]场所理论的核心在于对建筑所在场所的解读，包括对自然场所和人工场所的解读，通过解读自然和人工场所的现象而发现其结构（空间和特性）以及由其结构所代表的场所精神，然后经过“还原”将场所结构和精神转换成建筑实体，创造出不仅满足功能需要的空间，而且赋予人们认同感、归属感的场所空间。

清华大学图书馆（图8-28、图8-29）建筑设计体现对清华园历史和环境特色的尊重，运用建筑类型学的方法，刻意从建筑物所在的地域环境中发现场所结构，让作品体现清华人的“集体记忆”，力求在朴实无华之中表现深刻的文化内涵，通过对建筑体量的合理组织及对形象的精心塑造，使新馆和老馆在建筑形象上寓变化于统一，在左右对峙中相得益彰。新馆在建筑细部上更是与老馆相互呼应，大量采用红砖，通过精美的砖工技巧使建筑充满细部的魅力。南京梅园新村周恩来纪念馆（图8-30）为了再现当年南京国共和谈的历史场景，采用小机瓦坡顶、青灰面砖墙面，通过内庭院、室内中庭等多层次空间，形成了典雅、肃穆的纪念性空间序列。北京德胜尚城（图8-31）把尊重历史环境和保存城市记忆作为设计的两个出发点。因为地段靠近德胜门城楼，规划限制高度为18m，办公楼主体只能为5层。布局采用院落式组合，构成了高密度的街坊空间肌理。一条斜向步行

图 8–28　北京，清华大学图书馆新馆，1985~1991 年（建筑师：关肇邺）

图 8–29　北京，清华大学图书馆新馆局部

图 8–30　南京，梅园新村周恩来纪念馆，1988 年（建筑师：齐康等）

图 8–31　北京，德胜尚城，2005 年（建筑师：崔恺）

街将德胜门城楼作为对景，办公楼灰色的砖墙、深凹的窗洞与城楼遥相呼应，收集旧砖瓦再现场地上消失的胡同院落以及保留的大树，承载了城市历史的记忆。

4. 现代传统：传统的现代阐释与演绎

现代解释学认为，历史既包括过去发生的事实，又包括理解者对这种历史真实的理解，对传统的阐释与演绎作为一种解释活动就是解释者的“现在”视域与“本文”所具有的历史视域的交合，就这样，现代解释学打破了把传统看成是凝固的“过去式”的习见，而把传统视为流动于过去、现在和未来整个时间性中的一种开放的过程。[24] 正如张钦楠先生在讨论民族遗产与民族传统的区别时所指出的：“遗产是固定的，属于文物保护的范畴；传统则随时代而演变，并且往往是多元的……每个时代都根据其当时当地的特有条件去对过去的传统进行筛选，形成新的传统传给后代。”[25]

1990 年代我国建筑师在前一时期体现地域性传统的实践基础上，开始克服程式化、标签化和形式化的倾向，转向在实用功能的基础上立足现代审美精神，对地域性特征进行抽象提炼和灵活运用。如西安阿房宫宾馆（1990年，建筑师：梁应添等）摒弃“仿形”而致力“表质”，以夸张的尺度、简洁的立面表现雄浑、古朴和粗放的西北建筑文化内在气质。下斜上直隐喻古城的塔身，宽大舒展的裙房令人联想到秦汉高台古风。杭州中国美术学院（图8－32、图8－33）位于杭州西湖东畔，校园规划力求与周围环境共存互融。总体布局借鉴南方民居的内天井、窄巷和骑楼的空间特征，形成疏密有致、开阔曲折、对比多变的布局形态。建筑细部设计不求宏伟，但求得体，着意轻描淡写，避免过分文饰，强调建筑的基调、基材、基本手法重复变化的多样性与整体格局的统一。建筑基座墙裙为浅白色剁斧花岗石，立柱为斧劈自然面配剁斧角石形式，表现了粗放自然的质感。外墙面为清水清砖墙饰面，铝合金压檐，碳青色铝窗框，突出了灰色墙面的韵味。三亚喜来登度假酒店（图8－34）是一座以度假休闲为主兼具大型会议功能的五星级酒店，利用并保护亚龙湾自然景观成为建筑设计的主导因素。建筑采用U形平面，使得海景房达到了总客房数的75%。建筑布局采用分散式布局，建筑体量由中间向东西两翼逐级退台，尽可能地融于周围自然环境中。建筑的空间序列极具特色，从雨蓬、台阶、大堂吧到天光水池，构成了富有特色的酒店公共空间，透过大堂吧、天光水池一直将游客的视线引入大海。高大空透的序列空间采用开放的外围护结构，最大程度地使海风渗透入大堂，这一极具地方特色的做法使这部分空间取消空调的设置成为可能，自然通风效果极为理想。整个酒店的建筑风格带有强烈的地方和民族特色，外墙装饰材料采用大粒喷涂，效果朴实而极具休闲韵味。

在运用现代语言诠释传统方面，贝聿铭先生始终走在了时代的前列，他1980年代的作品——北京香山饭店(1979～1982年）率先打破了西方古典主义

图8－32　杭州，中国美术学院主入口，2003年

图8－33　杭州，中国美术学院内庭(建筑师：李承德)

图8－34　三亚，喜来登度假酒店，
2002年（建筑师：金卫钧）

图8－35　苏州，苏州博物馆新馆
2003～2006年（建筑师：贝聿铭）

与中国北方官式大屋顶相“嫁接”的传统复兴模式，开辟了现代与地方传统结合的新途径。2006年落成的苏州博物馆新馆（图8－35）作为85岁高龄的贝聿铭的封刀之作，运用全新的现代建筑语言诠释了苏州传统园林建筑的内涵，回应了传统文化的继承与出新这个时代性课题。新馆建筑设计中有大量新技术、新材料和设计手法的运用。建筑采用了钢结构，形成流动开放的现代建筑空间意向，屋顶采用几何形态的坡顶取代传统的坡屋顶，大厅和走廊顶部、玻璃屋顶上及展厅高窗部位大面积使用了木纹金属遮光条，屋面材料的运用上，以“中国黑”片石取代砖瓦，切割成菱形体块干挂在坡屋面上。新结构、新材料的运用使这组建筑既有传统苏州园林建筑的韵味，又洋溢着浓郁的时代气息。

综观20世纪中国立基传统文化的建筑创作，从1920～1930年代的“中国固有形式”到1950年代的“社会主义内容、民族形式”，再到1990年代的“夺回古都风貌”，这些创作实践更多的属于北方清代官式建筑风格或皇家建筑风格的复兴。1950～1960年代，建筑师开始从传统民居和园林中寻找灵感，出现了地域主义和乡土主义实践。1980年代以来，随着国内政治、经济条件的改善和异域建筑思潮的输入，建筑创作思想变得更为开放，创作手法更为多元；建筑师对传统建筑文化的理解，也开始超越形式表象，走向深层内涵；建筑师开始走出弘扬民族文化的宏伟叙事，走向场所精神的微观表达；对传统建筑文化的阐释与演绎更具有现代性和时代精神。

四、价值观念的重塑与建筑理论体系的构建

改革开放使得中国高度一元化的社会、政治、经济和文化体制发生了重大变迁，社会重心从政治斗争转向经济建设。人们对长期以来的阶级斗争、路线斗争的厌倦，主流意识形态与社会现实之间的巨大落差，都导致了理想主义信念的削弱与流失。正是在这种社会文化土壤中，“詹克斯式”的后现

代主义错接到我们这个与国际现代建筑运动隔绝近30年的国度。进入1990年代，市场经济体制的确立进一步改变了整个社会的价值取向和文化语境，1980年代盛极一时的现代化、思想启蒙等宏大叙事退出了话语中心，中国社会弥漫着浓郁的消费主义和物质主义以及由此所催生的文化的犬儒主义和享乐主义。所谓"后新时期"的文化转型对于建筑文化所产生的最大影响就是，理性的沉沦和思想的逃逸，对深度的拒绝和对社会责任感的放弃。从符号学就是拼帖建筑符号的易操作行为，为了"夺回古都风貌"给建筑加上大小不等的帽子，乃至为了满足业主虚荣心的"欧陆风"的流行。虽然这些建筑文化现象在很大程度上可以归结为长官意志、业主素质、商业化等社会因素的影响，但是也反映了一个不可否认的事实：建筑师理想的迷茫和价值理性的迷失。

面对建筑设计市场形式本位主义的盛行和建筑理论的混沌失序，一些建筑学家和建筑师开始致力于价值体系的重整和中国当代建筑理论体系的建设。

1. 从全面准确认识现代建筑运动到《中国现代建筑历史》的编写

改革开放后的相当一段时期，中国建筑界对现代建筑运动的认识尚停留在西方1940～1950年代的水平，加上"詹克斯式"后现代对现代建筑以偏概全的"千篇一律"、"方盒子"的批判，全面准确地介绍西方现代建筑历史，正本清源，补上这段对中国建筑界"似通非通"的一课，展示一个真实的现代建筑历史，成为新时期摆在理论界面前的重要课题。L·本奈沃洛著，邹德侬先生翻译的《西方现代建筑史》是填补这一空白的重要著作。从全面准确认识和评价西方现代建筑运动出发，1980年代末，邹德侬先生结合中国国情和新中国成立后的历史教训，指出"现代建筑运动开创的传统是当代人所不能轻忽的，不在于他们留下的作品所达到的艺术成就高低，而在于我们和他们迄今仍然同处的历史境况"，现代建筑在中国仍然有其"严肃的历史使命"。[26]

凭借对现代建筑历史的这种深刻洞悉，邹德侬先生与后现代主义思潮和接踵而至的形形色色的先锋或后锋的建筑思潮保持了清醒的距离。他从历史角度分析指出，它们既非划时代的建筑变革，更不是可以与现代建筑运动相提并论的建筑革命，而是现代建筑运动的支流和侧面在新的历史条件下的延续。但是，他并没有墨守经典的现代建筑理论，对于1960年代以来修正、充实乃至批判现代建筑运动的各种思潮中的进步因素予以了充分肯定。从总结现代建筑运动的历史经验和教训出发，他勾画了有中国特征现代建筑运动的基本轮廓，指出中国的现代建筑运动"应该是多层次的"。[27]这既是邹德侬先生对于西方现代建筑历史研究的一个重要创获，同时也为他的中国现代建筑历史研究奠定了历史框架。

中国年轻的一代似乎不太注重现代建筑的传统，许多年轻学子对当下的明星建筑师、先锋建筑师如数家珍，崇拜有加，颇类似时下少男少女的追星族，不仅对西方的现代建筑历史一知半解，鲜有探究的兴趣，自己本土的中国现代建筑历史更是无人问津。邹德侬先生的《中国现代建筑史》跨越了以1949年为界线的中国近、现代建筑历史，回顾了20世纪上半叶中国现代建筑从无到有、弱势起步的历程，记录了从1949年新中国成立后中国建筑事业和中国建筑师在异常艰难的政治、经济条件下的实践与探索、经验与教训，总结了当代中国建筑事业日新月异的发展成就和当代建筑创作的进步趋势，同时对当前建筑设计市场中形形色色的形式本位主义进行了反思和批判。

如果说历史不仅记录下每个时代的历史事件和历史人物，同时也通过对历史事件和历史人物的褒贬评判形成和传递了一个时代的主导价值观念，那么邹德侬先生对于20世纪中国现代建筑历史的探幽发微、针砭褒损就不单单是历史研究，而应当被视为重塑价值体系，呼唤时代精神的一种积极的努力。

2. 从创新到创优

改革开放之后的中国社会为容纳和消化外来文化提供了更为宽松的政治、文化和经济环境，外国建筑理论、作品和手法被不断引进和介绍。但这也导致了建筑设计中不动脑筋、生吞活剥的倾向，具体而言就是没有弄清其理论实质和实践条件而摘取其最“易操作”的部分任意拼贴的折中主义。中国当代建筑在走出了改革开放之初的“千篇一律”之后，又在很大程度上陷入形式本位主义的泥潭：单体建筑争奇斗艳，建筑细部粗制滥造，建筑群体彼此孤立，城市形象杂乱无序……

1990年代之后，当代中国建筑文化的一个重要趋势就是商业化和通俗化的加强。建筑文化在市场经济条件下成为一种带有商品属性的文化，商品化催生了建筑文化的多元化，同时也带来了商业主义和庸俗化，其特征是追求表层化、平面化的表面包装，模仿、抄袭、拼贴的“易操作”行为的盛行。总之，商业化趋势作为1990年代建筑文化的重要走向，业主、公众成为建筑文化的决策者和消费者，如何在商业化趋势中保持文化品味，创作建筑精品成为当前建筑文化发展的重要课题。

1980年代开始的建筑风格的“民族化”与“现代化”的讨论一直是理论界关注的的焦点，其后，后现代主义，解构主义等先锋流派又为建筑界所津津乐道。无疑，风格、流派的讨论和引进，开阔了人们的视野，促进了建筑创作的多元化。但是，进入1990年代，当代建筑文化的主要挑战已经不是是否坚持现代主义，要不要民族化的问题，而是如何在市场经济冲击下保持建筑的文化品味；不是要不要风格流派，要不要创新和个性，而是如何提高创作水准推出精品的问题。而理论界热衷于风格流派的引进与宣传，却忽视了对当前实践中存在的问题的指导，造成了理论与实践的脱节。

面对新问题和新挑战，许多建筑学家提出了富有指导意义的理论和主张。布正伟先生提出的“自在生成论”主张超脱既定风格与流派，创作中追求文化品格。他呼吁：“21 世纪所需要的真正意义上的建筑文化品格，既不是追随既定风格、流派的产物，也与哗众取宠、单纯寻求各种刺激的广告效应毫不相容……未来建筑的创作需要有这种走出风格与流派困惑的开放心态与自在精神。21 世纪的建筑会欢迎这样两句格言：品格高于风格，品格独立于流派。”[28] “自在生成论”还以独特的文化视角，针对建筑文化中的通俗化趋势提出了“高俗”和“亚雅”理论，试图使通俗艺术进入高雅艺术外围，从而防止市场大潮下的“通俗化”转向“庸俗化”。针对建筑界盲目追求“××年不落后”、“与众不同”的所谓“创新”，关肇邺先生在“建筑慎谈创新”一文中提出了自己的创新观：创新就是以创造性的方法解决建筑的物质、精神功能需要，而不仅仅是创造一个出人意料的新奇形象。他认为根据实际需要借鉴历史形式不能贬低为抄袭。邹德侬等先生提出了“淡化风格流派，创作优秀建筑”的主张，反对盲目追随国外“风格”、“流派”，“在当前的建筑市场上，许多建筑师的‘创新’走了调，特别是紧跟似通非通的‘风格’、‘流派’，误认为国外流行的就是‘新’，从来没有见过的就是‘新’，而‘新’就是‘好’，就是一切。”他主张运用优秀建筑的标准予以理性的分析，吸收其优秀成份，提出“用创作中的‘进步’或其他有利于创作进步的提法取代设计中的‘创新’口号，让建筑在优秀标准的指引下，向促进社会进步的优秀建筑前进。”[29]

长期以来中国的建筑设计与建造分离的现象非常严重，在方案构思中以电脑效果图（早先是手绘效果图）代替对建造和材料的研究，而施工图仅仅满足于解决具体的功能要求（防水、保温、牢固等），且常常流于标准图的套用，建筑方案与施工图设计的各自为政使建造工艺、材料和节点构造往往被忽视，直接导致建筑文化的形式本位的盛行。秦佑国先生指出，当今中国，我们在建筑上已经丢失了传统的手工技艺，却还停留在手工操作的技术水平，没有进入工业制造的现代工艺阶段。粗糙、没有细部、不耐看、不能近看、不能细看是普遍的现象。他提出“以更高的工艺水平来设计和‘制造’建筑，尤其以精致的节点和精细的加工来体现高超的技艺”，大声疾呼“中国需要呼唤‘精致性’设计！”[30]

中国建筑界广泛存在的这种“粗放式”设计模式，与整个社会的浮躁功利和建筑设计市场的商业化息息相关，正是在这种时代背景下，“建构”思潮来到中国。

“建构”（tectonic）理论是中国建筑界主动引进，并在建筑教育和建筑理论界产生较大影响的当代西方建筑思潮。建构的概念可以追溯到 19 世纪中叶，1960 年代重新进入当代建筑理论的视野，肯尼思·弗兰姆普顿

(Kenneth Frampton) 1995 年出版的《建构文化研究——19 和 20 世纪建造的诗学》把当代建构理论研究推向了一个新的高度。“建构”是一个学术性很强同时学术范畴又模糊不定的理论思潮，正如有的学者所指出：“与后现代主义疾风般的席卷全国不同，‘建构’在我国受到的关注很多，但‘雷声大，雨点小’，不但缺乏普遍的反应，甚至连处于学科前沿的人群也对其理解存在模糊和偏差。”[31]但是，建构理论的引进和探讨，有其不容忽视的现实语境，对于中国当代建筑的各种形式本位主义具有积极的批判意义：

①建构理论是对现代主义抽象化表面以及现代技术的异化的批判和反抗。现代主义虽然强调材料和结构的忠实表现，但是由于其抽象美学与普遍主义的价值取向，导致在实践中出现了削弱材料特色的均质化倾向；而高技派风格由于过分强调现代技术的作用，进入了炫耀技术而忽视人的情感的误区。

②建构理论是对当代建筑中后现代主义泛滥的批判和反抗。它强调人的知觉体验，批判后现代主义的商业化和时尚化，是对当代建筑强调视觉至上，忽视人的具体感知的文化快餐化倾向的反抗。

3. 重提建筑方针

1950 年代提出的“适用、经济、在可能条件下注意美观”的国家建筑方针，在很长时期内对于指导我国的建筑设计方向起到了重要作用。在我国进入全面建设小康社会的新的历史时期，在全面、协调、可持续发展的科学发展观指导下，应如何看待“适用、经济、美观”这一永恒的建筑设计主题？针对当前建筑界存在的忽视基本使用功能追求所谓形式，不讲经济、不谈造价的超标准建设的奢靡现象，《建筑学报》于2004 年发起了题为“新焦点——适用·经济·美观”的征文活动。许多建筑学家、职业建筑师撰文参与了讨论。在讨论中，他们充分肯定了建筑方针的现实指导意义。曾坚先生指出：“尽管时代发生了很大的变化，但‘适用、经济、美观’的六个字仍然是衡量建筑优、劣的普遍标准，也是当今建筑方针赖于建立的基本理论框架。”如何追随时代发展，对建筑方针的内涵进行充实和拓展，也是本次讨论的基本主题。曾坚先生指出：“新时期建筑方针作为指导当前建筑活动基本原则，又与当前的技术、经济与社会发展状况紧密相关，因此，‘适用、经济、美观’作为建筑方针，又应随着时代的发展，不断拓展和充实其内涵。”他把可持续发展和生态建筑思想融入建筑本体论，“从建筑的‘适用’角度来看，随着时代的发展，适用有更宽阔和复杂的新内容……这就要求我们立足现实，面向未来，积极探索新的建筑和城市设计理论，深化适用的内涵，以人为本，尊重自然，创造舒适的建筑环境，努力满足高效、安全的建筑要求，满足不断增长的生活需要，体现可持续发展的要求，推进建筑创作的不断进步。”“坚持可持续发展的建筑创作方向，反对各种浪费资源的行为，用高效的概念，充实、取代单纯节省的概念，以‘效益’来代替笼统的‘经济’要求。”“在当今建筑创作中，审美评价标准还应包含环境和生态的内容，并体现可持续发展原则。”[32]

今天，中国建筑界的主流媒体重申建筑方针，并赋予1950年代出台的国家建筑方针以新的时代内涵，对于构建具有普遍意义、全社会共同遵守的建筑原则具有重要的理论价值和现实意义，也为当代中国建筑创作树立了新的时代路标。

注释

1 邹德侬等．二十年艰辛话进退——中国当代建筑创作中的摹仿和创造．时代建筑，2002（5）．

2 刘丛红．整合中的西方与中国当代建筑的重构．天津：天津大学博士生论文，1997：94．

3 吴冠中．绘画形式美．美术，1979（5）．

4 王学典．20世纪中国史学评论．济南：山东人民出版社，2002：390~392．

5 汪晖．当代中国的思想状况与现代性问题//许纪霖．二十世纪中国思想史论（上卷）．上海：东方出版中心，2000：625．

6 陈志华．“寻根”及其他．北窗集．北京：中国建筑工业出版社，1992：62~63．

7 窦武．北窗杂记十一．建筑师，总第6期．

8 陈志华．“寻根”及其他．北窗集．北京：中国建筑工业出版社，1992：62~63．

9 戴念慈．论建筑的风格、形式、内容及其他．中国当代建筑大师·戴念慈．北京：中国建筑工业出版社，2000：156~168．

10 曾昭奋．创作与形式．天津：天津科学技术出版社，1989：165~167．

11 曾昭奋．创作与形式．天津：天津科学技术出版社，1989：188~190．

12 曾昭奋．创作与形式．天津：天津科学技术出版社，1989：155．

13 郑时龄．建筑批评学．北京：中国建筑工业出版社，2001：178~179．

14 张在元．“后现代”与中国建筑民族形式之争鸣．建筑学报，1989（7）．

15 曾昭奋．创作与形式——当代中国建筑评论，天津：天津科学技术出版社，1989：193~201．

16 曾昭奋．创作与形式——当代中国建筑评论，天津：天津科学技术出版社，1989：193~201．

17 郝曙光．当代中国建筑思潮研究．北京：中国建筑工业出版社，2006：3．

18 王明贤．戴念慈现象与中国当代建筑史．建筑师，总第48期．

19 张钦楠．八十年代中国建筑创作的回顾．世界建筑，1992（4）：23．

20 支文军等．全球化视野中的上海当代建筑图景．建筑学报，2006（6）．

21 邵韦平．高完成度建筑产品的设计控制．时代建筑，2005（3）．

22 李敏泉．重构——当代建筑文化的标志．建筑师，总第31期．

23 刘丛红．整合中的西方与中国当代建筑的重构．天津大学博士论文，1997：36．

24 王治河. 后现代哲学思潮研究. 北京：北京大学出版社，2006：201.
25 张钦楠. 特色取胜——建筑理论的探讨. 北京：机械工业出版社，2005：37.
26 邹德侬. 中国现代建筑的历史使命——关于后现代主义的引进//顾孟潮等. 当代建筑文化与美学. 天津科学技术出版社，1989：175～180.
27 邹德侬. 中国现代建筑的历史使命——关于后现代主义的引进//顾孟潮等. 当代建筑文化与美学. 天津科学技术出版社，1989：175～180.
28 布正伟. 21世纪建筑的文化品格. 新建筑，1999（3）.
29 邹德侬等. 优秀建筑论——淡化"风格""流派"，创造"优秀建筑". 建筑学报，1994（8）.
30 秦佑国. 从"HI－SKILL"到"HI－TECH". 世界建筑，2002（1）.
31 马进，杨靖. 当代建筑构造的建构解析. 南京：东南大学出版社，2005：63.
32 曾坚. 论新时期的建筑方针——适用、经济、美观. 建筑学报，2004（11）.

第九章

结语：百年中国（近）现代建筑历史的反思与展望

从政治史角度来看，1949 年中华人民共和国成立，标志着中国社会从半封建、半殖民地社会进入了新民主主义和社会主义社会，无论是社会制度还是国际、国内的政治、经济和文化环境都发生了巨大变迁。但是，今天的现实乃是昨天的历史的延续与发展，1949 年之后的中国现代建筑历史，不管其发展历程多么曲折，都可以从 20 世纪上半叶找到最初的起点。20 世纪中国近、现代建筑历史作为一个有着不可分割历史延续性的有机整体，不管政治风云如何变幻，其中每一个历史阶段都对前一个阶段有所继承，有所发展。以 1949 年作为中国近、现代建筑史的分界，有意或无意地强调了两个历史时期的非连续性，忽视了建筑本体内在的连续性。

近代建筑史一般以道光二十年（1840 年）第一次鸦片战争为界线，将此前的建筑历史称为古代建筑，将此后至 1949 年的建筑称为近代建筑，这种历史分期并不完全符合建筑历史实际：第一次鸦片战争之后的半个多世纪中，建筑体系并未发生显著变化，它在历史惯性的推动下沿着传统轨道继续运行，直到 1900 年八国联军入侵北京的“庚子之役”之后的晚清新政，中国建筑历史轨迹才出现了历史性转折。

经过前面章节的分析和论证，可以初步得出以下结论：现行的中国近代建筑史和中国现代建筑史，可以整合为一个完整的“中国现代建筑史”，也可以称为“中国近代建筑史”。这段历史的跨度是 20 世纪初至今，从三个基本线索——现代建筑的传播与发展、立基传统建筑文化的探索、建筑文化的国际性，可以归纳出如图 9－1 所示的 20 世纪中国（近）现代建筑历史演变的基本脉络。

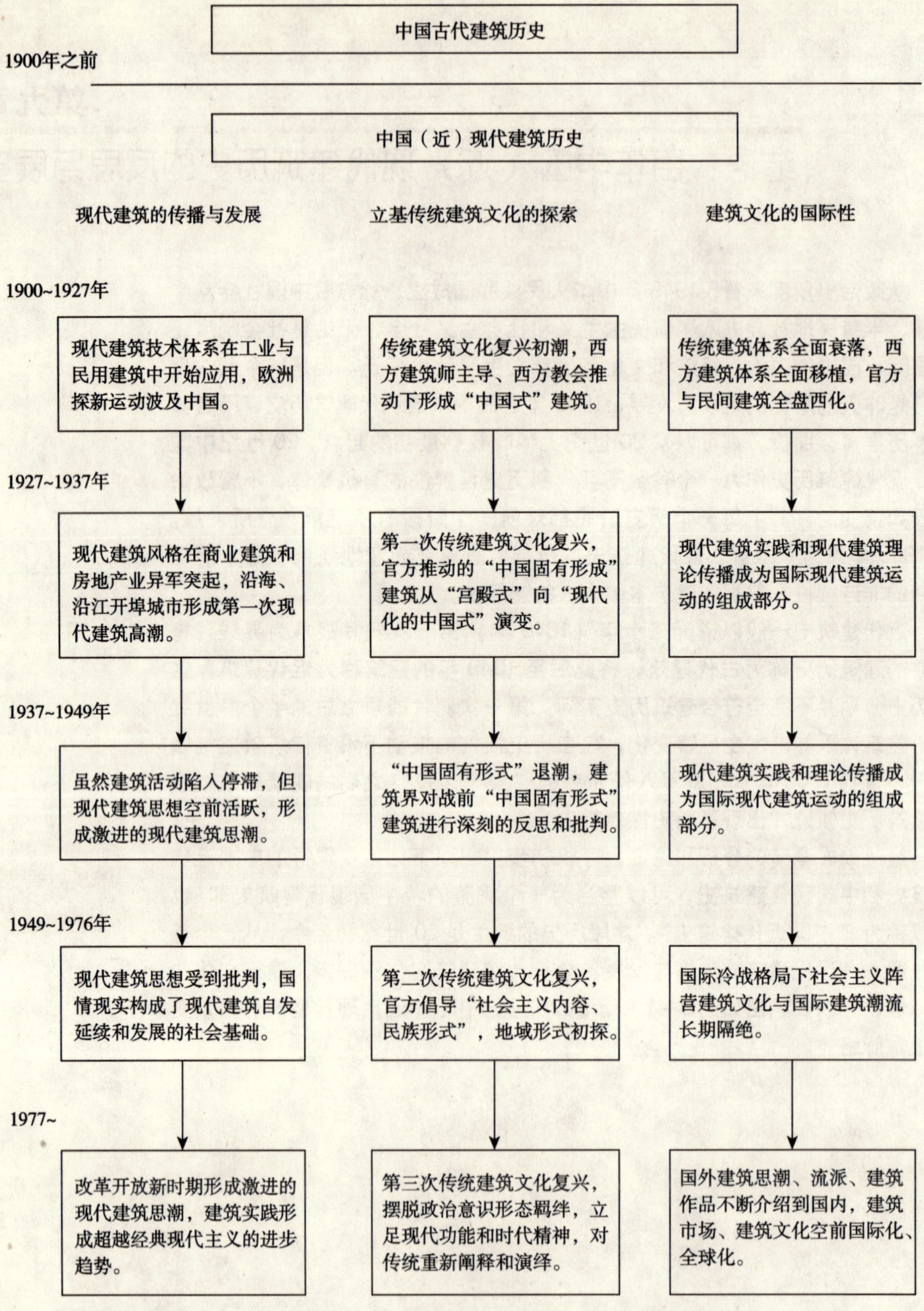

中国古代建筑历史

1900年之前

中国（近）现代建筑历史

时期	现代建筑的传播与发展	立基传统建筑文化的探索	建筑文化的国际性
1900~1927年	现代建筑技术体系在工业与民用建筑中开始应用，欧洲探新运动波及中国。	传统建筑文化复兴初潮，西方建筑师主导、西方教会推动下形成“中国式”建筑。	传统建筑体系全面衰落，西方建筑体系全面移植，官方与民间建筑全盘西化。
1927~1937年	现代建筑风格在商业建筑和房地产业异军突起，沿海、沿江开埠城市形成第一次现代建筑高潮。	第一次传统建筑文化复兴，官方推动的“中国固有形成”建筑从“宫殿式”向“现代化的中国式”演变。	现代建筑实践和现代建筑理论传播成为国际现代建筑运动的组成部分。
1937~1949年	虽然建筑活动陷入停滞，但现代建筑思想空前活跃，形成激进的现代建筑思潮。	“中国固有形式”退潮，建筑界对战前“中国固有形式”建筑进行深刻的反思和批判。	现代建筑实践和理论传播成为国际现代建筑运动的组成部分。
1949~1976年	现代建筑思想受到批判，国情现实构成了现代建筑自发延续和发展的社会基础。	第二次传统建筑文化复兴，官方倡导“社会主义内容、民族形式”，地域形式初探。	国际冷战格局下社会主义阵营建筑文化与国际建筑潮流长期隔绝。
1977~	改革开放新时期形成激进的现代建筑思潮，建筑实践形成超越经典现代主义的进步趋势。	第三次传统建筑文化复兴，摆脱政治意识形态羁绊，立足现代功能和时代精神，对传统重新阐释和演绎。	国外建筑思潮、流派、建筑作品不断介绍到国内，建筑市场、建筑文化空前国际化、全球化。

图9－1　20世纪中国（近）现代建筑历史演变基本脉络图

打破人为的藩篱，建立中国近、现代建筑历史的整合观，既是深化近、现代建筑历史研究的需要，也是现实的需要，它对于我们找到历史与现实之间的连续性，总结历史经验教训，探索现在和未来的发展道路具有重要意义。改革开放以来，中国的现代建筑事业以日新月异的步伐向前迈进，传统与现代性、地方性与世界性等矛盾也更加突出，加上五彩纷呈的众多国外建筑流派的介绍，造成了中国建筑师更大的迷惘与困惑。理清20世纪中国社会急剧变革背景下中国建筑发展演变的脉络和轨迹，完整展现中国建筑师的不懈探索、追求的历程，总结其建筑创作的成败得失，对于当代中国建筑的健康发展必将会有启迪作用。

一、建筑与政治——20世纪中国建筑的政治悖论

建筑的政治化是指某些政治力量把某种建筑风格作为其意识形态的象征，主观地加以推行，或把某种建筑风格作为敌对的意识形态的象征而进行压制。建筑的政治化现象在欧美建筑历史上屡见不鲜，如法国16~17世纪绝对君权时期对古典主义的推崇，前苏联斯大林时期对“社会主义内容、民族形式”的倡导。而在中国建筑历史上，建筑与政治发生关联则是20世纪才出现的独特文化现象。

在中国传统文化中，与文学、绘画相比，建筑仅仅作为一个次要的、低级的品类而存在。作为一个文明古国，异质文化的入侵和传播总会激起本土文化的强烈反应，如佛教东传所经历的唐武宗的会昌灭佛，基督教入华导致的满清康熙王朝的“中国礼仪之争”。但是值得注意的是，伴随这几次外来文化输入而来的异域建筑文化却丝毫没有引起本土建筑文化的强烈反抗。如佛教带来的印度的塔，经过改造融入了中国传统建筑谱系。西方传教士的基督教信仰受到士大夫的强烈排斥，而他们所带来的圆明园西洋楼却成为皇家园林的胜景。这是因为中国建筑文化的宽容性使然吗？主要原因恐怕不在于此，而在于在中国传统文化中建筑所处的地位仅仅是器物层次，并不值得文人士大夫去誓死捍卫！

20世纪初期，随着西方建筑文化观念的输入和国人建筑文化意识的觉醒，建筑被推上了带有普遍意义的意识形态领域的“上层建筑”舞台，建筑才由文人士大夫所不屑的“匠作之事”上升到“民族精神”和“时代风貌”的反映。1920年代后期和1930年代，“中国固有形式”受到官方的有力支持和推动，成为南京国民政府树立文化正统形象，维护意识形态统治的文化武器。20世纪初思想启蒙运动和新文化运动中形成的激进反传统潮流，也不可避免地延伸到建筑文化领域。“宫殿式”大屋顶建筑除了功能和经济上的严重不合理以及与时代精神格格不入，还由于与官方意识形态的政治关联而成为保守和专制的象征，受到社会和建筑界的批评和不满。

20世纪中国建筑的政治化，是把特定的建筑风格与某种意识形态或政治运动联系起来，利用政治力量主观地推行某种建筑风格，或主观地压制某种风格，而官方倡导或批判的建筑风格与其关联的意识形态或政治运动之间，形成了三个明显的悖论。

1. 一种传统形式，多种政治表述：大屋顶“民族形式”的政治悖论

20世纪上半叶，无论是西方基督教会、南京国民政府还是伪满洲国，这些在政治或文化上尖锐对立的势力，出于意识形态斗争的需要，在建筑风格上都倡导大屋顶的传统建筑形式。1930年代，正当南京国民政府大力倡导“中国固有形式”之时，1931年“九·一八”事变后日本刺刀下建立的伪满州国傀儡政权的政府办公建筑采用的是所谓“兴亚式”风格，该风格是日本“帝冠式”风格的变种。新中国成立后，对“社会主义内容，民族形式”的倡导成为新兴政权的建筑文化政策，而国民党势力在败退台湾后，为了扮演传统文化捍卫者的角色，尤其是针对大陆的“文化大革命”运动，发起了“中华文化复兴运动”，建造了一批的“宫殿式”建筑，如台北圆山大饭店(1971年，建筑师：杨卓成)、孙中山纪念馆（1972年，建筑师：王大闳)。

大屋顶“民族形式”的政治悖论表明：建筑不同于绘画、雕刻等姊妹艺术门类，它具有实用功能性、经济的制约性以及艺术表现的抽象性特征，因此，试图通过建筑形象来表达政治理念、社会制度等具体的意识形态内涵，显然是勉为其难，不得要领。

2. 数典忘祖：新中国成立后对现代建筑批判的政治悖论

从早期现代城市规划思想的萌芽到现代建筑运动的形成，国际现代建筑就与左翼社会主义运动结下了不解之缘。在现代建筑运动的两个重要起源——德国包豪斯和前苏联构成主义运动中，许多先锋建筑师胸怀社会主义的理想，以为普通大众服务为己任，许多著名的现代主义建筑师是左翼的社会民主党成员或共产党党员。新中国成立后对现代建筑的批判形成了这样的政治悖论：受到专制主义和法西斯政权排斥的现代建筑运动，又被社会主义政权视为异端。由此可见，给现代建筑风格、民族形式分别贴上资本主义和社会主义的政治标签，不仅是数典忘祖，忘掉了现代建筑的本源，更是与先进的建筑文化方向背道而驰。

如果说南京国民政府倡导的“中国固有形式”开启了建筑政治化的先声，那么从新中国成立后的“社会主义内容，民族形式”到“文革”期间的政治象征主义，则把建筑的政治化推进到一个极端乃至荒谬的程度。包括建筑文化政策在内的极端政治化的文艺政策，严重损害了文化艺术的健康的发展——许多著名艺术家正值壮年，艺术创作和理论探索就被历史的劫难所打断或扭曲，如文学家巴金、沈从文，画家林风眠、刘海粟、庞熏琴，建筑师杨廷宝、董大酉及华盖事务所的赵深、陈植、童寯等。许多建筑师因言获罪，如蒋维泓因为积极倡导现代建筑思想被错划为右派分子，在“文革”中不知所终；许多建筑师因为不同的学术观点而受到批判，如建筑师华揽洪，因为倡导现代建筑思想而受到了不公正的待遇，具有讽刺意味的是，传统复兴的倡导者梁思成作为“复古主义”的典型受到迫害。在1950年代的一次建筑创作讨论会上，著名建筑师董大酉发言表达了建筑文化被极端政治化所窒息的苦闷与无奈。他说：“有些批评家看到有大屋顶的房子认为是宫殿庙宇，就扣上复古主义帽子。看到无装饰的平屋顶房子，称为方盒子，就加上结构主义的帽子。看到中国装饰但没有大屋顶的房子认为是不中不西，扣上折中主义的帽子。这种少见多怪否定一切的批评方法，使设计人不知往何走，感到道路虽多，条条不通。”[1] 事实证明，由官方制定建筑文化政策，通过政治运动来进行推动，不仅扼杀了中国现代建筑的发展，也严重窒息了建筑文化的进步。

3. 附会西方观念：文化民族主义的悖论

文化民族主义者对传统文化抱有一种文化至上主义，他们认为，中国的失败就是文化的失败，中国的胜利就是文化的胜利。长期以来中、西方建筑文化交流是以单方向的引进为主，形成了巨大的文化“逆差”，面对全球化进程中出现的文化趋同现象，表现出对丧失文化独立性的恐惧忧虑。这种文化民族主义的焦虑情绪不可避免地渗透到建筑理论研究中，许多学者急于让中国传统建筑文化贡献于世界，于是出现了用传统文化的某些特征去附会西方观念的风气，如将中国传统建筑梁架结构与现代框架结构相提并论，用“天人合一”附会现代生态建筑思想相并举，这种“事后诸葛亮式”的比附本质上还是西方中心主义，它只能增加对传统不切实际的幻想，不会使中国建筑真正走向世界。正如曾昭奋所说：“把中国建筑抬到不适当的高度，以至于一提‘装配式’，就说我们的斗拱早就是‘装配式’等等。这不利于我们对中国古典建筑进行扎扎实实的研究，也有碍于我们正确研究国外的经验，有碍于我们在新条件下的创新。”[2]

二、在国际性与国家性框架下——对狭隘民族本位的反思

除了清末民初官方建筑的“全盘西化”，整个20世纪，受到官方鼓励的主流建筑文化始终强调中国建筑文化的特殊性，并在建筑形式上寻求民族性、国家性的表达。无论是“中国固有形式”还是“社会主义内容，民族形式”，主流建筑文化对国家性建筑风格“一边倒”地进行倡导，而对具有时代进步意义的国际性建筑潮流，如源头真正带有社会主义文化色彩的现代建筑运动，主流建筑文化却采取了排斥的态度，甚至被视为西方敌对势力的文化阴谋；而主张建筑追随先进生产力和科学技术进步的现代建筑思想始终属于“民间”建筑思想而没有被主流意识形态所倡导。从“中

国固有形式”、“社会主义内容，民族形式”到“新而中”与“中而新”、形似与神似这些创作口号，集中地反映了20世纪中国建筑文化探索的重心和着力点。

中国的现代化运动最初的形态就是向西方学习，以“师夷之长技以制夷”为口号的洋务运动属于器物层面的现代化，清末十年新政的君主立宪和辛亥革命对西方共和政体的移植代表了制度层面的现代化努力，五四新文化运动对传统文化的批判和对科学与民主的倡导则开启了对民族深层文化心理的现代化更新和改造。毋庸置疑，中国的现代观念有相当部分源于西方意识的移植，从这个意义上讲，现代性表现出思想的全球化趋向。作为全球意义的现代化运动，使得不同国家、民族的建筑有了更多可供分享的理想和价值，也面临同样的危机与挑战。

在国际性与国家性双重视野下发展中国建筑，就是要求主流建筑文化改变过去偏重国家性建筑文化建构的民族文化本位导向，把创造具有时代性和先进性的国际性建筑文化放到与探索国家性建筑文化同样重要的位置上：一方面，为了应对全球一体化所带来的文化趋同，需要努力发掘地域文化精华，保护文化的多元化和多样性；另一方面，让中国建筑师与西方建筑师站在同一个起跑线上，共同面对人类社会的可持续发展等全球性的危机和挑战，为人类社会创造出更多先进的建筑科技成果和先进的建筑文化成果。

三、不能告别现代建筑

作为一个人口超过13亿的世界最大的发展中国家，我国现代建筑的经济理性、功能理性原则仍不失其现实意义。我国当代经济发展水平、社会需求以及设计市场中反映出的建设规模和数量，与欧美国家现代建筑盛期相似，可以说中国国情客观上决定了现代建筑及其思想在我国当代建筑实践中的生命力。

早在60年前，中国现代建筑的先驱童寯先生就谆谆告诫：“一个比较贫弱的国家，其公共建筑，在不铺张粉饰的原则下，只要经济耐久，合理适用，则其贡献，较任何富含国粹的雕刻装潢为更有意义。”1920年代在中国传统建筑复兴运动中先行一步的教会主导的“中国式”建筑，是依靠富有的外国差会和像洛克菲勒那样的外国教友的捐助支撑的，而紧随其后的“宫殿式”的“中国固有形式”，尽管有官方的大力倡导，但是在巨大的经济和财政压力下，没有维持多久即匆匆地画上了句号，转变为“混合式”和“现代化的中国建筑”。1950年代初的现代建筑的自发延续、1950年代的反浪费运动中对大屋顶的批判、大跃进中的暗合国际现代建筑潮流、“文革”后期广东现代建筑的探索，这些事实说明，在社会主义初级阶段，发展现代建筑是不以人的意志为转移的，是大势所趋。

现代建筑运动先驱者开创的传统是当代人所不能轻视的重要历史遗产，这笔遗产的价值不在于他们留下的作品所达到的艺术成就的高低，而是他们追随时代步伐的先锋探索精神和强烈的社会责任感。回顾西方现代建筑历史，现代建筑思想始终与先进的科学技术、生产力和思想文化的进步潮流相联系，它的科学理性精神，反对装饰，用新的建筑材料和手段适应新的工业化社会需求的主张，代表了新的时代精神和文化的先进性。

在两次世界大战期间兴起的现代建筑运动不仅反映了工业化的时代精神，同时也成为社会进步和自由民主的象征，而古典主义则丧失了它在文艺复兴运动中所代表的理性和启蒙的象征意义，堕落成为专制主义和民族沙文主义的政治工具。第二次世界大战前夕，法西斯主义、独裁主义政权普遍推崇古典复兴，如希特勒时期的德国和墨索里尼时期的意大利。第二次世界大战之后，现代建筑运动在世界范围取代古典主义占据了建筑文化的主导地位。在许多有着深厚学院派传统的西方国家，古典主义受到沉重打击，甚至被作为法西斯主义和保守主义的象征而成为一种文化“禁忌”。在西方国家，虽然政治因素对建筑文化的导向性已经消失，但是并不意味着政治底线的丧失，即使在后现代主义甚嚣尘上的鼎盛时期，古典复兴浪潮也屡屡触动公众敏感的神经。1980 年代，著名英国建筑师詹姆斯·斯特林的德国斯图加特美术馆，采用了许多古典主义元素，设计方案公布后就受到了舆论的攻击，被认为是法西斯主义、极权主义。甚至连工地施工的建筑工人都认为“这是个夸夸其谈的建筑。你知道，泽帕林费德，就是斯佩尔为纽伦堡集会所造的工程——数十万人聚在一起高喊‘希特勒，希特勒’的那个地方吗？这就是斯特林想在这里干的。我想他也许愿意在大厅中间露一面，让每个人向他欢呼、致敬。”[3] 丹下健三设计的日本东京都厅舍 1991 年落成后，被京都大学名誉教授西山卯三评论为“现代日本负的纪念碑”，认为它的出现反映出日本民主主义的缺陷，从根本上是“反国民性”的。[4] 可见，建筑文化的政治意识形态评判，已经成为西方建筑评论的重要方面，对于中国这样一个有着漫长封建专制历史，建筑文化曾经走入极端政治化误区，现代建筑运动曾经受到强权压制的国家，这是否应当更加引起深思呢？

在政治日益走向民主昌明的今天，各类公共建筑采用开放的、非权威性的、以公众为主体的建筑形式，已经成为一种世界性趋势。反观全国各地兴建的各种公共建筑尤其是行政办公建筑，正在乐此不疲地反复上演着一出出新古典主义的剧目，权威主义的建筑形象、超大的建筑与空间尺度和等级分明的空间序列，除了挥霍民脂民膏、慷国家之慨的奢靡之风，更渗透着与时代精神格格不入的权力本位、官本位意识，成为和谐社会建设的不和谐音符。这类公共工程登峰造极的顶尖之作是 1990 年代初建成的北京西客站和上海闵行区法院，前者雄踞屋顶的是没有任何实际功能却耗资8000万元的巨大亭子，后者则克隆了美国华盛顿国会大厦的大穹顶。这两栋建筑可以说是这类大屋顶、欧陆风格的公共建筑的缩影，集中了其共同特征：即将权力意志蛮横地强加于社会，把纪念性的气概不凡放在首位，而无视公共建筑的实用功能和为公众服务的民主性格。

四、以可持续发展为目标——当代建筑的整合趋势

发展，是人类永恒的主题。人类社会在发展中不断前进，人类的发展观也与时俱进。传统的发展观是单一的经济发展观，它把发展等同于经济增长、财富增长，忽视了人与自然的和谐共生，忽视了人与社会的全面发展与进步。可持续发展思想是人类发展观的一次重大飞跃，标志着经济增长至上的传统发展观被社会、经济、文化和生态全面协调发展的可持续发展观所取代，而建筑的生态化成为实现可持续发展的一个重要环节。从不同方向探索的各种思潮流派在科技进步的推动下，正在以可持续发展为目标重新整合，并成为21世纪建筑发展的主导方向。

首先，可持续发展观念正在全球范围内形成新的社会观念和意识，建立保护生态平衡的“绿色建筑”体系的呼声越来越高。所谓绿色建筑是指这样的建筑，在建筑的全生命周期中，最大限度地节约资源、保护环境和减少污染，与自然和谐共生，并为人们提供健康、适用和高效的使用空间。

绿色建筑是现代建筑在环境时代的充实和提高。现代建筑设计思想以工业化大生产为基础，以满足人的单方面需求和降低生产成本为基本目的，忽视生产过程中的资源消耗和环境效益；而绿色建筑的设计程序要考虑到产品从生产到报废的全生命周期各个阶段所需要消耗的资源和能源及其对环境的影响。从经典现代建筑到今天已经初露端倪的绿色建筑，两者之间具有内在的连续性，两者都强调建筑的内在性。如果说绿色建筑具有某些特别的形式，那是由其生态理性所决定的。绿色建筑同样强调经济理性，与正统现代建筑设计方法的不同之处在于，在经济和功能合理性的基础上增加了环境与资源这两个重要的参数，使建筑设计从单纯追求功能理性、经济理性的目标转变为“功能—经济”和“资源—环境”并重的双重目标。

与经典现代建筑强调技术的普遍主义不同，绿色建筑倡导技术的适宜性和地方性。传统建筑特别是乡土建筑作为特定地域环境中形成的建筑体系，它与特定的气候、地理条件相适应，不仅具有功能、技术以及形式的合理性，同时也包含了值得借鉴的生态智慧。印度建筑师柯里亚从乡土建筑中汲取营养，他的孟买干城章嘉公寓（Kanchanjunga Apartments，1983）借鉴了当地为适应炎热气候而形成的管式住宅（Tube House）剖面模式，利用双层通

高的阳台组织通风形成空气对流。马来西亚建筑师杨经文则从生物气候学出发，适应当地的湿热气候，融合高新科技提出了一套生态建筑设计方法并付诸实践，在世界范围内引起强烈反响。

经过20多年的改革开放，我国经济发展取得了巨大成就，建筑领域也发生了翻天覆地的变化。但是在取得巨大进步的同时，我们不得不承认，建筑界还存在着大量不符合可持续发展的现象存在：会展中心、大剧院和政府大厦等大型公共建筑成为华而不实的形象工程；造价昂贵的大草坪和大花坛、冷冷清清的景观大道和大广场作为政绩工程正成为城市建设的通病；各类巧立名目的开发区、别墅区、高尔夫球场正在以惊人的速度吞噬着我们本已稀缺的耕地；许多业主单纯追求另类、新奇和视觉刺激，而部分建筑师为了在投标中取胜，不惜牺牲建筑功能，不顾结构合理性和环境文脉，一味迎合评委和业主的口味。面对这些违背可持续发展观的建筑现象，必须倡导建筑师的社会责任感和忧患意识，进一步强化国情意识。

现代建筑运动以为社会大众和大多数人服务的社会民主思想作为意识形态，以现代工业革命和科技革命为动力，整合现代艺术的成果，形成了狂飙突进的现代建筑运动。在可持续发展成为新的全球意识的今天，通过建筑手段促进人类社会的可持续发展已经成为当代建筑师严肃的历史使命。

进入21世纪，中国建筑师正面对着比西方当代建筑师乃至现代建筑运动先驱者们更为严峻的社会现实。正如一位建筑学家所概括："如今，谁要再说'国情'，已经显得有些迂腐。事实是，不论中国今天的经济成就多么骄人，不管中国有多么'地大物博'，只要加上'人口众多'这个因素，我们在所有排行榜上的名次，都不会在世界平均水平以上，在可以预见的将来，恐怕不会有根本的变化。世界银行行长沃尔芬森最近说：'西部地区和农村地区的极度贫困在东部地区蓬勃发展的映衬下显得更为突出。我们需要牢记，在有一个上海的同时，还有成千上万个农村地区，那里的人民每天的生活费还不到一美元。"[5] 人口众多，资源（资金、土地、能源、材料）相对短缺，存在着社会贫富差距，而且还存在着进一步扩大的趋势，很多城市居民甚至为领取经济适用房的房号而不惜提前两天彻夜排队；东西部经济发展仍不平衡，还有3000万人口处于脱贫阶段。这就是我们必须面对的现实国情。

如果说，欧洲现代建筑运动从严峻的社会现实出发，强调建筑形式的功能、技术和经济理性精神，对于各种形式主义装饰采取"清教徒式的禁欲主义"立场；那么，在严峻的现实国情和可持续发展的挑战面前，面对形形色色的大屋顶、欧陆风格等形式本位的"易操作"行为，我们也应当像当年路斯提出"装饰就是罪恶"的口号一样，勇敢地拒绝各种消费主义、折中主义的文化盛宴。

注释

1　转引自：邹德侬．中国现代建筑史．天津：天津科学技术出版社，2001：214．

2　曾昭奋．创作与形式．天津：天津科学技术出版社，1989：160 ~161．

3　转引自：窦以德等编．詹姆士·斯特林．北京：中国建筑工业出版社，1993：168．

4　转引自：吴耀东．日本现代建筑．天津：天津科学技术出版社，1997：151 ~152．

5　邹德侬等．二十年艰辛话进退——中国当代建筑创作中的摹仿和创造．时代建筑，2002（5）：36 ~41．

参考文献

历史文献与历史理论

1. 南京市档案馆，中山陵园管理处．中山陵档案史料选编．南京：江苏古籍出版社，1986.
2. 卢海鸣．南京民国建筑．南京：南京大学出版社，2001.
3. 孙中山．孙中山全集．第六卷．北京：中华书局，1985.
4. 虞和平．中国现代化历程．南京：江苏人民出版社，1999.
5. 傅斯年．傅斯年选集．天津：天津人民出版社，1996.
6. 陈明远．文化人与钱．天津：百花文艺出版社，2001.
7. 柳诒徵．中国文化史．上海：上海古籍出版社，2001.
8. 雷海宗．西洋文化史纲要．上海：上海古籍出版社，2001.
9. [美] 菲力普·巴格比．文化：历史的投影．上海：上海人民出版社，1987.
10. 陈旭麓．近代中国社会的新陈代谢．上海：上海人民出版社，1992.
11. 罗荣渠．从西化到现代化．北京：北京大学出版社，1998.
12. 罗荣渠．现代化新论．北京：北京大学出版社，1997.
13. 安宇．冲撞与融合——中国近代文化史论．上海：学林出版社，2003.
14. 陈池瑜．中国现代美术学史．哈尔滨：黑龙江美术出版社，2000.
15. 高瑞泉．中国现代精神传统．上海：东方出版中心，1999.
16. 高平叔．蔡元培美学文选．北京：北京大学出版社，1983.
17. 李欧梵．徘徊在现代与后现代之间．上海：三联书店，2000.
18. 王学典．20 世纪中国史学评论．济南：山东人民出版社，2002.
19. 张西平等．本色之探——20 世纪中国基督教文化学术论集．北京：中国广播电视出版社，2003.
20. 林文铮．何谓艺术．上海：光华书局，1931.
21. 柳诒徵．中国文化史．上海：上海古籍出版社，2001.
22. 余碧平．现代性的意义和局限．上海：上海三联书店，2000.
23. 刘善龄．西洋风——西洋发明在中国．上海：上海古籍出版社，1999.
24. 刘君德．中国行政区划的理论与实践．上海：华东师范大学出版社，1996.
25. 史明正．走向近代化的北京城．北京：北京大学出版社，1995.
26. 於可训．论当代文学的历史整合．学习与探索，1999（1）.
27. 杨思信．近代文化保守主义研究综述．文史知识，1999（1）.
28. 马敏．放宽中国近代史研究的视野．近代史研究，1998（2）.

建筑历史与理论

1. 丰子恺．西洋建筑讲话．上海：开明书店，1935.

2. 中国营造学社. 中国营造学社汇刊 (1 ~11 卷). 北京: 中国国际出版公司, 1997.
3. 梁思成. 凝动的音乐. 天津: 百花文艺出版社, 1998.
4. 梁思成. 梁思成全集 (第一卷). 北京: 中国建筑工业出版社, 2001.
5. 童寯. 童寯文集 (第一卷). 北京: 中国建筑工业出版社, 2000.
6. 童寯. 童寯文集 (第二卷). 北京: 中国建筑工业出版社, 2001.
7. 林徽因. 林徽因文集·建筑卷. 天津: 百花文艺出版社, 1999.
8. 邹德侬. 中国现代建筑史. 天津: 天津科学技术出版社, 2001.
9. 邹德侬. 中国现代建筑史图说·现代卷. 北京: 中国建筑工业出版社, 2001.
10. 王明贤等. 中国建筑美学文存. 天津: 天津科技出版社, 1997.
11. 杨永生. 建筑百家回忆录. 北京: 中国建筑工业出版社, 2000.
12. 杨永生. 建筑百家评论集. 北京: 中国建筑工业出版社, 2000.
13. 汪坦. 中国近代建筑总览. 北京: 中国建筑工业出版社, 1992.
14. 汪坦. 第三次中国近代建筑史研究讨论会论文集. 北京: 中国建筑工业出版社, 1991.
15. 张复合. 中国近代建筑研究与保护 (三). 北京: 清华大学出版社, 2003.
16. 张复合. 中国近代建筑研究与保护 (四). 北京: 清华大学出版社, 2004.
17. 张复合. 北京近代建筑史. 北京: 清华大学出版社, 2004.
18. 伍江. 上海百年建筑史 (1840 ~1949). 上海: 同济大学出版社, 1997.
19. [英] 比尔·里斯贝罗. 现代建筑与设计—简明现代建筑发展史. 北京: 中国建筑工业出版社, 1998.
20. 吴焕加. 论现代西方建筑. 北京: 中国建筑工业出版社, 1997.
21. [意] L·本奈沃洛. 西方现代建筑史. 邹德侬等译. 天津: 天津科学技术出版社, 1996.
22. [美] 肯尼思·弗兰姆普顿. 现代建筑——一部批判的历史. 原山等译. 北京: 中国建筑工业出版社, 1988.
23. 顾孟潮. 从十九世纪中叶世界切片上看中国. 华中建筑, 1988 (3).
24. 窦武. 北窗杂记十一. 建筑师 6 期.
25. 赖德霖. "科学性"与"民族性"——近代中国的建筑价值观. 建筑师 62、63.
26. 杨秉德. 中国近代建筑史分期问题研究//第三次中国近代建筑史研究研究讨论会论文集 (会议本), 1990.
27. 赵国文. 中国近代建筑史的分期问题//中国近代建筑史研究讨论会论文专集. 华中建筑, 1987 (2).
28. 邹德侬, 曾坚. 论中国现代建筑起始期的确定. 建筑学报, 1995 (7).
29. 曾坚, 邹德侬. 传统观念和文化趋同的对策——中国现代建筑家研究之二. 建筑师, 总第 83 期.
30. 曾坚. 论新时期的建筑方针——适用、经济、美观. 建筑学报, 2004 (11).

图片来源

Torsten Warner. German Architecture in China—Architectural Transfer. Ernst & Sohn of the VCH Publishing Group, 1994.

图2－1，图2－2，图2－3，图2－11

王伯扬．中国近代建筑（光盘版）．北京：中国建筑工业出版社，2000.

图2－4，图2－5，图2－6，图2－21，图2－22，图2－29，图2－30，图2－31，图2－38，图2－39，图3－12，图3－16，图3－21，图3－22，图3－23，图3－27，图3－29，图3－30，图3－36，图3－37，图3－38，图3－41，图4－4，图4－7，图4－8，图5－1，图5－2，图5－3，图5－4，图5－5，图5－6，图5－7，图5－26，图5－27，5－28，图5－29，图5－34，图5－40，图5－41，图5－56，图5－57，图5－58，图5－59，图5－60，图5－61，图5－63，图5－64，图5－65

史明正．走向现代化的北京城．北京：北京大学出版社，1995.

图2－7

宋安平．建筑制图．北京：中国建筑工业出版社，2003.

图2－9

罗哲文等．失去的建筑．北京：中国建筑工业出版社，2002.

图2－10

邹德侬．中国现代建筑史．天津：天津科学技术出版社，2001.

图2－18，图2－41，图2－42，图3－4，图3－19，图5－48，图5－49，图5－50，图5－72，图5－73，图7－4，图7－6，图7－11，图7－16，图7－24，图7－25，图7－26，图7－27，图7－28，图7－29，图7－30，图7－33，图7－37，图7－38，图8－14，图8－15，图8－24 图8－26，图8－30

贵阳市档案馆．贵阳老照片——城廓　名胜　古迹　社情．贵州人民出版社，2003.

图2－23

董黎．岭南近代教会建筑．北京：中国建筑工业出版社，2005.

图2－26，图2－35

［比］格里森．董黎译．中国的建筑艺术．华中建筑，1997（4）.

图2－27

张复合．北京近代建筑史．北京：清华大学出版社，2004.

图2－34

卢海鸣等．南京民国建筑．南京：南京大学出版社，2001.

图3－1，图3－2，图3－7，图3－8，图3－9，图3－10，图3－11，图3－13，图3－14，图3－17，图3－18，图3－20，图3－25，图3－31，图3－32，图4－3，图4－6，图5－32，图5－33，图5－42，图5－43，图5－44，图5－45，图5－46，图5－47

丰子恺. 中国名画家全集. 河北教育出版社，2002.

图3 -33

南京工学院建筑研究所. 杨廷宝建筑设计作品集. 北京：中国建筑工业出版社，1983.

图2 -38

童寯. 童寯文集（第一卷）. 北京：中国建筑工业出版社，2001.

图3 -40，图4 -5，图5 -54

杨永生. 建筑百家回忆录. 北京：中国建筑工业出版社，2000.

图4 -1

李辉. 梁思成——永远的困惑. 郑州：大象出版社，2000.

图4 -2

郑祖安. 海上剪影. 上海：上海辞书出版社，2001.

图3 -18，图3 -20，图3 -25，图5 -14，图5 -15，图5 -25，图5 -55

高仲林. 天津近代建筑. 天津：天津科学技术出版社，1990.

图5 -12

杨嘉佑. 上海老房子的故事. 上海：上海人民出版社，1999.

图5 -18

刘善龄. 西洋风——西洋发明在中国. 上海：上海古籍出版社，1999.

图5 -62

吕俊华等. 1840 -2000 中国现代城市住宅. 北京：清华大学出版社，2005.

图5 -67

曹炜. 开埠后的上海住宅. 北京：中国建筑工业出版社，2004.

图5 -69，图5 -71

中国现代美术全集编辑委员会. 中国现代美术全集（油画 1）. 天津人民美术出版社，1997.

图6 -1，图6 -2，图6 -3，图6 -4，图6 -5

梁思成. 梁思成文集（第四卷）. 北京：中国工业出版社，1986.

图7 -1，图7 -2

中国建筑工业出版社编辑部. 建筑画选. 北京：中国建筑工业出版社，1987.

图7 -23，图7 -34，图7 -35

天津大学建筑学系. 天津大学学生建筑设计竞赛作品选集. 天津：天津大学出版社，1995.

图8 -23

罗中立. 美术，1981（1）.

图8 -1

廖冰兄. 美术，1981（2）.

图8 -2

沈振森先生提供

图5 -24

秦佑国先生提供

图2-37，图2-40，图8-22

柴裴义先生提供

图8-5，图8-9，图8-10，图8-13，图8-19，图8-32，图8-33，图8-34

王江先生提供

图7-19，图7-20，图7-21，图7-22

周畅先生提供

图8-7，图8-11，图8-12，图8-16，图8-17，图8-25，图8-27

崔艳秋女士提供

图8-18

天津市图书馆提供

图3-13，图3-14，图3-17，图3-26，图3-34，图3-35，图3-39，图5-16，图5-17，图5-19，图5-20，图5-21，图5-22，图5-23，图5-30，图5-31，图5-35，图5-36，图5-37，图5-38，图5-39

后　　记

记得1999年博士论文开题的时候，导师邹德侬先生要求写出一本沉甸甸、有分量的东西。一晃四年过去了，博士毕业在即，邹德侬先生的话言犹在耳，然而对于自己是否交上了一份有分量的答卷而没有愧对导师的期待，我却变得忐忑不安起来。随着论文写作接近尾声，我对论文相关研究领域才有了一些粗浅的认识和一些不成熟的想法，相对于那段内涵极其丰富的历史，需要做的研究工作还有很多很多。完成20世纪中国现代建筑总体性历史文本的构建，应当是一名建筑历史学家为之终生奋斗的目标，以我才智之驽钝，学识之浅陋，在短短的博士学习期间实感力不从心，勉为其难。

首先，我要对导师邹德侬先生衷心地说声谢谢，感谢他对论文的悉心指导和对我成长的关怀，也感谢他百忙之中为本书作序。在博士论文的评审和答辩中，论文得到了马国馨、侯幼彬、布正伟、黄为隽、杜振远、朱光亚等前辈学者的肯定和指导，在此对他们的鞭策和鼓励表示衷心的感谢。

感谢中国建筑工业出版社黄居正主编、易娜女士、李迪悃先生对本书出版的关心和帮助。在书稿审校期间，出版社进行了严格的审稿，提出了宝贵的修改意见。黄翊编辑就书稿修改的各项具体事宜和细节问题，提出了很多中肯的建议，促进了书稿的进一步完善，在此向她表示由衷的感谢和敬意。

感谢天津大学研究生院张春华老师、天津大学建筑学院张玉昆书记、曾坚院长、宋昆副院长、刘丛红教授、朱阳先生、赵剑波先生、吴葱先生、天津市房管局路红副局长、南开大学经济学院赵津教授、青岛理工大学于宗敬教授给予的关心和帮助。

感谢山东建筑大学王崇杰校长、建筑城规学院刘甦院长、建筑系前系主任张建华教授等领导的关心与支持。

感谢清华大学建筑学院资料室、天津市图书馆地方文献阅览室、山东省图书馆地方文献阅览室、南开大学历史系资料室和山东大学历史系资料室以及山东师范大学历史系资料室的老师们在论文调研中给予的帮助与支持。

感谢论文写作期间我的父母、哥嫂和我的妻子、女儿的理解和支持。

邓庆坦

2008年4月于山东建筑大学